国家自然科学基金资助项目（41701632、51704093）
河南省科技厅重点研发与推广专项计划（202102310308）
河南大学一流学科创新团队培育项目（2018YLTD16）
河南省教育厅高等学校重点科研项目计划（19A790006）
河南省土壤重金属污染控制与修复工程研究中心支持项目
河南大学环境与规划国家级实验教学示范中心支持项目
教育部黄河中下游数字地理重点实验室支持项目
河南大学地理学科“教学类”重点支持项目
黄河文明省部协同创新中心支持项目

我国流域水质达标规划制度评估与设计

李 涛　王洋洋◎著

Study on the Evaluation and Design of Watershed Water Quality Plan System in China

·北 京·

图书在版编目（CIP）数据

我国流域水质达标规划制度评估与设计/李涛，王洋洋著. --北京：中国经济出版社，2020.10

ISBN 978-7-5136-6275-8

Ⅰ.①我… Ⅱ.①李… ②王… Ⅲ.①流域-水质标准-研究-中国 Ⅳ.①X-651

中国版本图书馆CIP数据核字（2020）第155782号

责任编辑 丁 楠
责任印制 马小宾
封面设计 任燕飞

出版发行 中国经济出版社
印 刷 者 北京建宏印刷有限公司
经 销 者 各地新华书店
开 本 710mm×1000mm 1/16
印 张 15.75
字 数 263千字
版 次 2020年10月第1版
印 次 2020年10月第1次
定 价 68.00元
广告经营许可证 京西工商广字第8179号

中国经济出版社 **网址** www.economyph.com **社址** 北京市东城区安定门外大街58号 **邮编** 100011

PREFACE

>> >序 言

我国流域水质达标规划理论与技术方法的研究始于20世纪70年代，20世纪90年代以来，通过制定和实施水污染防治规划在“三河”“三湖”等重点流域开展了大规模水污染防治工作，然而，我国水污染形势依然严峻。

流域水质达标规划是一项公共政策，是流域内各利益主体之间利益再分配的过程和手段。制度是约束利益相关者行为的规则体系，流域水质达标规划需要有制度保障，需要有法律依据才能统领其他政策手段，具体细化和落实水环境保护相关政策措施的要求，是国家和地方政府为实现地表水环境质量标准目标要求的具体行动计划。现行法律明确规定未达到国家环境质量标准的重点区域、流域的地方人民政府，应当制定限期达标规划，并采取措施按期达标。但由于政策认识上的偏差，各地方政府水污染防治规划、水污染防治行动计划等并不是真正意义上的流域水质达标规划，法律法规对此也没有做更多的规定，未能将流域水质达标规划上升为实现地表水环境质量标准目标要求的常规化政策手段，也没有将流域水质达标规划的编制、审批、实施、评估、问责和处罚、公众参与等程序和内容以法定形式规范化和常态化，形成完善的流域水质达标规划制度体系，实现用最严格的制度来保护生态环境。

本书作者李涛是我指导的博士研究生，2012年以优异的成绩从北京科技大学考入中国人民大学环境学院。入学之后开始参与我主持的国家水体污染控制与治理科技重大专项“水环境保护价格与税费政策设计与示范研究”、国家税务总局“对废水排放征税的重点问题研究”课题等研究工作，同时也参与了太平湖、固城湖、官厅水库等良好湖泊生态环境保护实施方案等项目的编制和研究工作。基于以上背景，几年的研究与思考加深了作者对研究内容和研究问题的认识。本书中，作者以如何制定监督地方政府履行地表水环境质量标准目标的政策为目标，建立流域水质达标规划制度设计的理论框架，在美国流域水质达标规划制度分析和我国现行流域水质达标规划制度政策评估的基础上，详细论证我国流域水质达标规划制度存在的问题，设计流域水质达标规划的制度框架和主要内容，并为完善相关政策体系提出了建议。我认为作者的研究具有较高的理论意义和应用价值，可以为流域水质达标规划制度设计提供有益的支持和帮助。书中提出的一些观点、分析和判断，也希望能够促进流域水质达标规划研究工作的进一步开展和深入。

我很高兴看到本书的出版，希望该研究能够对我国流域水质达标规划管理与决策的科学化做出贡献，也希望能够给从事水环境管理与政策研究的人员和大专院校的师生提供参考，是为序。

马　中*

2020 年 6 月于中国人民大学

---

* 马中：中国人民大学国家发展与战略研究院研究员、环境学院教授，国家重点学科人口、资源与环境经济学学科带头人，兼任生态环境部专家委员会委员、中国环境科学学会常务理事、中国农业生态环境保护协会常务理事。曾任中国人民大学环境学院院长，获得国家科学技术进步奖三等奖，北京市教学成果奖一等奖，北京市教学名师。2009 年被授予“绿色中国年度人物”奖。

CONTENTS
目　录

第一章
绪 论

一、研究背景

（一）我国水污染形势依然严峻

1984 年，我国第一部有关水污染防治方面的法律《中华人民共和国水污染防治法》（以下简称《水污染防治法》）经全国人民代表大会常务委员会审议正式通过，拉开了我国水环境保护制度建设的序幕；随后全国人大常委会又分别于 1996 年、2008 年、2017 年对这部法律进行了修订，标志着我国对水环境保护的不断重视。“八五”计划伊始，我国即确定对“三河”和“三湖”水域的重点治理；对污染严重水域进行专项整治行动，成立调查小组严查违法排污，将污染严重企业关停甚至取缔；大力推进城镇污水处理厂及处理设施建设，截至 2018 年底全国累计建设城镇污水处理厂 4436 座，污水日处理能力达到 1.7 亿立方米，全国城镇污水处理能力提高显著；此外，国家各部委还在重点流域成立了大量水污染防治的示范工程和多项水污染控制的重大专项。

近三十年来，我国在水环境保护和水污染防治领域做出了大量努力。虽然污染物排放在一定程度上得到了遏制，水环境质量有所改善，但水污染形势依然十分严峻。相关研究指出，我国目前污水排放总量远超过环境容量。[①] 以化学需氧量排放为例，2015 年我国化学需氧量实际排放量大约 2223.5 万

---

① 新浪财经网．中国污染到底有多重：污水总量超环境容量三倍［EB/OL］. 2014-05-22. http://finance.sina.com.cn/china/20140522/015419184986.shtml.

吨，而其承载力仅为740.9万吨，仅为实际排放量的33%左右。《2018中国生态环境状况公报》显示，全国十大水系中仍有25.8%被污染，国控的重点湖泊中近33.3%水系被污染；9个重要海湾中，渤海湾、辽东湾和闽江口3个海湾水质差，杭州湾、长江口、黄河口、珠江口4个海湾水质极差。

我国水环境问题如果不能得到有效解决，水污染问题持续加剧，影响广泛且持久。首先，水污染直接威胁人类饮用水安全。目前，我国约有3亿人饮用的水仍未能达到饮用水标准，很多城市饮用水消毒仍采取较为落后的消毒方式，有机物质监测落后甚至缺失，水中部分有机物被人体吸收后可能导致长期的健康损伤。其次，我国很多地区农业用水已被污染，污水灌溉导致水中超标重金属等进一步污染农业用地，导致农作物减产或质量下降，甚至危害人体健康。据公开数据显示，我国有1/5的耕地已被铬、砷、镉、铅等重金属污染，受污染的粮食高达约1200万吨。[①] 目前我国约有癌症村200多个，主要集中在中东部地区。有关文献和研究已经证实癌症高发与水污染或有直接关系。[②] 严重的水污染问题必然削弱改革发展的成果，降低公众对政府的信任，影响人民生活质量水平的提升。

（二）监督地方政府实现水环境质量标准目标的政策手段缺位

水环境质量作为典型的公共物品，其污染的外部性和消费上的非排他性决定了市场在水环境资源配置中的低效甚至无效。法治是市场经济正常运行的内在要求，市场经济的资源配置机制在解决水污染外部性问题过程中存在典型的市场失灵，客观上要求政府必须通过法律、制度等手段进行干预。李克强总理在第七次全国环境保护大会上明确指出“基本的环境质量是一种公共产品，是政府必须确保的公共服务”，水环境质量的公共物品特征决定了政府负主要责任。

水环境质量标准是水环境质量管理的法定目标和依据，政策目标的实现有赖于合适的政策手段设计与执行。流域水质达标规划是地方政府履行实现水环境质量标准目标要求的基本政策手段，也是中央政府监管地方政府的执法依据，更是社会公众参与水污染治理的重要方式。《水污染防治法》（2017）明确规定：

① 新浪新闻中心．全国1/6耕地重金属污染，修复资金需求超数万亿［EB/OL］．http：//news.sina.com.cn/o/2013-06-17/085227418058.shtml.

② 腾讯网．研究首次证实癌症高发与水污染直接相关［EB/OL］．http：//news.qq.com/a/20130702/001811.html.

“地方各级人民政府对本行政区域的水环境质量负责，有关市、县级人民政府应当按照水污染防治规划确定的水环境质量改善目标的要求，制定限期达标规划，采取措施按期达标。”作为一种典型的命令控制型政策手段，除规定规范性的规划编制技术要求之外，流域水质达标规划的核心内容是在确保规划目标有效实现的基础上，确定不同利益相关者在规划执行中的职能划分和实施机制，并予以法定权威化和长效化。

但是，由于在政策认识上存在偏差，我国执行的“水污染防治规划”和“水污染防治行动计划”并不是真正意义上的水质达标规划。水污染形势依然严峻，如何通过水质达标规划实现水环境质量要求仍未有效解决。目前法律法规对此并没有做更多的规定，未将流域水质达标规划制度上升到制度化、规范化和常态化的目标，规划目标和达标判定机制的设定缺乏科学性和长远性考虑。作为对规划执行的事前控制，规划审批决策权并没有上升到最高的管理决策层，而事后缺乏相应有效的、规范性的评估、问责和处罚的规定，无法保障规划应有的权威性和确定性条件。现有流域水质达标规划的制度缺位，直接导致地方政府未能正确、有效地履行其自身作为中央政府的代理人所应尽的环境保护责任；同时现有法律法规也没有赋予中央政府监管地方政府的责任和职能，包括事前审批和事后评估、问责与惩罚等规定，中央政府也缺乏规范性的流域水质达标规划编制技术导则，用以指导地方政府编制水质达标规划，解决规划内容不规范的问题。

（三）市场经济体制下的流域水质达标规划模式需要改变

2001 年我国加入了世界贸易组织（WTO），我国的经济体制迅速地从计划经济向市场经济转轨。2017 年，党的十九大报告着重强调了“完善社会主义市场经济体制”的方向和路径。由此可见，我国的社会主义市场经济体制已经确定并处在不断完善的过程中。市场经济更多地强调效率与公平，强调“看不见的手”的作用，强调“经济人”的理性，强调市场规则。市场经济体制下流域水质达标规划制定和实施的目标是在保证规划效果的前提下尽量体现效率和公平。效率表现为环境外部成本内部化的成本，公平体现在规划制定、执行和评估过程中，公众的广泛参与和信息的充分公开。

我国虽然已经进入市场经济体制，但不可否认的是目前我国流域水质达标规划和管理思路、模式仍存在很多不符合市场经济体制的地方，现有的水环境保护相关法律中也有诸多条款不符合市场经济的要求。计划经济体制下，政府是单一的水环境保护主体，表现为对水环境保护工作中存在的问题大包大揽。市场经济体制下“市场发挥决定性作用”的原则要求政府作为流域水质达标规划的制定者和实施者，主要职责是制定水环境保护法律法规，提供标准、规范等来约束政府、企业和公众的行为，减少交易成本，尽量利用市场，发挥市场机制的作用，减少政府的直接干预，提高规划的实施效率，降低规划的实施成本。企业作为市场竞争的主体，其追求自身利益最大化的行为动机十分明确，对于水环境公共物品的提供往往丧失积极性，同时对于水污染造成的外部性也不会自发内部化到私人成本中。市场经济体制下企业的水环境保护职责表现为遵守水环境保护法律法规的要求，如实提供自身的各类排放信息并遵循“污染者付费原则”实现自身污染行为的外部性内部化。公众作为流域水质达标规划的重要利益相关者，在规划制定、实施和评估过程中越来越显示出重要作用。现代环境治理体系更强调公众的广泛参与，一方面可以实现自身环境权益，另一方面也是市场经济体制下强化生态环境监管能力的重要补充。

如今，我国已是世界第二大经济体，水污染形势依然严峻，水污染控制更加复杂，迫切需要改变流域水质达标规划管理模式，转向更加专业的管理。我国水环境保护工程和技术进展很快，可是流域水质达标规划与管理进展显然落后于科学技术的进展，因此，本书试图探索市场经济体制下流域水质达标规划的新模式。

（四）概念界定

流域水质达标规划即为达到地表水环境质量标准，针对已经污染、尚未满足水环境质量标准的水体制定单独的控制措施，综合社会、经济影响，以及各利益相关者共同参与，依法依规制定以点源和非点源排放控制方案为主的行动方案。水环境质量未达标是指针对某一项水污染物而言的，哪一项水污染物不达标，就基于流域层面制定该水污染物的流域水质达标规划，其余已经达标的水污染物不需要制定达标规划。因此，流域水质达标规划制度设计主要针对未达标的水污染物。

流域水质达标规划的基本框架包括：流域特征描述，识别受损水体；确定流域水质达标规划目标，识别现有及潜在水污染源；建立污染物负荷和水质之间的逻辑关系；分析、评估、计算最大污染负荷容量（尽可能精确到日时间尺度）；分配点源和非点源污染负荷，制定污染物减排方案，并选择合适和可行的分配方案；编制流域水质达标规划报告；规划实施和评估；等等。流域水质达标规划编制、实施、评估过程中，各利益相关者应全程参与，并给予意见、反馈和补充。

目前，我国有关流域水质达标规划的政策法规不健全，尚未建立正式的流域水质达标规划制度。我国自“九五”以来，相继制定和出台了“九五”“十五”“十一五”“十二五”“十三五”等重点流域水污染防治计划与规划。自2015年“水污染防治行动计划”颁布之后，各地方省、市政府相继展开如何落实“水污染防治行动计划”的具体要求，制定了相应的实施细则和方案，各地方政府制定的规划或计划时间和名称各不相同，包括“水污染防治规划”“水污染防治行动计划实施方案/细则”“碧水工程行动计划”“清洁水体行动计划”“流域水体达标方案”等，虽然名称各异，但内容基本相同。以上“规划”“计划”“方案”仅仅是应急性情况下的行政命令政策，并不是常规化的水环境质量标准执行的政策手段，也并未上升到一定高度的法律效力，因此并不是真正意义上的基于水环境质量的流域水质达标规划，但为了全书统一起见，对上述名称各异的“规划”“计划”“方案”，本书都用“流域水质达标规划”来表示。

二、研究意义与目标

（一）研究意义

党的十八大、十九大报告都明确提出加强生态文明制度建设的战略构想，确定了保护生态环境必须依靠制度的基本原则和加快完善环境保护制度的目标。“十三五”规划纲要也明确提出“实行最严格的环境保护制度，改革环境治理基础制度”的战略构想。综合考虑目前我国水污染态势的严峻性和污染治理的国际经验发展趋势，以及当下水污染防治规划、流域水体达标方案模式的不规范、不系统等问题，我国亟须设计和实施基于水环境质量的流域水质达标规划制度，予以切合社会主义市场经济体制下的环境问题法治管理模式的需求。同时，本书所有的分析均建立在市场经济的基础之上。市场经济更多地强调制度、效率与公平，强调“看不见的手”的作用，强调“经济人”的理性，强调市场规则。市场经济体制下的流域水质达标规划强调多元主体的协调和配合、强调公众的知情权和参与权、强调成本最小化效益最大化、强调污染者付费原则。本书的价值主要体现在以下两个方面：

（1）理论价值。本书将外部性理论、环境公共信托理论、流域综合管理理论、公共政策理论、污染者付费原则理论、机制设计理论等应用于流域水质达标规划制度设计，构建流域水质达标规划制度的理论框架，尤其论证了中央政府在监督地方政府实现水环境质量目标中的责任。同时提出流域水质达标规划编制的一般模式，从公共政策的角度来讲，一定程度上丰富和完善了流域水环境管理的理论和方法。

（2）实际价值。流域水质达标规划制度是落实水环境质量标准目标的法定手段，具有重要的管理意义。但现实情况下地表水环境质量标准仅用于评价地表水环境质量，并没有成为约束地方政府进行水环境管理的法定标尺。本书将改革我国现行的水污染防治规划、流域水体达标方案，建立真正意义上的流域水质达标规划制度，并使其成为地方政府落实水环境质量标准目标的法定政策手段。同时设计一套流域水质达标规划编制技术导则，可参考作为约束地方政府制定科学、合理、规范的流域水质达标规划所遵循的一般要求，对于地方政府开展流域水质达标规划编制工作具有现实指导意义。

（二）研究目标

（1）确保地方政府履行流域水质达标规划制度责任。《水污染防治法》（2017）明确规定："地方各级人民政府对本行政区域的水环境质量负责，有关市、县级人民政府应当按照水污染防治规划确定的水环境质量改善目标的要求，制定限期达标规划，采取措施按期达标。"但作为具体政策目标的实施者，地方政府在政策执行过程中兼具有中央政府政策执行代理人和地方利益代言人的双重身份，地方政府并不总能按照中央政府的意志实现水质达标。现行法律没有进一步规定中央政府应该采取何种手段，来确保地方政府实现水环境质量标准目标的责任，存在政策手段缺位，因此本书的目标就是确保地方政府履行流域水质达标规划制度责任。

（2）确保流域水质达标规划成为地方政府实现水环境质量目标的常规化政策手段。我国已由社会主义计划经济体制转变为社会主义市场经济体制，计划经济时期"行政命令式"的规划管理模式已无法适应现代市场经济管理的要求，环境问题的法治管理模式建立，是当前新形势下的必需品。因此，本书的目标旨在探讨市场经济体制下基于水环境质量的流域水质达标规划新模式，使之成为地方政府实现水环境质量目标的常规化政策手段。

（3）设计流域水质达标规划的制度框架和主要内容。流域水质达标规划制度设计内容包括建立合适的利益相关者责任机制，尤其是理顺中央政府和地方政府在实现水环境质量目标中的责任划分，以及设计流域水质达标规划制度的信息机制、资金机制、评估机制、问责处罚机制等。根据本书设计的流域水质达标规划制度主要内容，便于地方政府了解并掌握规划编制应遵循的基本原则和法定要求。

（4）完善国内流域水质达标规划制度相关政策体系并提出建议。流域水质达标规划制度的有效运行必须赋予其法律效力。因此，必须对国内有关支撑流域水质达标规划制度运行的相关政策进行重新修订和完善。通过本书提出完善我国流域水质达标规划制度相关政策体系的对策建议，明确中央政府和地方政府在实现水环境质量标准目标中责任的合理划分，明确流域水质达标规划制度的管理体制、管理机制和规划编制要求。

三、研究思路、内容与方法

（一）研究思路

本书遵循“提出问题—分析问题—解决问题的政策手段提出—政策手段设计”的科学认识论逻辑思路来展开研究工作，同时将环境科学、环境管理学、环境经济学的相关理论与知识应用于研究之中。第一，本书以如何建立监督地方政府履行水环境质量标准目标的政策手段为目标，在梳理现有研究文献的基础上，提出流域水质达标规划制度设计的理论框架。第二，在美国流域水质达标规划制度分析和对我国现行流域水质达标规划制度政策评估的基础上，论证我国流域水质达标规划制度缺位及存在的主要问题。第三，以官厅水库流域为案例研究对象，分析官厅水库流域水质达标规划实施效果以及对编制和实施过程中存在的主要问题进行分析和评估。第四，在参考美国流域水质达标规划制度经验、国内相关规划制度经验的基础上，提出我国流域水质达标规划制度设计，包括管理体制设计和管理机制设计。第五，流域水质达标规划是流域水质达标规划制度的运行载体，决定了规划制度设计应从宏观管理层面细化到微观层面的流域水质达标规划合规编制，即需要进行水质达标规划编制技术导则设计。第六，提出建立流域水质达标规划制度的建议和完善我国流域水质达标规划制度相关政策法规的建议。本书的研究思路如图 1-1所示。

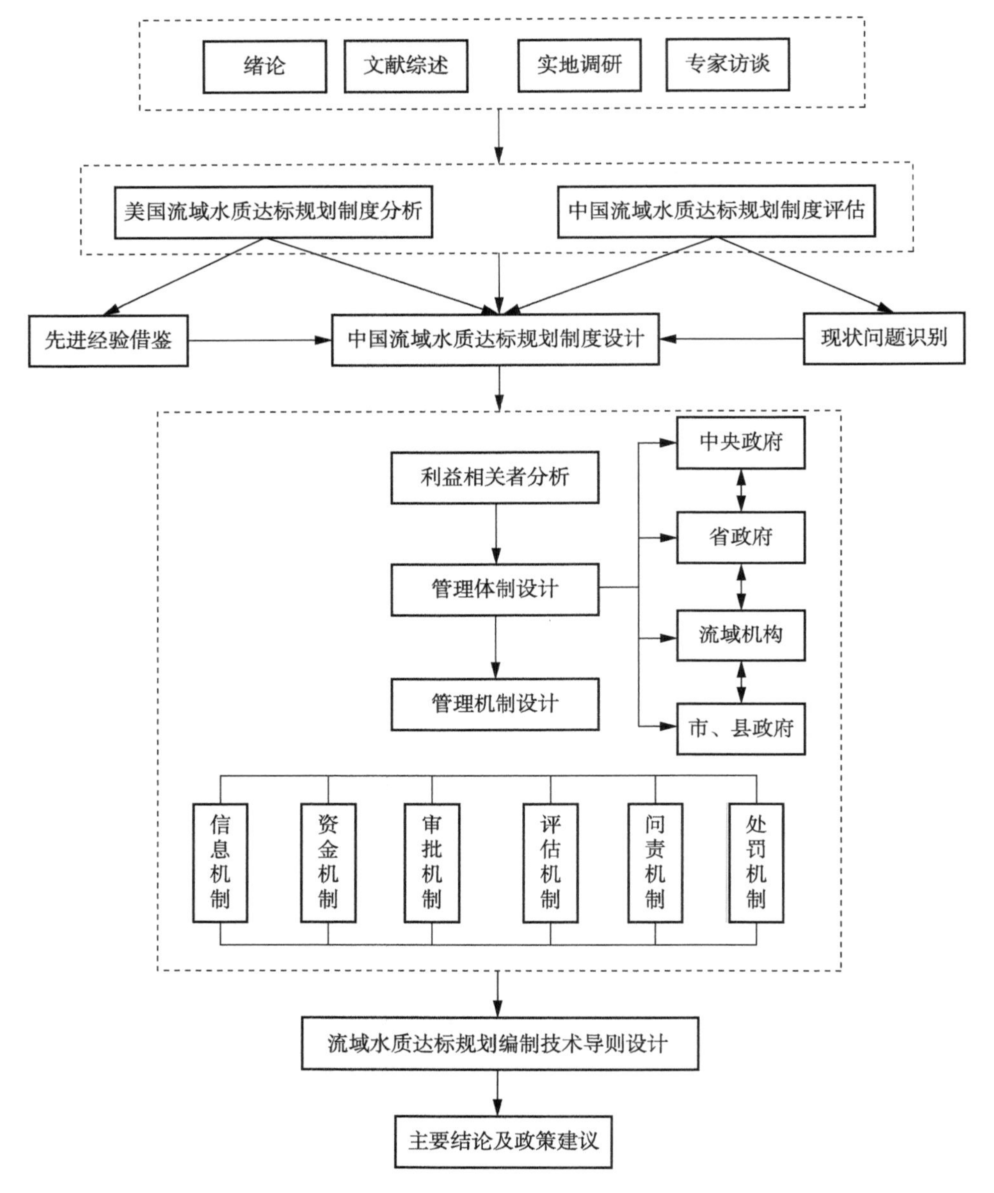

图 1-1　本书的研究思路

（二）研究内容

1. 流域水质达标规划制度设计的理论框架

以外部性理论、环境公共信托理论、流域综合管理理论、公共政策理论、污染者付费原则理论、机制设计理论等为本研究的理论基础。外部性理论是地方政府从流域层面制定和实施流域水质达标规划制度的必要性依据，外部性内部化理论表明应当优先解决外部关系简单、环境效应大且容易给公众带来较大环境损害的点源污染问题，水污染的代际外部性内部化要求中央政府必须对此负责。环境公共信托理论是中央政府代表全体公民利益而监督地方政府行为的必要性理论依据。流域综合管理理论为水环境保护管理体制、实施机构、政策整合等方面奠定理论基础。公共政策理论是流域水质达标规划制度分析与评估以及制度设计中政策目标确定、政策手段设计、政策的合法性要求的理论依据。污染者付费原则理论是规划资金机制设计应当遵循的基本原则，也是衡量规划公平与否的检验工具。机制设计理论是流域水质达标规划制度设计的核心理论依据。

2. 美国流域水质达标规划制度分析

分析美国流域水质达标规划制度并总结经验，为我国流域水质达标规划制度设计提供可借鉴的经验。包括美国水环境保护目标、水质标准体系、排放标准体系、流域水质达标规划管理体制、规划地位和功能、规划基本内容、具体的规划编制和实施的一般模式等。

3. 我国流域水质达标规划制度评估

对我国流域水质达标规划制度的评估并不仅仅局限于回答规划实施效果问题——内容主要包括水环境质量达标状况和水污染物排放控制状况。此外，还要深入规划整个系统（Planning），具体分析流域水质达标规划的政策框架体系、规划现状、规划中的主要政策手段、规划主要内容等方面存在的问题，贯穿规划编制和实施的全过程。因此，对于我国流域水质达标规划制度的评估具有政策分析和政策评估双重属性。

4. 流域水质达标规划制度设计

论证和提出基于水环境质量的流域水质达标规划制度管理体制和管理机制设计。首先，参考美国流域水质达标规划制度和目前我国城市总体规划制度、土地利用总体规划制度，建立流域水质达标规划制度管理体制，重点明确中央政府、省级政府、流域机构和市级政府等各个主要决策者在流域水质达标规划管理过程中的责任机制及实施程序要求。其次，依据机制设计理论和我国法律规定的要求，设计流域水质达标规划制度的管理机制，包括信息机制、资金机制、评估机制、问责处罚机制等方面。

5. 流域水质达标规划编制技术导则设计

本书提出流域水质达标规划编制技术导则主要着眼于水环境质量管理层面，并不具体到规划的技术层面和模型应用，重点提出流域水环境质量评估模式、流域污染负荷评估模式、流域规划目标确定模式、规划管理方案设计与筛选模式以及规划费用效益分析模式等，用以具体指导地方水质达标规划编制。

（三）研究方法

1. 文献研究法

理论部分主要采用文献研究的方法，通过查阅国内外相关文献，识别外部性理论、环境公共信托理论、流域综合管理理论、公共政策理论、污染者付费原则理论、机制设计理论等。

2. 比较研究法

流域水质达标规划作为水环境管理的基础手段，在欧盟和美国已经有了一定的理论基础和实践经验。尽管美国水环境污染控制现在仍然存在很多很严重的问题，但美国环境保护界迅速、有效地控制住水污染的经验还是可以为我国水环境治理所借鉴。通过收集美国《联邦水污染控制法》①、《安全饮用水法》、专业书籍、国内外学术期刊、研究报告等文献资料，对美国流域水质达标规划制度进行分析并总结经验，为本书提供研究背景和依据。

3. 政策分析与评估

政策评估是政策科学领域一个常用术语，很多时候与政策分析混为一谈，政策评估被认为更倾向于用确定性的标准做出判断，而政策分析的方法和目的更为广泛和灵活。本书对我国流域水质达标规划的研究，实际上具有政策分析和政策评估的双重属性。首先要回答规划的实施效果如何，带有明显的价值判断，属于政策评估范畴。同时，又深入讨论流域水质达标规划编制与实施过程中存在的主要问题，回答我国流域水质达标规划是怎样的，具有什

① *Federal Water Pollution Control Act Amendments of* 1972 或 *Federal Water Pollution Control Act of* 1972. 美国国会1972年通过和颁布《联邦水污染控制法》后，该法就被俗称为《清洁水法》（*Clean Water Act*），1977年该法的修正案也使用这种称呼（*The Clean Water Act of* 1977），并在修正案开头提到《联邦水污染控制法》也称作《清洁水法》（*Commonly referred to as Clean Water Act*），赋予其作为正式名称使用的法律地位。

么样的目标和定位，采用什么样的实施手段，存在什么样的问题，等等。因此，对于我国流域水质达标规划制度的评估实际上综合了政策分析和政策评估两种范式。

4. 经济分析

经济分析在协助流域管理决策方面的作用是不言而喻的。为了以最有效的方式实现环境目标，欧盟和美国都将经济原则纳入水环境保护的相关法律法规，并在流域管理和规划制定、实施过程中广泛使用，其中就包括污染者付费原则。污染者付费原则是流域水质达标规划资金机制得以合理实施的主要原则，但在我国水环境保护工作中这一原则并没有得到很好的贯彻，因此本书对污染者付费原则进行了详细阐述，并分析了污染者付费原则在我国规划资金机制中的具体应用。

5. 专家咨询和利益相关者访谈

专家包括国内外流域管理、环境管理和环境经济学方面的学者或专业人员。笔者利用课题研究机会，和国内该领域内的多位专家进行过讨论，并对美国加州环保局的几位专家关于美国水环境保护的相关经验进行了咨询。同时笔者利用项目调研机会，对北京、安徽、江苏、河北、河南等多个省市生态环境部门的管理人员、重点排污企业工作人员、城镇污水处理厂工作人员、公众等进行了访谈，并获取了大量一手和二手调研数据，这些成为本书重要的实证基础。通过专家咨询和利益相关者访谈，初步了解不同利益相关者在流域水质达标规划过程中的地位和作用，分析不同利益相关者的行为动机与利益，为流域水质达标规划制度的评估、管理机制设计和规划编制技术导则设计提供现实依据。

第二章

流域水质达标规划制度设计的理论框架

本书所涉及的理论主要有外部性理论、环境公共信托理论、流域综合管理理论、公共政策理论、污染者付费原则理论、机制设计理论等。本章对这些理论进行了综述，并就其在流域水质达标规划制度评估与设计方面的应用进行了总结，构建了理论框架。

一、流域水质达标规划制度设计的必要性

保障人体健康和水生态安全是水环境质量管理的终极目标，水环境质量标准不仅是环境毒理科学研究的内容，也是全体社会公民集体达成共识的健康安全系数，是自然科学和人文科学研究的结合体。作为水环境质量评价与管理的标尺，世界各国都建立了各自的国家水环境质量标准体系，并不断更新水污染物浓度限值。从公共政策管理角度来看，水环境质量标准可以作为水环境质量管理的最终政策目标。

环境政策目标的实现依赖于合适的政策手段设计。现行政策手段包括命令控制、经济刺激和劝说鼓励三大类，不同政策手段没有绝对的优劣之分，也不能认为通过哪一项手段可以完全解决所有问题，而应当以所要实现的政策目标为准则。当前，有关水环境质量管理的政策手段主要包括环境规划制度、环境影响评价制度、排污许可证制度、污染物排放标准制度、排污申报登记制度、限期治理制度、环境税制度、污水处理费制度、环境保护目标责任制度等，尚未制定专门针对某一污染物的流域水质达标规划制度。除环境规划制度实施的直接目标是水环境质量长期改善或达标之外，其余多数制度

主要针对污染源排放管理，直接目标是污染源实现连续稳定达标排放。环境规划制定和实施过程中，需要综合各类污染源排放管理政策手段，确保污染源在连续稳定达标排放的基础上实现污染物的进一步减排，最终实现水环境质量的改善或达标。

当前，我国水污染严重，这与水污染源排放管理政策手段存在一定程度的失效有关，更重要的原因在于流域水质达标规划制度的政策失效。主要原因表现为以下几个方面：①流域水质达标规划制度缺乏立法基础，缺乏命令控制型手段所具有的权威性和强制性。我国当前没有专门的环境规划立法，只有法律条文相关规定，缺乏有关规划编制与实施的法律保障，没有将流域水质达标规划的编制、审批、实施、评估、问责和处罚、公众参与等程序和内容以法定形式进行规范化和常态化，丧失了命令控制型手段的基本属性。②中央政府缺乏对地方政府流域水质达标规划的审批与核查，导致规划制定得不规范。我国流域水质达标规划体系自上而下，地方政府流域水质达标规划内容在中央政府提出的规划目标下层层分解，但中央政府并不对地方政府的流域水质达标规划进行审批，导致规划制定不规范，地方政府能否实现规划目标、编制内容是否合规不得而知。③中央政府缺乏对地方政府的事后监管。现行法律规定地方各级人民政府对本行政区域的水环境质量负责，但市场经济体制下地方政府追求自身利益最大化的“理性经济人”特征导致其未能正确履行责任。法律层面保障规划执行的环境保护目标责任制也并未形成常态化和法定化，不能胜任市场经济所要求的政府环境保护干预模式。

流域水质达标规划是一种公共政策，是资源分配的决策和社会再分配的重要手段，本质属性是解决流域内不同利益群体之间的博弈和污染物排放、技术、资源等信息不对称的平台。制度是约束利益相关者行为的规则体系，针对目前我国流域水质达标规划制度缺位问题，需要上升到法律层面才能更加有效。

二、流域水质达标规划制度研究进展

（一）流域水质达标规划制度研究

流域水质达标规划制度是指确保流域水质达标规划行动顺利实施的管理体制与机制的法律规定。国外学者主要集中于对流域水质达标规划制度政策

属性、管理体制（实施机构）、管理机制（信息机制、决策机制、监督核查机制等方面）的阐述与评估，主要包括美国和欧盟。美国 1972 年修订的《清洁水法》认为水污染是国家问题，要求国会负责。《清洁水法》确立了复杂、系统的流域水质达标规划制度，明确了点源、非点源排放管理的政策手段，建立了强有力的专门负责清洁水政策的执行机构和公众参与制度（Daniel，2005；Ben，2007；Harvey，1973）。Jane Adams 和 Steven Kraft（2005）通过对 1993—1995 年南伊利诺伊州 Cache River 流域水质达标规划的政治、经济、社会、文化、制度环境进行分析，提出了流域水质达标规划应该具有互动性、参与性、合作性、公众性等本质属性，强调规划实施机构和决策方案应该具有法律的权威性，对流域规划的编制、实施、运行进行规范。John Lawson（2005）指出流域水质达标规划是一个所有利益相关者参与式的综合决策过程，实施机构是多方参与的综合决策机构，机构成员主要包括政府、工业企业、非政府组织、居民等。Mark T. Imperial（1999）选取了六个流域作为案例研究对象，针对制度安排是如何影响机构合作问题进行研究，提出利益相关者在环保培训、数据收集、公众监督、规划评估方面需要进行合作，而决策一致程度、信息共享程度、机构设置等是影响利益相关者合作的关键因素。David M. Konisky（1999）和 Thomas C. Beierle（2001）对流域水质达标规划实施过程中公众参与进行了深入研究，对公众如何界定、公众参与流域水质达标规划的目的、不同公众群体之间的关系等进行了分析。通过对美国五大湖区水质达标规划大量的调查研究得出，水质达标规划中公众参与效果的好坏很大程度上取决于政府部门的诚信、信息公开的程度以及对公众参与决策的政策响应度。Paula Orr 等（2007）对欧盟流域综合管理的成功案例进行了分析和描述，并对《欧盟水框架指令》中关于公众参与的方式进行研究，在对欧盟环保部门规划过程中公众参与效果评价基础上提出公众参与方式的改进方案。Kirsty L. Blackstock 等（2007）以苏格兰流域水质达标规划为案例，分析了流域水质达标规划中公众参与对流域环境治理影响的经验教训，提出苏格兰提高流域规划公众参与对环境治理贡献率的建议。

目前国内学术界尚未出现有专门针对流域水质达标规划制度研究的文献，已有文献主要集中在环境规划制度的研究。符云玲（2008）指出我国环境规划实施的效果不佳，主要原因是缺少管理制度来保证其得以严格执行。詹歆晔和郭怀成（2009）在与美国环境规划差异比较与成因分析的基础上，建议我国环境规划制度应进一步明确环保主管部门的权责范围，完善财政负责和行政问责制度，强化环境规划的地方参与性。王金南（2014）认为我国环境规划缺乏制度保障，规划制定规范及法律支持不足，规划实施的权威性不够，同时规划的编制、实施和评估缺乏科学指导。宋国君（2015）认为我国环境规划制度存在定位不清、实施机制不明确，缺乏规划的动态评估调整机制等问题，并建议国家出台环境规划法，把规划编制、审批、实施、评估、问责和公众参与等过程以法律的形式固定化。一些学者（李云生，2007；王东，2009；杜梅，2005；熊晶，2009；王金南，2009；王炳坤，2010；董伟，2010；芦晓燕，2011；张远，2007；贾丽虹，2009）认为我国现有规划在编制和实施过程中存在目标设定不科学、相关规划之间不协调、缺乏全要素考虑、缺乏公众参与、数据来源不可靠、法律层级不高、缺乏规划评估方法、尚未建立起有效实施的监管体制等问题。

（二）流域水质达标规划方法研究

国外学者对流域水质达标规划方法方面的研究主要集中在模型应用、问卷调查、费用效益分析等方面。Lisa（2002）对利益相关者从规划制定、决策、实施、监督、评估与问责全过程的参与效果进行了对比，运用基于共识的决策模型模拟了各利益相关者（主要是规划技术人员与污染受害者）参与墨西哥流域水质达标规划编制和实施的全过程，指出对规划实施效果与流域综合管理效率提高做出贡献的是污染受害者，是这些过去被排除在规划制定、规划决策之外的沿岸居民。Victoria L. Weekes（2003）通过问卷调查的方式深入了解和分析了所有利益相关者的态度、观念和意愿，指出在流域水质达标规划编制和实施过程中利益相关者的态度、观念和意愿决定了他们对水质达标规划的支持度和认可度，进而影响利益相关者的行动。Nicholas（1985）也认为公众对流域水质达标规划中水环境保护的态度和意愿很大程度上决定了流域水质达标规划的制定和执行，即使是国家主导的规划计划也要依赖于公众的参与。同时指出公众对规划管理的关注程度受到信息是否全面准确以及对环境科学技术掌握程度的影响。Donnal J. Lee 等（1995）指出在流域水质达标规划和管理过程中，如果使用预测模型会存在障碍，因为影响预测模型效果的因素有很多，包括信息因素、流域的自然特性、经济文化属性、体制机制等。Lori S. Bennear 等（2008）运用社会学方法对流域水质达标规划实施效果进行了问卷调查和定性评价，分析了规划对约束企业披露真实信息的效果。通过居民对饮用水规制的违约率、饮用水的水质状况以及污染程度的反映对

地方政府和工业企业上报的监测数据进行核查，有效地监督了企业的污染排放行为。计量模型运算结果表明，通过用水户信息披露这一监督手段，污染损害降低了30%~44%，健康损害降低了40%~57%。Rahim M. Quazi（2001）对孟加拉国的水质达标规划进行了系统研究，设计了一个水质达标规划和宏观经济政策相关联的规划框架，并运用成本最小化模型对规划中的各种投资项目和行动方案进行了筛选和费用效益分析，之后再引入宏观经济环境的变量，最后得出不同政策环境条件下最优的规划行动方案。

目前国内学术界对于流域水质达标规划方法研究并不多，主要集中于环境规划模式、体系的研究。宋国君（2004，2007）对环境保护规划运行规范进行了大量细致的研究，从公共政策的角度分析了环境规划的定义和性质，提出了规划、实施以及公众参与的一般模式。宋国君（2009）、宋宇（2011）等对我国水环境保护相关规划进行了全面梳理，提出了适合我国水环境管理的层级明确、指导与反馈相结合的规划体系，包括国家层面、省级层面、市级层面以及专门针对大点源的规划，并对相关规划的定位和一般程序进行了规范，主要包括水环境问题的明确、利益相关者的广泛参与、指标体系的完善、具体而详细的执行计划、监测和评估等几个方面。

在规划编制方法方面，主要集中于就流域水质达标规划所涉及的某一环节或方面的研究，包括水环境状况评估、预测模拟以及规划的费用效益分析等方面。马中（2006）对淮河流域水质达标规划实施效果及执行情况进行了系统的研究，对规划的水质目标、污染物排放总量控制目标、治理项目完成情况和规划的监督管理状况进行了综合评估。在预测模拟研究方面，大部分研究（陈金毅，2011；王经盛，2012；夏华永，2011；郑洪波，2010；林振芳，2011）仍停留在将水质模型、水环境容量推算的结果直接应用于水环境管理，规划的方法和内容都偏重于自然科学技术，社会科学方法应用较弱。部分学者（昌敦虎，2009；周颖，2004）对环境规划费用—效益分析的现状和特征进行了研究，并总结出了在环境规划中运用该方法对行动方案、管理措施分析的具体应用，主要包括：各项行动方案和管理措施的费用效益分析与比较以及最终管理方案的确定等。

（三）研究进展评价

流域水质达标规划制度是当下国内外水环境质量管理的主要政策手段。遗憾的是，目前国内政府和学术界在流域水质达标规划方面的研究大多集中于国外经验借鉴、宏观思路、规划方法和内容（预测方法、水质模型和环境容量）或对规划的局部内容（如如何促进公众参与、利益相关者参与效果、如何协调水环境保护相关规划、流域管理机构、规划实施效果）进行研究，缺乏从公共政策和管理的角度对流域水质达标规划这一管理制度自身存在的问题的分析和评估，如规划的目标与定位、规划的政策框架体系、规划现状、规划中主要政策手段的实施、管理体制、规划的主要内容（水质评价、污染负荷分析、目标确定、资金保障、实施计划）等方面，且并未对流域水质达标规划制度引起重视。

美国已建立了系统的流域水质达标规划制度。《清洁水法》对此明确规定，联邦环保署负责对受损水体流域水质达标规划进行审批、问责和惩罚，强化了联邦政府对于州政府在各流域实现水环境质量标准要求过程中的权责划分和管理职能。《清洁水法》还将流域水质达标规划的规范化编制、审批要求、管理方案筛选和费用效益分析等内容一一法定化，以确保流域水质达标规划内容的科学性和成本有效性，最终实现水环境质量目标。美国流域水质达标规划在保护和改善美国地表水体的过程中发挥了不可忽视的作用，这为完善我国流域水质达标规划制度提供了经验借鉴。

目前我国流域水质达标规划缺乏制度保障，规划制定、审批、实施、评估缺乏法定的技术规范，同时也未能指出流域水质达标规划在制定和实施过程中中央政府监督地方政府的必要性。我国尚未建立起真正的流域水质达标规划制度，现有的“水污染防治规划”“水污染防治行动计划实施方案/细则”“碧水工程行动计划”“清洁水体行动计划”“流域水体达标方案”等并不是真正意义上的水质达标规划，且规划目标也不是针对完全实现水环境质量标准要求设定的，也未见对流域水质达标规划制度的研究报道。相对而言，国内相关领域的规划制度已经相当成熟，尤其是城市规划制度、土地利用总体规划制度，这些规划制度的建立可以为我国流域水质达标规划制度设计提供可行性参考。流域水质达标规划本身是流域水质达标规划制度良好运行的重要载体。流域水质达标规划一般模式的研究，可为地方政府编制流域水质达标规划提供具体思路。

基于以上背景，本书在借鉴国内外相关规划制度经验的基础上，构建社会主义市场经济体制下适合我国国情和水情的、基于水环境质量的流域水质达标规划制度。

三、流域水质达标规划制度设计理论基础

（一）外部性理论

外部性的概念起源于19世纪末，盛行于20世纪六七十年代，之后与生态经济学、环境经济学接轨并成为环境经济学的理论基础。外部性理论的发展主要有三个阶段：1890—1930年，外部性概念提出；1940—1960年，交易费用提出，围绕交易费用，产权经济学、交易费用经济学得以创立和发展；1970年以后，基于外部性理论，环境经济学得以创立和发展（Andreas，1998）。

1. 外部性的含义

外部性概念最早由英国经济学家、剑桥学派的奠基人西奇威克（Henry Sidgwick，1883）提出，“个人对财富拥有的权力并不是在所有情况下都是他对社会贡献的等价物”。西奇威克以灯塔的例子说明要解决经济活动中的外部性问题，需要政府进行适当干预。尽管他没有直接提出外部性的概念，但基本上表达了后来学者们所想要表达的意义。

最先系统提出外部性理论的是马歇尔（Marshall），他在1890年出版的《经济学原理》（*Principles of Economics*）中指出扩大一种商品经济生产规模的方式有两种：一种是依赖于产业的一般发达所造成的经济，另一种是依赖于个别企业本身资源、组织和经营效率的经济。这两种经济形式分别对应“外部经济”（External Economy）和“内部经济”（Internal Economy）。

庇古（A. C. Pigou）首次使用了外部性的概念，并用现代经济学的方法从福利经济学的角度系统研究了外部性问题。他在马歇尔提出的“外部经济”概念基础上扩充了“外部不经济”的概念和内容，把外部性从受动性概念转变为主动性概念，将外部性问题的研究从外部因素对企业的影响效果转向企业或居民对其他企业或居民的影响效果。庇古提出了边际私人成本和边际社会成本、边际私人纯收益和边际社会纯收益等概念作为理论分析工具，他认为：由于边际私人成本和边际社会成本、边际私人纯收益和边际社会纯收益之间的差异，完全依靠市场机制形成资源的最优配置从而实现帕累托最优是不可能的。庇古通过批评市场在外部性领域的失效进一步为政府的介入提供了理由。

1970年以来，外部性理论逐步与生态经济学、环境经济学接轨，对于一些经济学家而言，外部性几乎成为环境污染的代名词。威廉·鲍默尔

（William Baumol）和华莱士·奥茨（Wallace Oates）在他们合著的《环境政策理论》（1988年第二版）中对外部性做了界定：①在个体A的生产函数关系或效用中存在着一些世界的（非货币）变量时，A的价值被其他方（政府、厂商或个人）所影响，而A的福利所受的影响却没有得到考虑；②某些行为影响到其他方或进入其他方生产函数关系、效用中的经济主体，并没有得到等同于其行为对其他方所造成影响数额价值的支付或补偿。

美国环境经济学家泰坦伯格（Tom Tietenberg，1992）指出生产者普遍生产的商品数量多于最优值，同时会产生大量的污染；但是生产者并不承担这种污染的成本或只承担部分，而污染的外部性却由社会普遍承担，因此生产者不会减少产量，也不会减少污染，市场也缺乏动机去减少污染，更不会治理污染，也不会激励循环生产或技术改进，因此他指出外部性是市场失灵的原因之一。

综上所述，外部性的概念可归纳为：某经济主体（生产者或消费者）的福利函数自变量中包含了他人的行为，而该经济主体又没有向他人提供报酬或索取补偿（马中，2006）。经济主体（生产者或消费者）i的福利除了受他自身所控制的经济活动影响之外，如果还受到其他经济主体所控制的经济活动X_j的影响，就存在外部性，则可以说生产者（或消费者）j对生产者（或消费者）i存在外部影响。相应地，流域外部性可以定义为：当流域内某个经济主体的治理行为或污染行为对流域内另一经济主体福利产生的影响并未在市场中反映出来，这种外在的影响就被称为正外部性或负外部性。流域水环境保护和水污染具备了以上两大特征，因此任何改善和破坏水环境的行为都会产生外部性。

2. 外部性内部化理论在流域水质达标规划分析和评估中的应用

外部性概念本身只是解释市场失灵的众多工具之一，外部性的存在意味着具有帕累托改进的机会。因此，讨论外部性的意义在于如何纠正市场失灵，即实现外部性内部化（贾丽虹，2007）。

$$F_i = f(X_{1i}, X_{2i}, X_{3i}, X_{4i}, X_{5i}, \cdots, X_{mi}, X_{nj}), \ i \neq j$$

式中，i、j分别表示不同的经济主体（生产者或消费者）；

F_i表示经济主体的福利函数，即生产者i的生产函数或消费者i的效用函数；

X_i表示经济主体（生产者或消费者）i的内部影响因素，$i=1, 2, \cdots, m, n$；

X_j表示经济主体（生产者或消费者）j对i施加的影响。

针对外部性（主要是外部不经济性）问题，理论界提出了众多的“内部化”途径。庇古主张政府应当对边际私人成本小于边际社会成本的企业或部门征收庇古税，实现外部效应的内部化。环境保护领域采用的“污染者付费原则”，即遵循了庇古税理论，但根据庇古理论掌握各排污企业的成本信息来衡量外部关系几乎是不可能的。而以科斯（R. H. Coase）、阿尔钦（A. Alchain）等为代表的产权学派则认为在产权明确界定的情况下，倡导清晰产权下的市场交易以消除外部性，但环境资源领域产权的界定也是很难实现的（沈满洪，2001）。

金书秦（2011）基于环境保护的视角重新评价了外部性内部化理论。他认为环境外部性内部化的讨论仅局限于新古典经济学家们所给定的范围，仅注重经济意义上的内部化，即外部关系的内部化，缺乏与环境特性的内在联系，并指出外部性同时具有“外部关系”和“事实效应”，其中“外部”是条件，“效应”是表现，传统的理论只注重“外部关系”而忽视“事实效应”，认为只要把外部关系解决了就实现了内部化的目标，但实际上环境效应有时并不会随着外部关系的内化而被消除。笔者根据对环境外部性的定义，从“外部关系”和“事实效应”两个维度区分了对环境问题的认识，如图 2-1 所示，纵坐标代表外部关系的复杂程度，横坐标代表环境效应的大小，图中将坐标系分为四个区域，分别表示的环境问题为：

A：外部关系简单，环境效应较小；B：外部关系简单，环境效应较大；

C：外部关系复杂，环境效应较小；D：外部关系复杂，环境效应较大。

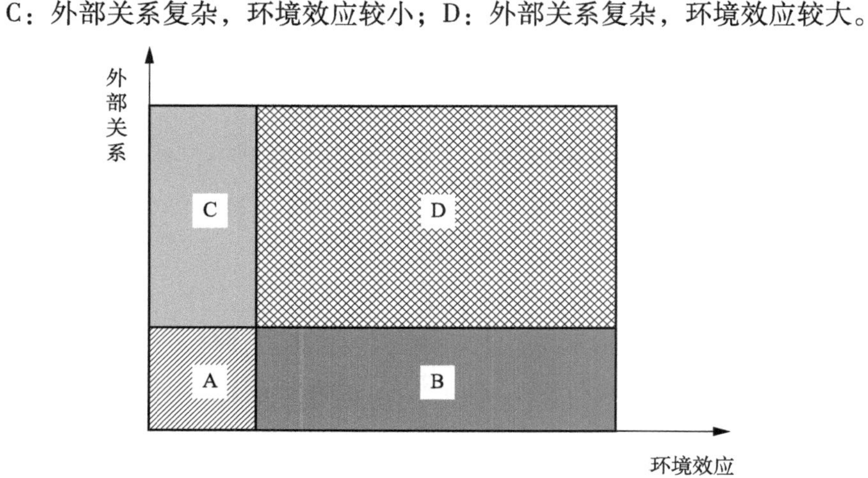

图 2-1 “外部关系—环境效应”模式下的环境外部性分类

从对环境外部性内部化理论的重新评价给我们的流域水质达标规划提供了一些启示：首先，流域水质达标规划的首要目标是消除排放者排放的污染物对公众带来的环境损害，之后才是消除外部关系。污染物是否对公众带来环境损害可以通过规划中具体的监测计划来衡量，通过人体健康是否受损、水生态系统是否安全体现出来（金书秦，2010）。根据这一原则，对流域水质达标规划进行分析和评估，最终判据就是人体健康和水生态系统是否得到有效保障，水体的完整性是否受到干扰和破坏，直接相关的就是水环境质量是否真正改善、水污染物排放是否真正减少。其次，在规划管理措施和工程方案的优先顺序上，应当优先解决外部关系简单、环境效应大且容易给公众带来较大环境损害的问题。根据这一原则，点源污染治理是流域水质达标规划中优先解决的问题。

3. 外部性理论在环境管理体制设计中的应用

环境外部性内部化的方式和程度取决于外部性范围和大小，从而决定了政府干预主体和机构设置。环境外部性包括空间外部性和时间外部性，空间尺度上分为不同行政区域内或跨区域的环境外部性，时间尺度上分为代内外部性和代际外部性。根据布雷顿最优区域配置理论，政府干预机构的设置应与环境外部性时空范围相对应。宋国君（2008）基于环境外部性的时空分类矩阵，提出了流域外部性分类矩阵，认为各级政府应该对所辖区域的环境外部性问题负责，即市内环境污染由城市政府负责，市际和省内环境污染由省级政府负责，中央政府应对跨省的、国际的、代际的环境外部性问题负责。

水污染的外部性问题在时间上涉及不同年代人群的切身利益，关系到几代人的饮用和生命安全，需要持续永久地加以控制和改善。对于环境政策而言，只要影响到一代人以上的环境问题，都应该由中央政府负主要责任。因此，在流域水质达标规划领域要更加突出中央政府在地方政府实现水环境质量达标过程中进行监管的必要性。同时，借用环境外部性的空间分类和各政府级别负责，为流域水质达标规划审批机构设置提供理论依据。

（二）环境公共信托理论

环境公共信托理论起源于公共信托原则，后者可以追溯到罗马法中对于共用物和公有物的规定，它反映了对水、空气、海洋等自然资源的共同权利思想（邱秋，2009）。将公共信托原则应用于环境保护领域的是 20 世纪 70 年代美国法学家萨克森教授在其所著的《保卫环境：公民诉讼战略》一书中，系统地提出了“环境公共信托理论”，该理论认为对全体国民生存和发展具有重大意义的环境要素，如空气、水、阳光等不能将其利益所有权交付于私人领域，全体国民应共同享有对公共财产的所有权。为了合理保护这些共有财产，全体国民委托国家来进行管理（廪红，2006）。国家的职能是为全体国民提供公共物品的服务，该理论强调国家对公共信托资源的环境保护责任和义务。在公共信托原则下，国家或地方政府作为“委托人”，有义务与环境危害和环境恶化作斗争。美国《清洁水法》《加州水法》等大量联邦和州的水环境保护立法中均体现了公共信托原则。环境公共信托原则的内容可以简单地概括为：政府对具有公共性质的环境资源应承担起受托人的义务，即依环境资源本身的性质最大限度地保障社会公众能对这些资源实现其应当享有的权益（汪劲，2000）。

我国宪法规定：“矿藏、水流、森林、山岭、草原、荒地、滩涂等自然资源都属于国家所有，即全民所有。”根据环境公共信托理论要求，为了全体国民利益，作为全体国民的委托代理人，国家必须对全体国民负责，对国家的环境管理行为进行监督，对环境资源予以保护和维持（袁鹰，2014）。我国是中央集权制国家，只有中央政府才是整个国家利益的代表者，中央政府必须对全体国民负责，并接受全体国民的监督和批评，因此就形成全体社会公众与中央政府之间的第一个委托代理关系。同时法律规定地方政府负责具体的环境管理事务，只作为中央政府的派出机构，因此在中央政府处理全体国民委托的环境管理事务过程中，产生了中央政府和地方政府之间的第二个委托代理关系。

因此，本书以环境公共信托理论作为理论依据，论证中央政府在接受社会公众的水环境质量管理任务委托的过程中，必须肩负对地方政府的环境管理行动进行监督管理的责任。

（三）流域综合管理理论

1. 流域综合管理的经济学思考

根据前文外部性理论的分析，从外部性的影响范围来说，如果 i 和 j 是同一行政区域内（同一国家、省、市）的工业企业或居民，那么这种外部性就可以通过该行政区域内的宏观管理部门即地方政府的管理予以解决。而在流域范畴，i 和 j 则常常可能是流域内不同地理位置、不同行政区域的工业企业或居民，因为一条河流可能会流经多个国家（如欧洲的莱茵河）、多个省市，即存在跨区域、跨界外部性问题。对上面的模型进行扩展，则中游行政区域的福利函数为：

$$F_r = f(X_{rr}, X_{rs}, X_{rt})$$

式中，s、r、t 分别表示流域上、中、下游的行政区域；

X_{rr}表示 r 区域经济主体（生产者或消费者）所主导的经济活动，自身所产生的外部影响自己承担；

X_{rs}表示 s 区域经济主体（生产者或消费者）所主导的经济活动，污染者排放污染物所带来的外部成本由 r 区域承担，r 区域内生产者或消费者支付的污染防治成本都会导致自身福利的损失；

X_{rt}表示 r 区域内生产者或消费者保护水环境所带来的正外部性活动，如流域中游地区为防止水环境质量恶化而进行的治理污染行动（如建设污水处理厂、人工湿地、植树造林等）。

尽管这种治理污染行动对中游地区自身福利的改善也有一定的正外部性，但由于中游地区治理污染行动所获得的收益比全部收益要少，同时考虑到这种巨额投入的机会成本，导致中游地区治理污染行动的投入严重不足，正外部性小于福利损失的负外部性，因而对地方福利的总体影响可能为负（宋国君，2003）。

一个流域往往横跨多个国家、省、市，即使在同一行政区内也往往涉及多个管理部门，因此各个行政区或管理部门独立决策、各自为政的控制和管理并不能获得最佳的经济效益和环境效益，解决流域外部性问题需要从全流域、全要素的角度出发，打破行政以及管理部门的分割与界限，才能取得较好的水环境保护效果。这一理论为本书水环境保护管理体制和实施机构的分析奠定了基础。

2. 流域综合管理的系统论思想

系统论的核心思想是系统的整体观念，系统科学的创始人之一贝塔朗菲（1987）强调，任何系统都是一个有机的整体，它不是各个部分的机械组合或简单相加，系统的整体功能是各个要素在孤立状态下所没有的新质。用整体分析法进行政策研究的核心是：从全局出发，从系统、子系统、单元、元素之间以及它们与周围环境之间的相互关系和相互作用中探求系统整体的本质和规律，提高整体效应，追求整体目标的优化。

流域水环境就是这样一个复杂的大系统，不仅包括水资源的开发利用，

也包括水环境和水生态的保护（张庆丰，1997）。在这一复杂大系统中，其中一个单元发生变化，都会通过系统内部的物质循环、能量流动和信息传输导致其他单元甚至整个流域系统发生变化。同时水资源是流域系统中典型的物质流，无视人为的、行政的分割，任何单个子系统即单个地区或单个部门分割解决问题的方案几乎不可能在本地区或本部门内部得到很好的解决。尽管保障人体健康和水生态安全是全流域人民的共同利益，但由于水资源开发利用、低标准排放带来的利益和水污染造成的环境损害成本、环境修复成本、污染治理成本在不同利益相关者间的分配并不平等，在流域水环境保护相关政策缺位的情况下，个体或局部地区做出的看似合理的决策和行为将导致整个流域系统不合理的后果。因此，水环境保护工作应当从系统特征出发，综合考虑各行政区域、各部门以及水质、水量、水生态等各要素，任何单一地区、单一部门或单一要素的处理都是片面的，甚至是事倍功半的（陈宜瑜，2008）。

流域综合管理理论为流域水质达标规划的决策和实施指明了方向，就是要从整个流域大系统的角度来建立有效的决策和实施机制，考虑所有利益相关者的诉求，最终确保流域水质达标规划可实施、可操作、可执行，提高整体管理效率。

3. 政策整合是流域综合管理的基本要求

政策整合这一概念被学术研究关注最初源于环境政策一体化（Environmental Policy Integration）概念的提出，环境问题得到密切关注、可持续发展成为普遍接受的社会最终目标等都对政策整合提出了需求。政策系统是一个复杂系统，复杂系统的特征是由其组成部分之间的相互关系而不是单独部分本身决定的，政策间的相互关系对政策体系的目标实现具有重要意义。目前国内外理论界对环境政策整合 EPI（Environmental Policy Integration）的认识体现在不同的层次上：Arthur P. J. Mol（2003）在较微观的层次上将 EPI 定义为“环境目标、政策或者环境机构与其他目标、政策或机构的整合”；欧盟在更广的范围内将 EPI 拓展至不同领域的政策整合：“把环境因素整合进其他政策与活动的实施过程”；William M. Laffery 和 Jorgen Knudsen（2007）则站在更高的层次上指出：政策整合是解决经济、社会和环境问题之间权衡的工具，政策整合不仅是一项重要手段，也是可持续发展的重要目标。另外，Arthur P. J. Mol（2003）在 EPI 基础上提出 JEP（Joint Environmental Policy）联合环境政策的概念，更注重呼吁政府部门与私人部门在环境领域的合作。

随着我国经济社会的不断发展，法律体系、政策环境、文化背景都发生了动态变化，单一的、缺乏联系的政策，其直接效应和溢出效应不仅不利于解决问题，而且可能会产生重叠、冲突以及新的问题和资源浪费，若政策体系不及时更新、不迅速协调，必然会引起民众质疑并引发社会矛盾。因此，开展政策整合是十分必要的（蔡英辉，2012）。

流域水环境、水资源的整体性和水环境问题的复杂性，要求水环境保护相关法律政策进行整合和部门管理一体化（孙法柏，2012）。相反，水环境保护法律政策和管理的碎片化，提高了水环境保护的成本，降低了水环境治理的效率，必将挑战传统的水环境保护制度和管理方式（张磊，2010）。在传统的政府主导的水环境保护模式中，法律、法规、规划、政策等都是自上而下分部门单独制定的，存在分割化、碎片化、协调性不足等问题；部门之间职能交叉重叠、决策周期长、信息交流不充分等问题也很突出；同一部门政策之间也缺乏联系，导致政策间重复与冲突，增加了管理成本。因此，政策整合是流域综合管理的基本要求，通过对我国已有水环境保护相关法律、政策进行分析和整合，将我国目前分割的、碎片化的水环境保护政策形成一个有价值、有效率的政策体系，从而降低政策的执行成本以及信息不对称带来的信息成本、监督管理成本。

（四）公共政策理论

1. 公共政策

罗伯特·艾斯顿（Robert Eyestone）在1971年出版的《公共政策的路径》一书中对公共政策给出了宽泛的定义：公共政策就是政府机构和周围环境之间的关系。政策科学的创立者哈罗德·拉斯韦尔认为，公共政策是一种含有目标、价值与策略的大型计划（林水波，1982）。美国著名学者戴维·伊斯顿（1971）认为，公共政策是政治系统权威性决定的输出，因此它是对全社会的价值做有权威的分配。我国学者陈庆云（2006）认为，公共政策是政府根据一定时期的特定目标，通过对社会中各种利益进行选择与整合，在追求有效增进与公平分配社会利益的过程中所制定的行为准则，同时对利益的分配也是一个动态过程。尽管各位学者对于公共政策的定义有所不同，但均指明了一点，即公共政策与全社会的利益、价值直接相关。环境政策是国家（不仅指政府）为保护环境所采取的一系列控制、管理、调节措施的总和（夏光，2011）。由此可见，环境政策是公共政策的一部分，也是对利益或价值的一种

分配，体现了国家为保护环境而做出的各种制度安排、改进与创新。但与其他公共政策相比，环境政策有具体性、有效性、适时性、多样性等特点。流域水质达标规划是水环境决策的重要形式，也是流域内各利益相关者之间利益和价值再分配的重要手段之一，因此具备公共政策属性。

2. 公共政策分析与评估

在政策科学中，政策分析与评估是一个不断循环的过程，如图 2-2 所示。通常是一些社会热点问题或重要事件首先引起社会重视，部分问题将被纳入政策议事日程，这些问题将进一步被遴选和排序，也就是说，一些问题会被保留，而另一些问题将会从议程中删去，或重新被构建；在政策分析和评估过程中，备选方案逐渐形成，通过各种渠道被各利益相关者（政府、企业、公众）讨论、比较；进而形成具有较高一致性的观点和意见，这些观点和意见传递给政治家，由他们做出最终的政治决策，包括政策的基本思想、目标和策略；接下来是政策实施，政策被细化成具体的实施手段并被相应的机构执行；政策效果包括预期效果和非预期效果；政策通过影响社会行为导致新的问题或者通过解决旧的问题使原来也存在的问题显现出来，这些问题进入下一个政策循环。

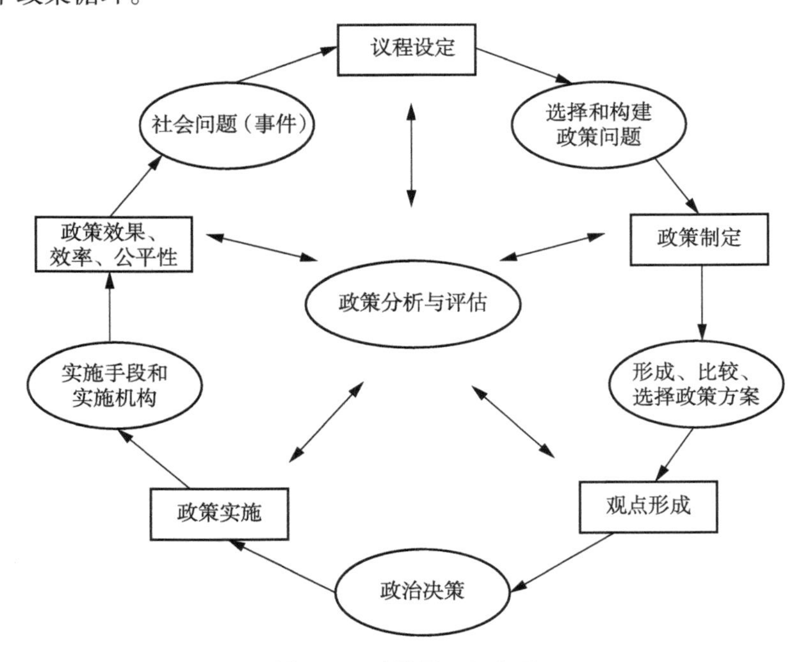

图 2-2　政策循环示意图

政策分析与评估在政策循环中的位置和角色十分重要。很多文献都将“分析与评估”视为政策循环的倒数第二个环节，将其最终结果和同时发生的社会影响作为最后一个环节。但是如图 2-2 所示，“分析与评估”的位置在整个政策循环的中心，指向每一个政策环节。政策评估的对象包括每一个或者多个政策环节，很多政策评估问题只有在对政策循环中更大尺度的部分进行分析和评价时才能被充分地解答。

借鉴公共政策分析与评估理论，流域水质达标规划的分析与评估，不仅是将规划实施后的效果与规划目标进行简单的对比，而且是对规划整个系统的分析与评估，包括流域水质达标规划的政策框架体系、规划现状、主要政策手段、管理体制、管理机制以及规划主要内容（水环境质量评价、污染负荷估算、水质目标确定、方案筛选、资金机制、规划实施机构和实施计划等），同时关注规划实施后的效果、效率和公平性。

3. 公共政策制定

政策制定是为达到具体的政策目标所采取的政策工具。在政策制定之前，需要考虑适合的政策手段类型。宋国君（2008）对我国环境政策手段进行了全面的分析，并对命令控制、经济刺激和劝说鼓励等政策手段的特征和内涵进行了详细阐述，其中命令控制手段需要有法律权威性、强制性、严格的惩罚措施和较强的执行力。虽然在当前环保领域，经济刺激手段如排污权交易等逐渐被采用，但传统的命令控制型手段仍然占主导地位。《水污染防治法》（2017）明确规定：“地方各级人民政府对本行政区域的水环境质量负责，应当按照水污染防治规划确定的水环境质量改善目标的要求，制定限期达标规划，采取措施按期达标。”因此，流域水质达标规划制度本身作为一种命令控制型手段，其制度设计理应符合命令控制型手段的要求。

对于政策制定过程，大多数的政策科学家从狭义的角度予以理解，认为政策手段制定是指政策形成和政策规划（陈振明，2003），包括议程设立、方案规划和方案的合法化等环节或阶段。规划方案的基本内容是方案设计和方案优化，方案设计是针对要解决的问题运用各种定性和定量分析手段，设计出一系列可供选择的方案。方案的择优是通过系统的分析、比较和可行性论证，在多个备选方案中确定一个能最大限度实现既定目标的方案的过程。

同时，依据政策制定的过程要求，需要考虑政策方案的合法化。兰秉洁（1994）认为，政策合法化就是通过法定程序，提交有关机关讨论通过，并以

公报、决定、决议等形式向全社会公布，使得政策取得公认的合法地位和全国人民认可、接受和遵照执行的效力。陈振明（2003）指出政策合法化是指法定主体为使政策方案获得合法地位而依照法定权限和程序实施的一系列审查、通过、批准、签署和颁布政策的行为过程。可见，政策合法化是流域水质达标规划制度设计的重要环节，实现水质达标的规划方案必须经过政府审批通过，实现规划执行合法化。

上述传统定义仅仅将政策合法化限定于政府对于政策是否可行的认可，随着公众参与生态环境社会治理理念的逐步普及，公众参与将是政策合法化的应有要求之一。公众参与将是检验政策是否可行以及多大程度上可行的事实证据。在环境保护过程中，公众有权通过一定的途径，参与政策方案制定和了解政策方案执行所导致的公众社会成本和效益情况，信息公开是实现公众参与的先决条件（宋国君，2003）。同时，政策的公众参与，尤其是弱势群体的意见表达，是解决公共政策信息不对称和决策公平的基本前提。

综上，政策手段类型理论明确了流域水质达标规划制度作为命令控制型政策手段应具备的特征和要求，政策制定的方案规划设计理论为流域水质达标规划编制提供方法和原则，政策合法化理论为流域水质达标规划制度中的政府审批、公众参与和信息公开程序设计提供理论基础。

（五）污染者付费原则理论

资金机制是流域水质达标规划能否顺利、有效实施的基本保证，资金机制的成败主要取决于规划制定资金机制所倡导的原则，原则在资金机制的建立和完善的过程中具有非常重要的指导意义。污染者付费原则就是流域水质达标规划资金机制得以合理实施的主要原则。

污染者付费原则（Polluter Pays Principle，PPP）也被称为污染者负担原则，是指污染环境造成的损失及治理污染的费用应当由排污者承担，而不应该转嫁给国家和社会，目前已成为世界各国在污染治理和环境保护工作中关于如何分配污染防治措施成本的基本原则。OECD（1974）对污染者付费原则做出的界定是：污染者应承担为了确保环境处于可接受水平，由公共机构决定污染防治措施的成本，并要求世界各国不应该对工业企业的污染控制和治理措施采取不当的补贴或税收优惠，否则就会造成国际贸易的扭曲。因此，污染者付费原则可以被解释为“非补贴规定”，即污染者应当承担污染控制和环境损害的全部费用。

关于实施污染者付费原则的政策手段，OECD 指出无论是通过命令控制型手段还是通过经济手段（即税费手段），只要令污染者付出确保环境处于可接受水平的成本都是可以的。因此，污染者付费原则并不仅仅局限于字面上的“付费”，只要污染者承担其所造成污染的全部成本即可。污染者付费原则可以通过多种手段来实施：法律法规或禁令、各种排放标准和污染税费，两种或两种以上手段也可以一起使用。实际上，OECD 还肯定了命令控制型政策的作用，“命令控制型政策（如直接管制）可以迅速削减污染物排放和达到环境目标，以减少不能接受的损害，保障人体健康和水生态安全”。

“谁是污染者”“污染者应付多少费用”以及“付费资金应流向何处”是污染者付费原则的三个核心问题，回答好这三个问题将有助于掌握污染者付费原则的基本思想。图 2-3 展示了污染者付费的标准流程，共分为三个部分，分别对应着以上三个问题，其中，区域Ⅰ界定了“污染者”和“非污染者”，区域Ⅱ明确了污染者的付费标准，区域Ⅲ阐明了付费的资金流向（杨喆，2015）。以下将详细解析这三部分内容。

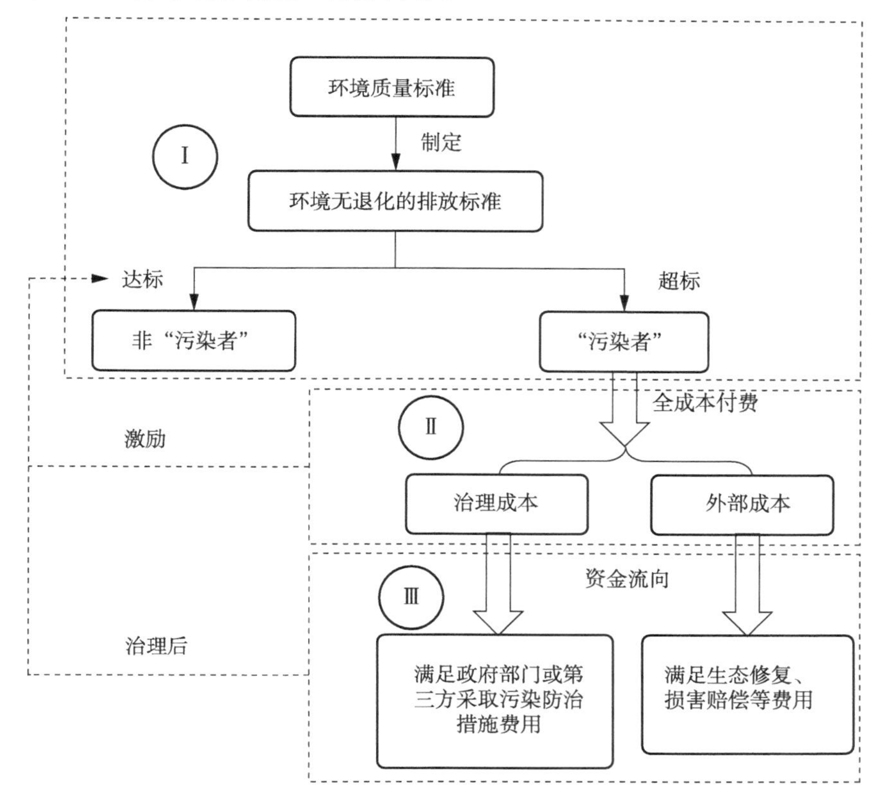

图 2-3 污染者付费原则

1. 污染与污染者

污染是由人类活动直接或间接地向环境中排放一定数量和浓度的物质（或能量），当排放量超过环境自净能力时使人类社会和自然环境产生如健康损害、财产损失、生态退化等现象。导致环境污染产生的物质即为污染物。

污染的存在是客观的，但它的界定具有主观性，因此污染是一个相对概念。基于科学认识，权威机构对一定范围内的环境要素设定质量标准和排放标准，并根据这些标准判别环境污染是否存在，即管理意义上的“污染”。

环境质量标准是国家为保护生态环境和人体健康，对环境中污染物容许含量所做的规定。我国于 2002 年颁布了《地表水环境质量标准》，根据地表水水域环境功能和保护目标，按功能高低划分为Ⅰ~Ⅴ类，不同功能类别分别执行相应类别的标准值。污染物排放标准是国家对人为污染源排入环境的污染物的浓度或总量所做的限量规定。依据环境质量标准制定的环境无退化的污染物排放标准是衡量“污染”的标尺。随着认识能力、科技水平、社会需求的变化，环境质量标准和污染物排放标准会相应变化，管理意义上的“污染”也会随之变化。

污染者是直接或间接向环境排放污染物的单位和个人，是造成环境污染的行为主体。对污染者的界定主要依据其行为是否造成环境污染，即是否会使环境退化。具体来说，某一主体的排放行为如果没有造成环境退化，即排放水平达到了环境无退化的污染物排放标准，就不是管理意义上的“污染者”，反之亦然。例如，某企业向目标水质为Ⅲ类水的功能区排放废水，如果该企业通过自身治理，达到Ⅲ类水或更高的排放标准，没有造成环境退化，那么该企业就不是“污染者”；反之，如果受纳水体水质已经低于水质标准，天然来水水质也低于水质标准或者没有天然来水，此时若该企业废水排放低于Ⅳ类水标准，即使达标排放也会造成环境退化，成为“污染者”。另外，如果某一行为主体排放了污染物，但其委托第三方（如环保公司）进行治理，并且治理后的废水排放不会造成环境退化，则不是“污染者”。

2. 付费

污染者付费的核心思想是应当由污染者承担确保环境处于可接受水平（或环境无退化）时的全部费用（即全部成本）。污染者不付费或者少付费，都会使污染者受益，社会受损。另外，若某一主体行为并不造成环境污染，则不应对其收费，即“不污染不付费”。再有，污染者付费原则的最终目的是“污染者治理”，即通过全成本付费促使污染者选择自身治理或委托第三方治理，最终使排放水平达到环境无退化标准。一般而言，污染的全部成本包括治理成本和外部成本，是制定付费标准的基础。

对于排放污水的治理而言，污水收集管网、污水处理厂、污泥处理厂、排水管网以及企业或排污者私有的污水处理设施等都是污水治理系统的组成部分，所有用于这些工程的投资和运行费用，都可以视为污水排放的治理成本。而全部治理成本指达到环境无退化的排放标准时所发生的治理成本。由于不同功能区的水质目标不同，排放标准应“因地制宜”，由此产生的治理成本会存在地区性差异。污染者可以根据技术水平、治理成本、管理能力等情况，对不同的行为做费用—效益比较，选择自身治理或委托第三方治理污染。而无论怎样选择，最终的目的是通过支付全部治理费用使外部成本内部化，使环境无退化。

污染的外部成本主要体现为环境损害成本，即污染物对人体健康和水生态安全带来的损害、生物多样性丧失。这样的环境损害往往具有潜在性和不可逆性。例如，在污染河流附近的居民可能在短时间内的健康状况不会受到太大影响，但长时间饮用或接触不干净的水可能会引发癌症等恶性疾病。又如，某一珍稀物种由于其赖以生存的河流受到污染而灭绝，那么这种损失将是不可逆的。因此，污染的外部成本虽然难以货币化，但普遍认为其代价高昂，一旦发生，很难修复如初。

污染者承担的治理成本和外部成本之间存在着此消彼长的关系，如图2-4所示。污染者大致有三种行为选择：承担全部治理成本、承担部分治理成本、不承担任何治理成本，其对应的外部成本有较大差异。当污染者的排放水平达到环境无退化标准时，排水的全部外部成本内部化，此时污染者为达标排放所支付的治理成本就是全部成本。当污染者排放的污水没有达到环境无退化标准、会污染环境时，就会产生外部成本，如果没有严格的制度保障，企业往往不会去承担这些外部成本，这意味着污染者只承担了部分治理成本，其余成本由社会负担，这就违背了污染者付费原则。当污染者没有处理排放时，其没有承担任何治理成本，如若此时污染物排放浓度较高，就会产生严重的环境退化，外部成本大幅上升，全社会负担加重（杨喆，2014）。

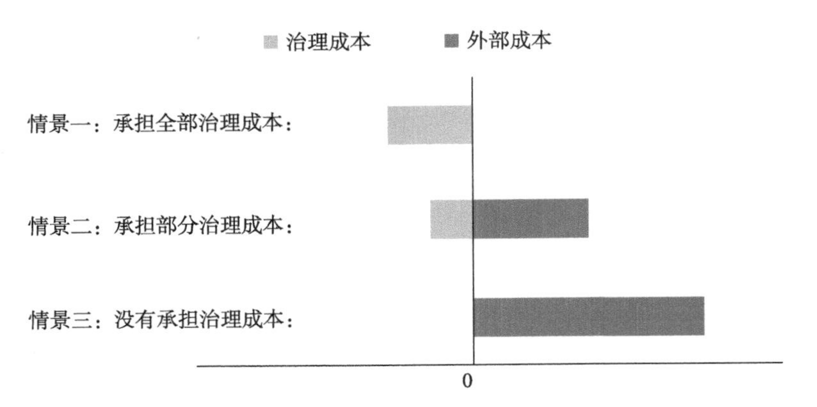

图 2-4 治理成本与外部成本的关系

无论污染者不付费还是少付费，都会造成“谁污染谁受益”“全社会承担外部成本”的不良后果。一般来说，环境损害具有不可逆性和长期性，导致生态修复和损害赔偿费用相当高。因此，环境污染发生后的外部成本往往远高于使排放水平达到环境无退化标准时的治理成本，与其事后“补救”，不如事前“治理”。倘若严格遵守污染者付费原则，理性的做法应当是承担全部治理成本（可以选择自身治理或委托他人治理）使排放水平达到环境无退化标准，此时成本最小，环境效益最大。另外，由于外部成本往往难以货币化，而治理成本较容易计算，因此承担全部治理成本更具有可行性。

由此可见，污染者付费原则的真正含义的是“污染者治理”，污染的全成本是制定付费标准的基础，但付费只是手段，治理污染才是结果，目标是确保环境质量不退化。如果不基于全成本进行付费，不仅会产生外部损害，还会获得内部收益，即环境红利（经济主体在自身发展过程中通过产生外部性进而获得发展的额外收益）。事实上除了企业获得的超额利润外，环境红利还包括政府获得的超额税收，公民获得的超额收入，几乎全体社会成员都是环境红利的受益者（马中，2014）。

但是环境红利不可能长期存在。当水污染物的排放在水环境承载力的阈值范围之内时，水环境可以通过稀释、降解和消纳污染物来降低污染治理成本，保障我们的经济高速增长和企业获得超额利润，此时不会产生环境损害；但如果水污染物的排放超过环境阈值，水体几乎会丧失所有的使用功能，此时会产生环境损害并带来高额的环境治理、损失、损害和修复成本，反过来制约经济的可持续增长（马中，2014）。如图 2-5 所示，短时间内，经济总量增长快速而环境成本增长缓慢，单位时间内产生的社会净效益极大。但随着时间的推移，一方面，环境污染经过一段时间的累积超越环境阈值，产生了环境损害，这时环境成本除了治理成本之外，还将包括损害成本和修复成本；另一方面，经济总量也由于环境红利的边际效应递减而增速放缓。当时间到达 t，环境成本与经济总量相交于 s 点，此时社会边际效益为 0，当这种趋势持续下去，经济总量就会小于环境成本，社会效益总量呈负增长。因此，在流域水质达标规划的实施过程中必须要遵循污染者付费原则，否则污染者造成的外部成本不会被全部内部化，进而带来环境损害和代际的不公平。

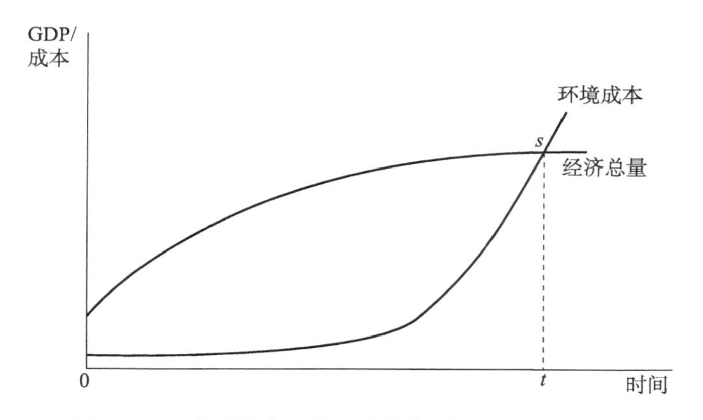

图 2-5　环境成本与经济总量在长时间尺度中的变化

3. 资金流向

按照污染者付费原则，资金主要有两个去向：一是用于政府或第三方采取集中性的污染防治措施，使治理后的排放水平达到环境无退化标准；二是对已造成的环境损害进行生态修复和民事赔偿。需要强调的是，污染者支付的费用不应当通过补贴或税收优惠的形式再返还给“污染者”，使污染者没有承担全部费用，从而违背污染者付费原则。另外，如果付费环节没有足额到位，那么公共治理污染以及消除环境损害的费用只能由中央或地方财政来承担，用全体纳税人的钱为“污染者”埋单，显然不公平。

（六）机制设计理论

在公共政策领域，机制影响着利益相关者行为选择的方式和社会互动过程中的动态利益格局。机制无法独立存在，是依靠制度的建立而形成的，没有制度就没有机制，机制是制度的关键组成部分。

诺斯（1990）将制度定义为：“制度是指规范人行为的规则，它们抑制着人类交往中可能出现的机会主义行为，并无例外地对违反规则的行为施加以某些惩罚。”该定义强调，制度是为约束人们的行为关系而设定的一些制约条件。但由于在现实经济生活中，人们拥有的信息量和处理分析信息的能力大不相同，从而导致个人理性与集体理性之间的冲突。新制度经济学认为，制度的关键作用是在信息不对称、决策分散化的环境下，如何设计一套约束行为人个体预期和集体预期相一致的激励机制。因此，诺斯将机制设计作为制度构成的一个很重要的方面，认为制度形成之后就必须付诸实施，制度对人们的行为关系做出规范，如果不执行或未有效执行，就等于没有制度或制度失效。离开了实施机制，任何制度将会形同虚设。

因此，在制度设计研究领域，机制设计作为其核心研究内容，通过设定合理的约束规则和激励相容，规定利益相关者的行为方式和社会经济利益分配格局，以解决制度的运行结果与预期目标的一致性问题。没有制度，机制的作用发挥无法保障；没有机制，制度将无法有效运行。机制设计理论已经成为制度设计研究的主流理论基础。赫维茨最早提出了机制设计理论，他认为供给公共产品存在严重信息不对称，任何利益相关者都会选择隐瞒真实信息来获取更大收益，导致资源配置的帕累托最优难以实现（Hurwicz L.，1973）。因此，需要设计一种有效的激励约束机制，激励经济人报告真实的信息，并在追求个人利益的同时能按照事先制定的规则行事，使其追求个人利益的行为与集体或社会价值最大化的目标吻合。由此可以看出，机制设计理论目的是在信息不对称的条件下，通过设计一种满足多个利益相关者之间的博弈规则，从而实现利益相关者之间各自期望目标的激励相容。

为了避免政府干预失灵的风险，客观上要求流域水质达标规划制度设计必须遵循机制设计理论要求。因此，机制设计理论是流域水质达标规划制度设计研究中的核心理论依据，通过建立合适的激励相容机制，确保中央政府和地方政府之间委托—代理关系，在实现水环境质量标准目标中的责任划分关系达成一致性。

第三章 美国流域水质达标规划经验借鉴

美国的水环境一度也污染严重。但自 19 世纪 80 年代以来，美国流域机构，以及联邦、州和部落机构开始编制流域水质达标规划，使得水质状况和流域生态环境有了明显的改善，对流域水环境管理与保护起到了积极有效的作用。为此，本章通过对美国流域水质达标规划制度的分析，借鉴其先进的经验，以期为我国制定规范的流域水质达标规划提供参考。

一、美国水污染控制制度框架

（一）《清洁水法》的发展

《清洁水法》的发展基本上可以划分为两个阶段：一是 1972 年以前；二是 1972 年以后。

第二次世界大战以后，美国的人口剧增，经济迅速发展，传统制造工业的快速发展以及新材料（成百上千的新合成的有机化合物，特别是化肥和杀虫剂）的发明和广泛使用，使许多水域遭到极其严重的污染。在 1972 年美国的《清洁水法》通过之前，美国 90% 以上的水域已经受到相当程度的污染，2/3 的河流和湖泊因污染而不适宜游泳，其中的鱼类不适宜食用。很大部分的城镇污水和工业废水是不经过任何处理直接排放到河流或湖泊的。此时，水环境保护和水污染治理是地方州政府和部落的内务，联邦一般不予干涉。但 1972 年之前的法律是无效率的，各个州之间缺乏统一的水质标准，导致执行尺度不同，使得全国性的控制比较困难；各个州在执行过程中被工业界俘虏，环境保护让位于工业发展，环保部门也没有执法的动力；水质污染和污染源之间的关系很难建立起来，对污染缺乏科学的认知，也没有专门的环保部门，环保职能附加在卫生局、公用事业局内，同时也没有充足的资金和人力来强制执行水污染防治的法律。由于这些问题的存在，水污染情况非常严重，对美国经济造成了很大的影响。最著名的就是卡额后哥河的着火事件，当时环境污染状况达到了高潮，公众对环保的呼声也越来越高（李涛，2018）。

鉴于各州政府在控制水污染方面没有取得实质性进展，美国国会制定了 1972 年《清洁水法》，这是美国水环境保护历史上的里程碑。在法律形式上，虽然 1972 年《清洁水法》是 1948 年《联邦水污染控制法》的修正案，但前者没有继承后者的基本组成部分，没有试图修补、改正原法或者在原法的基础上加以发展和引申，而是把原法的框架和语言抛在一边，建立了一个基本上全新的法令。而 1972 年以后至今的历次该法修正案，都是在 1972 年《清洁水法》的基础上制定的，形成美国清洁水法今天的面貌。通过和地方政府、工业企业不断的博弈，控制水污染的权利最终掌握在联邦政府手里，使联邦政府可以大刀阔斧地实施一系列的水环境保护政策，并且在这个法律中确定了联邦环保署执行《清洁水法》的权利和义务，同时也为环保署制定一系列政策铺平了道路。

（二）水环境保护目标

水环境保护的最终目标是保障人体健康和水生态安全。《清洁水法》第 101 条就明确规定了水环境保护的目的，即“恢复和保持国家水体化学、物理和生物的完整性”。这是一种史无前例的说法，也是一个很高的目标，完整性可以说是没有任何污染的，就是要保持水体原来的、免于人类活动干扰的自然状态。

为了实现这一目标，《清洁水法》又衍生出两个有明确时限的国家目标：①到 1985 年底实现污染物的零排放（最终目标）；②到 1983 年在那些可能的水域达到能够保护鱼类、贝类和其他野生生物的生存和繁殖，满足居民休闲娱乐的水质标准，即“可钓鱼”“可游泳”（过渡目标），就是要保障人体健康和水生态安全。

此外，还设立了五项国家政策：一是禁止有毒污染物的排放；二是受污染的水体要制定水质管理计划；三是要大量建造污水处理厂；四是提高研究能力和示范项目；五是控制非点源污染。

（三）水质标准体系

水质标准（Water Quality Standards）是水环境保护工作开展的基础，是确定水体保护目标的依据，是水环境管理的红线。水体的指定用途（Designated Uses）、保护特定水体用途的水质基准（Water Quality Criteria）和反退化政策（Antidegradation Policy）共同构成了美国的水质标准体系，如图 3-1 所示。

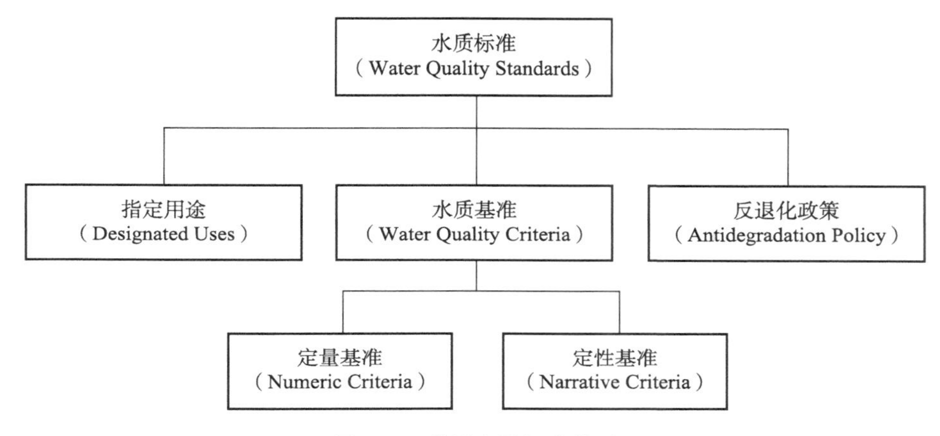

图 3-1　美国水质标准体系

水质标准是用来保护用途的，即在保证用途的要求下，每种污染物的最大浓度水平。联邦环保署规定，“渔业和游泳用途”是最低的水质标准要求（朱源，2014）。美国水质标准反映了水生态系统所有组成的质量状况，主要包括营养物标准、有毒污染物标准、水体物理化学标准等（孟伟，2006）。但其并不由联邦环保署统一制定，而是在水质基准的基础上由各州环保部门结合当地的水资源与水环境条件自行制定、评估和修改，且每 3 年需要回顾和修订水质标准，并要接受公众和地方组织的听证，最后提交联邦环保署审批，审批的依据包括：州是否实施了符合《清洁水法》的水质用途；州实施的水质标准能够保护指定的水质用途；州在修订或实施标准的过程中是否遵循了合法的程序；指定的用途是否基于适宜的科学和技术分析等内容。各州制定的水质标准经联邦环保署审核通过后才能实施（郑丙辉，2007），如图 3-2 所示。

1. 水质基准

水质基准在制定水质标准，以及水质评价、预测和流域水质达标规划等工作中被广泛采用，是水质标准的基石和核心（周启星，2007）。水质基准是

指水环境中污染物对特定保护对象（人或其他生物）不产生不良或有害影响的最大剂量和浓度，或者超过这个剂量和浓度就会对特定保护对象产生不良或有害的效应。美国的水质基准是基于最新的环境科学和环境毒理学建立起来的，是对最新科学知识的基本反映。水质基准是污染物浓度的科学参考值，不具有法律效力，一般用定量标准（科学数值）和定性标准（描述性语言）来表示，为各州制定水质标准提供了技术支持和科学依据。定量标准主要包括一些必备的参数，如污染物的含量和限值等；定性标准是对定量标准的一种补充，如禁止排放有毒有害物质。在某种程度上，定性标准比定量标准威慑力更大。

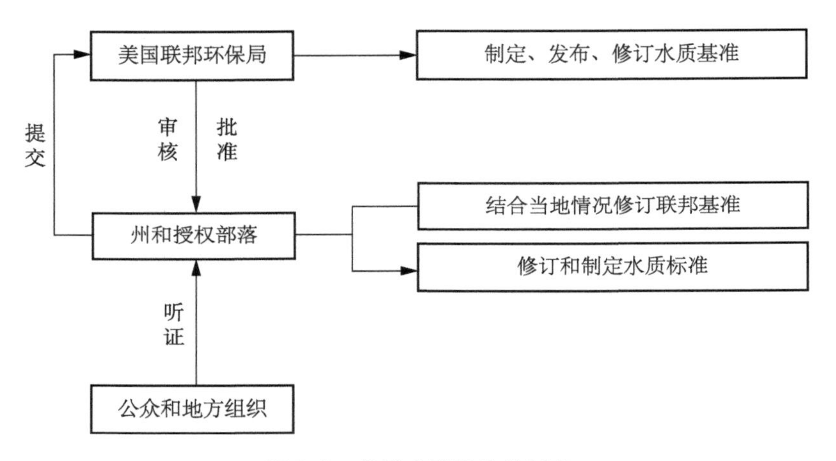

图 3-2　美国水质标准的制定

美国依据《清洁水法》建立了一套完善的水质基准体系。早在20世纪60年代，美国联邦环保署就开始了水质基准的研究工作，并发布了多个水质基准的技术指南和指定导则，先后提出了167种污染物的基准。主要划分为两大类：毒理学基准和生态学基准。前者是在大量的暴露实验和毒理学评估的基础上制定的，如水生生物基准和人体健康基准；后者是在大量现场调查的基础上并通过统计学分析制定的，如沉积物基准、细菌基准、营养物基准等。其中水生生物的基准又可分为慢性基准①和急性基准②。

美国联邦环保署提供参考性的水质基准，并根据最新的科技成果和最近的数据来制定参考的水质基准，为各个州制定自身的水质标准提供科学依据，

① 慢性基准指生物可以长期连续或重复地忍受而不会受到不良反应的毒性最高浓度。

② 急性基准指生物可以在一个短时期内忍受而不至于死亡或受到极其严重伤害的毒性最高浓度。

各个州也可以不采纳环保署提供的水质基准。环保署提供的参考值并没有法律效力，直到州政府通过立法之后才具有法律效力。

2. 指定用途

州负责对本区域内的水体指定用途，即描述水质目标或水质期望。指定用途是法律确认的水体功能类型，包括水生生物保护功能、接触性景观娱乐功能、渔业功能、公众饮用水水源功能等。这些用途是州或部落确定的支撑水体健康的保障。一个水体有各种各样的指定用途，一般情况下一个水体最好指定5~6个主要的使用功能，同时指定用途的过程中也要考虑下游水体的使用。

指定用途=现有用途（Existing Use）+潜在用途（Potential Use）。如果指定用途等于现有功能，就是比较准确的描述；如果指定用途大于现有功能，即指定用途比现有功能更高一些的话，就存在一个潜在的使用。如果证明达不到的话，可以通过提供用途可达性分析（Use Attainability Analysis，UAA）降低到现有使用功能；如果指定用途小于现有功能，此时反退化政策就起作用，必须要提升到现有使用功能。

另外，当一个水体有多种指定用途时，应当采取措施保护最为敏感的指定用途。如铜的限值，人体自身抗铜的能力很强，所以含量可以较高，但对于鱼类来说，极低的浓度便会产生危害。由此可以看出，一个指定用途为饮用水源地的水体并不能有效保护鱼类，在保护水生态的时候，要采用保护鱼类的水质基准。

3. 反退化政策

反退化政策是美国水质标准体系中非常重要的一部分。1972年《清洁水法》虽然没有包括反退化政策（Antidegradation Policy），但这一政策和原则在其颁布之前就已经出现在美国政府的环境政策文件之中。1975年11月28日美国联邦环保署将反退化政策写入水质标准之中，成为联邦环境法规的一部分。反退化政策（Antidegradation Policy）的目的是防止水质优良的水体出现退化风险，即水质只能越来越好，不能变差。主要包括三个方面：①自颁布反退化政策起，当时所能达到的指定功能就要维持下去，如果当天达到某种指定功能，就不能继续退化。②即使某一水体的现状水质优于指定功能，也要维持和保存现状水质，不能使之退化，除非证明其对当地的经济和社会发展至关重要。在任何水质降低之前必须满足当地政府部门之间的协调、公众参与、反降级评审，同时要做好点源和非点源的控制。③被认为是杰出国家水资源的国家公园、野生动物保护区等重点生态功能区，水质禁止任何理由的退化（席北斗，2011）。

另外，水质标准体系中还包括一般政策（General Policy），这主要是执行方面的具体要求，取决于各州自主裁量。简单来讲，就是说在具体执行水质基准、指定用途和反退化政策的时候有什么政策手段来协助上面三个内容，比如说混合区（Mixing Zone）的确定。

从以上关于美国水质标准体系的介绍中可以看出，《清洁水法》对于有关水质标准的法律规定十分详尽、具体，使得美国水质标准具有很强的操作性。同时，也表现了较强的时效性，各项技术强制性规范都以法律规定的限期为保障，且总随着现实的变化而更新，有力地促进了水环境保护工作的进展。

（四）排放标准体系

排放标准是美国水污染控制政策和保证水质达标的核心，主要包括两套排放标准体系——基于技术的排放限值和基于水质的排放限值。从目标对应关系上来说，基于技术的排放限值对应着《清洁水法》中要求的“零排放”目标，基于水质的排放限值对应着《清洁水法》中要求的“可钓鱼、可游泳”的目标。

1. 基于技术的排放限值（Technology-based Effluent Limits，TBELs）

基于技术的排放限值由美国联邦环保署统一制定，在一定程度上减少了“污染者天堂”的出现，其相当于我国的排放标准，从上到下要求所有相关点源排放口执行，是在深入评估工业行业或者亚行业里现有污染物处理技术和实践后，同时考虑工业企业生产工艺、进水浓度、出水浓度、污染物去除率、污染削减成本与效益、技术经济可行性等因素的基础上，证明可以达到的最佳处理水平，是必须强制执行的最低控制水平。美国联邦环保署根据工业行业类别制定了不同的排放限值导则，并要求联邦环保署每年审查现有导则，并且每两年推出一个导则修订计划，截至2012年，联邦环保署已发布56个行业类别的导则。这些导则最后都要通过州的认可后成为州的法律，目前主要包括最佳实际控制技术（BPT）、经济可行的最佳技术（BAT）、新源绩效标准（NSPS）以及工业污染源排入城市污水处理厂的预处理标准。不同的污染物排放标准分别针对不同的污染源（新源和现源）以及不同的污染物（常规污染物、非常规污染物、有毒有害污染物），同时考虑企业的承受能力，并给予合理的过渡期，使得不同工业行业的排放标准具有较好的针对性、可操作性和科学性（宋国君，2014）。美国水污染物排放标准体系如图 3-3所示。

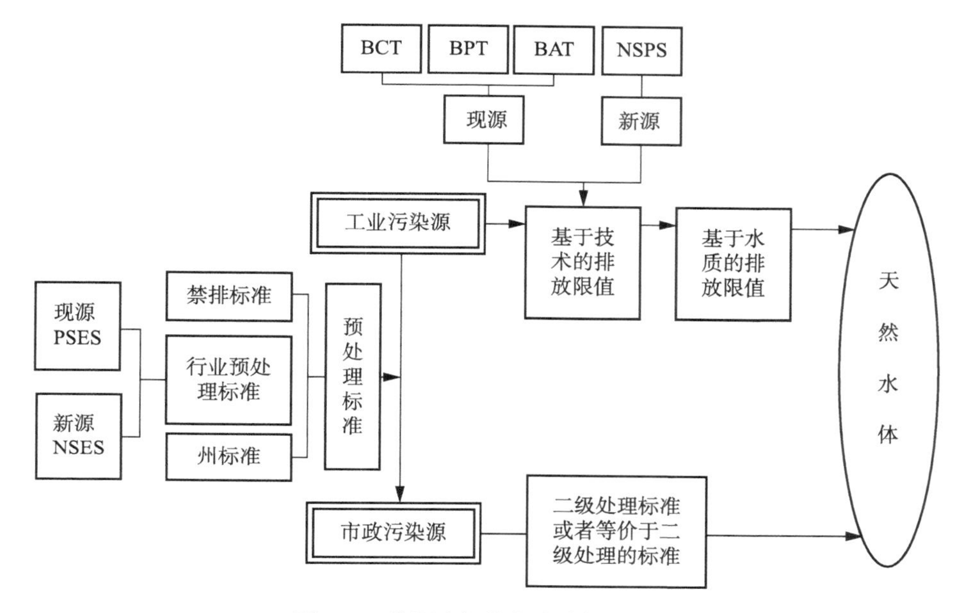

图 3-3 美国水污染物排放标准体系

基于技术的排放限值是动态变化的，且日趋严格。1972 年《清洁水法》规定，工业排污者要在 1977 年 7 月 1 日前达到最佳实用控制技术（即某行业内能够达到的最好污染控制水平的平均值），在 1983 年 7 月 1 日前达到经济可行的最佳技术（即行业内能够达到的最好污染控制水平），这体现了法律要求排污者继续改善排放水质。此外，法律还要求美国联邦环保署每两年对这些标准进行审核和修订，以保证法律所要求的最佳排放标准。随着环保技术的不断进步，排放标准一直保持在实际上最好的水平，并以此来要求该行业所有排放者都要达到这样的水平，不能适应这种愈趋愈严标准的排放者最终会被淘汰。

2. 基于水质的排放限值（Water Quality-based Effluent Limits，WQBELs）

水质标准中水体的指定用途由各州制定并获得美国联邦环保署的认可。《清洁水法》规定排污许可证可以采取更加严格的排放标准，以保证水体满足水质标准。因此，所有排放户在执行并达到基于技术的排放限值后，受纳水体仍不能满足水质标准时，就要执行基于水质的排放限值。基于水质的排放限值是根据保护目标对污染物的忍受程度、点源以及当地的条件计算出来的，它的计算必须要考虑到各个水体和点源的具体条件，如两家非常相似的企业——使用相同的原料、相同的生产工艺、相同的生产规模、相同的污染处理设施、排放到相同的河段、依据相同的水质基准和方法计算，也可能会因为排放监测资料的差别而导致计算出不同的排放限值。

基于水质的排放限值与受纳水体的指定用途、保护目标排放废水等密切相关，必须首先确定特定水体保护目标的污染物忍受水平，然后从下而上逆向地计算适用于排放口的排放限值，因此不能由中央统一制定。其主要考虑人体健康和水生态安全，而不考虑达到要求时的处理成本。一般来说，基于水质的排放标准要严格于基于技术的排放标准。但如前所述，联邦环保署制定水质基准和基于水质的排放限值计算导则；每个受纳水体的水质标准也必须经联邦环保署审核和批准；受纳水体的现状水质以及是否需要对某些特定污染物制定排放限值也必须遵循联邦环保署规定的程序。因此，基于水质的排放限值实际上也是全国性的。

3. 排放标准应遵循的原则

“反倒退”（Antibacksliding）和“反降级”（Antidegradation）原则是美国《清洁水法》对排放标准明文提出的基本要求。它的含义是，国家排污许可证的更新不能降低对某一污染物的排放要求，其基本目的是使排放标准随着经济的发展、技术的进步逐渐趋严，逐渐逼近“零排放”的国家目标，而不能出现降级和倒退的情况。执行这项原则的关键是使降低排放要求的门槛不易跨过，使得任何改变都十分困难，甚至不可能。排污者可以自行决定，或者达到比通常更严的排放要求，或者向管理部门提出降低排放要求的申请，并证明这不违反“反倒退”和“反降级”的原则。

二、美国流域水质达标规划概述

（一）法律层级

在美国，最高层级是最高法，也就是我们所讲的法律。法律必须要经过国会通过、总统签署、公之于众，最后写入法典。最高法一般都比较笼统。

其次就是法规。法规的地位仅次于最高法，由相应的部门制定，如《清洁水法》是由美国联邦环保署制定的。法规的制定是一个具体、详细的过程，需要与法律的意图一致，因此需要有具体的实施细则，每一条款都有具体的解释。法规的制定也要体现公众参与，让公众有机会发表评论和意见，最后才有法律效力。

之后就是规划。规划位于法律法规之下，但位于其他政策之上。规划也是通过立法制定出来的，具有法律效力。如果没有经过立法的过程，那就没有法律的效力，只具有指导性的意见。

（二）规划地位

水质管制规划（Water Quality Control Plan）是对联邦和州水环境保护相关法律法规、政策等方面的细化与落实，通过制定一系列标准、政策手段、执行计划和监督规定来完成法律法规的要求。水质管制规划是执行《清洁水法》的重要内容，同时在规划中要制定一系列的水质标准和执行计划，一般由州政府制定，最后通过立法成为正式法律文件，具备法律效力。如美国加州环保署制定的《州水质管制规划》（*Water Quality Control Plan*）是州水环境管理的纲领性文件。在美国，水质管制规划是水环境管理的基础，它的制定是一个立法和公众参与的过程，位于法律法规之下，但统领所有相关政策，起到了承上启下的关键性作用。

水质管制规划主要包括两类：一类是适用于州内所有水体的，不分地理位置、流域位置，适合整个州范围的管理规划，涵盖范围比较大。主要包括《海洋水质管理规划》（*Ocean Plan*）、《热水质管理规划》（*Thermal Plan*）、《半封闭性的海湾和河口规划》（*Enclosed Bays and Estuaries Plan*）等。另一类是适合某一特定地区水环境保护的区域规划（Basin Plan），区域规划是以流域为基础，同时在考虑流域地理情况、水文条件、当地社会经济和文化等各方面因素之后，由州区域水质管理局负责制定的。区域规划主要关注《清洁水法》303 条款中所列的受损水体，即水质达标规划。

区域规划不以地理面积的大小来制定，而以流域为单元进行划分，是跨行政管理区域界限的。也就是说，区域规划不由地方政府管制，而是由州政府来统一管理。如在加州地区，区域规划由加州水资源管理局（Water Resource Control Board，WRCB）下属的 9 个分局按照流域来制定，打破行政界限的分割。这样纵向的管理体制使得流域管理部门不受地方政府的管制，直接向州政府环保部门汇报，县级、市级等地方政府没有权力来干涉流域管理部门。所以如果发现县、市一级的污染没有得到控制、水质不达标、排放不达标、总量控制没有得到有效控制，流域管理部门可以直接管到地方政府，避免了很多由于地方长官意志造成的阻碍水环境保护的情况。

（三）规划功能

《清洁水法》是美国最全面的有关水污染控制的联邦法律，所有水污染控制相关的政策均包含在其中。规划的功能就是要落实《清洁水法》的所有要求。规划主要有三个功能：第一，要求州政府根据自身水体建立相应的水质标准；第二，要求州政府制定具体的执行计划，没有具体的执行计划就相当于纸上谈兵，执行计划主要包括点源执行计划、非点源执行计划以及相关的项目执行计划等；第三，要求州政府根据规划的实施情况建立监测计划和评估计划，来分析和评估规划要求的政策、项目是否得到有效的实施。

规划制定完成后也不是一成不变的。根据《清洁水法》303 条款，州政府每三年就要对水质管制规划进行一次审核，如果出现特殊情况，审核的频率可能为一年一次。

同时，当新的法律、法规、政策出台时，规划也要及时更新；当新的数据、新的科学、新的 TMDL 计划出现时，都需要及时对水质管制规划进行更新。

对水质管制规划的修订也是一个重新立法（Rulemaking Process）的过程。首先由管理部门根据各方面的意见提出一个建议，之后要把需要修改的内容进行优先序排列，形成修正案，最后董事会通过之后才能算是通过。

（四）规划特征

19 世纪 80 年代末，联邦、州机构、流域机构开始转向用流域方法控制水质。流域方法包含利益相关者参与，同时包含有科学技术支撑的管理行动。在整个管理体系中流域规划制定是通过一系列的协调、反复步骤来描述流域现状，识别与优选流域问题，确定管理目标，制定保护与恢复策略，选择调整与实施必要的行动。整个过程的成果是流域规划正式文件的一部分或流域规划的参考文件。尽管每个流域面临不同的水资源环境问题，水质目标与管理措施各不相同，但在流域规划编制过程中仍有共同特征，即反复性、整体性、综合性和协作性。

1. 反复性

EPA 认为流域的状况评估、规划制定、管理实施是循序渐进的过程，预定的行动难以在最初的一两个规划期限内完成水质目标。水质改善是预期性的，通过在管理周期内对规划进行调整，仍可观察到水质改善趋势。同时获取精确、全面的流域信息是很难的，初步的信息需要在规划不断修正和方案优化时进行更新，也可以在中期评估时完善和增加相应措施。因此，流域规划需要采用动态的、反复的方式来制定和完善，以保证规划实施。

2. 整体性

EPA 强调流域规划的整体性，因为这样能够提供技术性最强和最优经济效益的水质解决方法，同时也能通过关注更为广泛的利益相关者的参与进行优化。整体方法有利于加快流域规划整体协调并推进管理措施顺利实施，包括饮用水源保护、森林或牧场管理规划、农业资源管理等。

3. 综合性

与流域规划同时实施的还有许多联邦、州和地方规划，通过利益相关者的参与、数据共享和管理措施的实施将这些规划整合到流域规划中，这有助于获取其他技术与经验、合理利用资源和分担执行责任。

4. 协作性

流域规划的一个重要特征就是合作和参与。利益相关者从规划最初就介入，对规划实施至关重要。规划的实施通常取决于参与其中的团体，如果这些团体最初就参与并理解他们关心的问题，那么他们更愿意参与管理和支持规划实施（李云生，2010）。

（五）规划基本内容

根据《清洁水法》的规定，联邦环保署要求流域规划中必须包括 9 个最基本的对水质改善的内容，如图 3-4 所示。

（1）识别主要问题。主要是识别水体所受污染的起因、污染源需要削减的污染负荷以及想要实现的环境目标等。规划需要对各种污染源进行分类并预估各类污染源的情况，主要包括水体的自然背景值以及引起流域水污染的点源和非点源污染负荷的估算，建立现有污染来源和水质超标的联系。

（2）估算污染物削减负荷。分析规划中各种有助于削减污染负荷的管理措施，并估算可能的实施效果。对于联邦环保署已经批复 TMDL 的流域，规划要与 TMDL 计划协调，确定水体能够达到水质标准，并依据达到的水质标准估算点源和非点源各自需要削减的污染负荷。

（3）识别规划实施的关键区域和非点源管理措施。

（4）估算需要的技术和资金支持。主要包括与规划实施以及管理措施执行相关的信息、教育活动、规划监测和评估等的资金估算，同时也要指明各

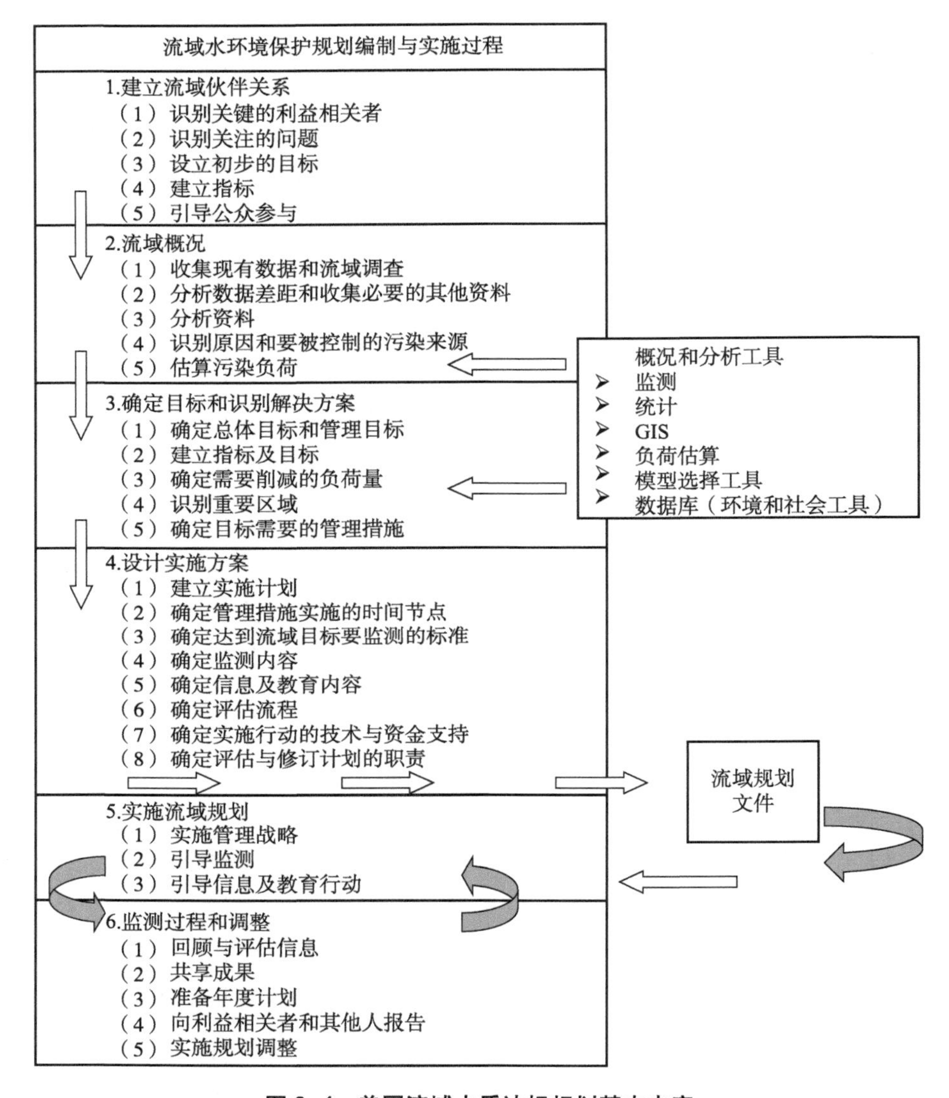

图 3-4　美国流域水质达标规划基本内容

相关部门和机构在规划实施过程中的作用。

（5）信息公开与教育。信息与教育有利于提高公众对项目的理解，因此规划应当确定用于实施规划的信息公开与教育推广活动。

（6）规划管理措施实施进度表。

（7）阶段性评估。制定阶段性、可量化的指标体系来衡量规划中各管理措施的实施进程和效果。

（8）提出判断阶段性目标是否达到、流域规划是否需要修改的依据。修改主要包括改变管理措施、更新污染负荷分析以及重新评估管理措施实施的效果和实践。

（9）评估规划实施效果，与标准进行对比分析。需要建立监测计划和评估计划来评估管理措施的实施情况以及规划实施的效果。

三、美国流域水质达标规划编制与实施的一般模式

所有流域规划编制都遵循从问题识别到实施行动方案的过程。很多规划组认为，规划编制前期开展非正式研究和资料收集工作将有利于初期流域规划编制（李云生，2010）。调研活动需要与利益相关者在规划前期进行数据分析和讨论，这有助于确定规划范围、确定其他利益相关者和得到规划编制的意见和建议。

流域规划编制和实施的主要步骤包括：①建立合作关系；②分析流域特征和识别主要问题；③设定目标和确定解决方案；④管理方案制定和最优管理方案选取；⑤实施方案设计和流域规划整合；⑥流域规划实施与方案执行。每个步骤都包含一系列的细化行动，且某些行动会不断重复。如信息公开和环保教育等活动既要在最初建立伙伴关系时进行，也要在整个规划编制和实施过程中进行。

流域规划重点关注受损水体[①]，同时也为治理受损水体和保护其他受点源或非点源污染威胁的水体提供分析框架。如果水体受损，州政府必须核算受损水体达到水质目标的污染负荷量，这就是日最大污染负荷。[②] 如果流域规划或 TMDL 计划关注的污染负荷估算和负荷削减目标确定，就要明确水质目标、污染负荷与管理方案之间的逻辑关系（王东，2012）。污染负荷削减应按源分类，以保证规划实施时能识别具体的管理措施以及管理策略的重点。如果流域规划能够很好地解决水体受损问题，则不需再制定 TMDL 计划。一旦 TMDL 计划制定完成并得到联邦批准，则需要修改规划内容以便于 TMDL 计划保持一致。

---

① 受损水体是指水质未能达到联邦环保署制定的水质标准的水体，如果确定某一水体已经受损，那么该水体就要被列入《清洁水法》303 条款黑名单。针对这些受损水体，联邦环保署要求州政府必须要制定具体的 TMDL 计划，因此 TMDL 计划只针对受损水体。

② 又称 TMDL 计划，指水体在水质目标下能够容纳的某种污染物负荷量，主要控制非点源污染。

（一）建立合作关系

制定流域规划的首要工作就是识别所有潜在的利益相关者并建立合作关系，因为流域规划对于某个地方政府或某个机构来说都是过于复杂和高成本的。利益相关者进入规划过程可以带来新的观点，可以加强公众对规划的理解和信任，从而改善规划效果。如流域机构可能拟制定监测项目，但不知道地方部门是否已做过类似工作，研究和识别合作者可以帮助避免重复和浪费资金。

流域规划制定实施成功与否与利益相关者的参与和信任有密切关系。因此，在流域规划编制开始阶段就与关键利益相关者建立合作关系非常重要。一般来说，至少要包括规划师、地方政府、社区公众、工商业代表、大专院校和科研机构、可提供流域问题相关信息的部门、有相关规划编制经验的相关者、可提供技术和资金支持的相关者等。把利益相关者紧密组织起来并建立合作关系是流域管理成功的关键，这种自下而上的措施较政府“一刀切”政策更被各利益相关者所接受。因为利益相关者可能是流域内历史活动信息的最广泛来源，他们更了解废物倾倒的历史信息、受污染区域甚至水质取样点的局限性。

信息公开和环保教育（I/E）是支撑规划制定与有利于实施的关键。这在规划制定早期是必需的，有利于潜在的利益相关者参与到流域规划中，并对社区公众普及相关环保知识。通常在流域规划组下有独立的信息与教育委员会，委员会负责制定相关材料和策略整合 I/E 到流域规划编制中。这些材料和行动的设计要提升公众意识，教育人们采用明智的管理行为，并激励人们参与水质保护。

（二）分析流域特征和识别主要问题

当合作伙伴关系形成后，就要对流域进行分析，初步识别污染与污染源之间的关联和设定预期目标。但在规划初期，这种关联多数尚未明确，需要通过更多的基于真实数据的分析才能得以判断。收集并分析数据是编制成功的流域规划的前提，但数据收集、数据缺口识别和数据分析是一个持续的、反复的过程，需要在数据不断更新的同时确保满足流域分析的需要。数据来源主要包括利益相关者提供的信息，联邦、州和部落提供的研究报告、规划、研究和数据组等。数据类型主要包括流域地理与自然属性、土地利用和人口特征、水质现状、污染源、污染负荷等。重点对水质现状、污染源、污染负荷进行分析。

1. 水质现状

水质现状主要包括水质时空分析、变化趋势分析等，识别何种污染物何时何地有什么样的变化趋势。有很多资源能够提供关于流域水质现状的信息，此类信息有助于掌握流域主要污染时段、污染区域、污染物变化趋势、潜在污染源位置等，包括水质报告、与流域相关的报告、水源评估报告等。①水质报告。各州按照 EPA 有关要求提交水环境质量报告，能够提供水体状况、指定用途、已有损害和潜在污染源等数据。《清洁水法》305 条款要求各州每两年发布一次水环境质量状况公报，可以在报告中发现所在流域水体是否达到水质标准、流域在保护和恢复水环境方面做了什么工作以及仍然存在的问题等。《清洁水法》303 条款要求州、县和部落提供受损水体清单，法律要求地方政府对清单上水体进行优先性排序，并提出 TMDL 计划。清单介绍了 TMDL 制定过程，以及已实施的、目前进行的或未来几年计划开展的 TMDL 等有关内容。EPA 鼓励各州准备一个同时满足 305 条款和 303 条款报告需求的完整报告。②与流域相关的报告。如果所在流域已实施 TMDL 计划，这可以为流域规划编制提供大量有用信息，如引起水质损害的污染源描述、水体损害的程度（河流长度和流域面积）和量级、污染源及其相关贡献参数、流域水质保护总量目标、点源和非点源负荷分配等。国家 TMDL 跟踪系统（NTTS）囊括了 303 条款清单及其批准记录，NTTS 存储了各州和区域 TMDL 项目执行情况，以确保目前清单列出的受损水体的 TMDL 执行进度。③水源评估报告。美国《安全饮用水法》要求各州执行饮用水源评估计划（SWAP）来分析各州潜在的公众饮用水源质量威胁，包括描绘饮用水源评估区域、制定区域内潜在污染源清单、确定污染源对供水安全的影响程度和向公众发布评估结果，评估结果可以在年度消费者信心报告中获得。

2. 污染源

为便于后续污染负荷评估和污染源控制，应将污染源组合后再进行合理类比，有助于区分优先次序和识别特定的污染物、污染源和地点，以获得更有效的管理。污染物可以通过各种点源和非点源进入水体。虽然流域规划主要关注非点源，为了有效保护流域，还应该考虑点源影响，并将其与非点源分开评估。

点源主要包括污水处理厂、工业企业和集中化畜禽养殖场等。点源的污染物排放基本已通过国家污染物排放削减系统（NPDES）排污许可证进行管理。与联邦和授权的州政府进行沟通，均可获得最新的、最精确的点源排放信息。EPA 许可证系统（PCS）中存储了大量数据信息，PCS 是全美关于点源许可信息的在线数据库。数据库包含关于企业位置和类型、进出水流量和浓度、污染物排放限值等信息，同时还包含排放监测报告和超标记录数据等。数据库中的信息不断更新以跟踪最新的点源，可利用地理信息系统（GIS）进行绘图和分析数据。点源以外的污染源就是非点源，与工业企业和污水处理厂产生的污染不同，非点源主要来源于许多分散源，而非特定管道或输送工具，主要包括畜禽养殖、农田种植、城市和农村地表径流、空气沉降、野生动植物等。非点源污染由降雨或融雪水流过地表引起，携带自然的或人为造成的污染物最终流入地表水中。在城市和农村地区的地表水径流都是主要的非点源，城市地表径流从马路和草地携带大量污染物，农村暴雨径流从农田、牧场和畜禽养殖场运移主要的污染负荷。点源和非点源排放行为是不同的，对受纳水体的影响是在不同条件下产生的。点源通常向受纳水体排放的负荷比较恒定，在流量较低、稀释水量较小时对水体状况产生影响，非点源通常对降雨发生时被冲刷的污染负荷有较大影响，在地表径流较高、流量较大时影响水体状况。点源和非点源不仅排放行为和影响有差别，管理和控制机理也不相同。

3. *污染负荷*

污染负荷分析为流域的各种污染来源提供了具体的数值估算方法，通过负荷估算可以评估污染来源的相对大小、位置和时间，并有助于制定流域的修复战略规划、负荷削减目标和预测未来负荷。污染负荷的估算主要包括：通过监测数据估算污染负荷（要有详细的监测和流量数据）、经验值方法或流域模型方法。

（1）利用监测数据估算负荷。监测数据主要是指对污染物浓度和流量进行周期性监测，流量乘以污染物浓度可以用来计算某一监测断面某一特定周期的污染负荷。这种方法建立了流量与浓度之间的关系，有助于估算或预测负荷，但只能用来估算某一监测断面上游的总负荷，并不能给出某一特定污染源或地区的负荷贡献。流量和水质的关系可以说明流域的主要污染类型，有助于识别受损区域周边的关键状况，但前提是该流域有强大的数据库和完整的监测方案。在某些断面没有水质数据的情况下，可以根据其他断面流量和水质的关系建立回归方程，借此估算那些没有水质数据断面的污染负荷。

（2）使用经验值估算负荷。根据土地利用类型和有代表性的负荷率（单位土地面积上的负荷率）来计算污染物负荷。这种方法中污染物负荷是某一因素（如土地利用面积）的函数，方法简单而且容易被应用和说明，但负荷率是一个固定的统计值，将影响污染物输移的所有因素合并为输出系数，在环境条件如降水和土壤等发生变化时，不能解释动态的空间变化。各种土地利用类型的负荷率会由于降水、污染源活动、土壤条件等而千差万别，即使是同一区域负荷率也会有所不同。区域的负荷率可以从科研文献或者附近流域开展的研究中获得。

（3）流域模型。模型是建立人类活动和受损水体之间的关联关系，可以通过不同的模型方法进行污染负荷分析，但选择何种模型取决于水质参数、时间尺度、污染来源类型以及数据需求等方面。同时在选择模型方法时，采用公开透明的方式，即使是最复杂的模型也要通过公众会议、研讨会等形式进行说明和审查。筛选模型时需要考虑模型的适用性、可信度、可用性。即使模型在文献中或其他流域中有所应用，也应该进一步确认该模型是否满足流域的需求，如在城市地区适用的模型就不一定适用于农作物或是多种土地利用类型的流域。除了使用在有关期刊上经过论证的模型外，也可以成立一个评审团对模型的有效性进行验证，公共领域发布的大多数模型都可以免费获取，且数据质量都在 EPA 发布的《规划中模型的数据质量保证指南》中得到检验。模型名称、适用条件、源代码、应用和使用情况在 EPA 环境建模监管理事会提供的在线数据库中都有详细介绍。

负荷分析关键在于对负荷的量化，时间和空间将会影响规划的决策。通过水质数据的空间分析识别出水体的关键污染区域，如果某个区域的污染曾经一度很严重并遇到过一些严重的环境问题，那么这些区域就要单独划分出来进行污染负荷分析。污染负荷也可以根据日、月、季节、年度等多种时间尺度进行计算，如果水质在一年中波动较大，那么对污染源负荷特征以及天气变化趋势图的计算就是必要的。当污染负荷量化后，最重要的工作就是确立为了达到流域目标而应削减的负荷量，而分析关键区域、特殊时段负荷，将有利于分析特定污染源的直接影响以及设立污染源的远期管理目标。

（三）设定目标和确定解决方案

在流域规划初期建立合作伙伴关系时，大致确定了流域总体目标并以此指导流域规划。当流域问题识别清楚，污染负荷量化后，必须进一步细化目

标和指标来指导管理方案的完善和实施。分解、细化目标和指标的过程就是在利益相关者共同参与下确定和改进流域总体目标的过程。随着规划编制工作的逐步推进，流域规划者将逐渐掌握更多流域问题、水质状况、水体受损原因、主要污染源等信息，流域保护目标也将不断清晰和明确，直到确定可量化的流域目标。同时，筛选科学合理的指标体系对量化评估规划实施效果和实现流域保护目标至关重要。

通过分析数据识别出可能的污染原因和综合影响因素，然后筛选出哪种污染源需要进行控制以实现上述流域保护目标，在此基础上将流域保护目标转化为管理目标。如初始目标是“修复水生生境”，通过数据分析可以进一步确定管理目标为“通过控制农业源沉积物来修复水生生境”。管理目标确定之后，就要不断细化环境目标和量化指标，以保证实现管理目标。环境目标由一些可测算的变量组成，这些变量是联系污染源与环境质量的关键。所有环境目标均可由若干指标量化描述，如洪峰、流量、污染物浓度、温度等。

环境目标确定之后，就要确定通过管理措施能够实现的污染物削减量。这需要通过流域模型来模拟水质—污染物响应关系，通过响应关系推算实现环境目标流域内污染源需要削减的量。与模拟污染负荷的方法相同，选择合适的模拟方法要考虑多种因素，包括可用的数据、污染物、水体类型、污染源类型、时间段和空间尺度等，最重要的是污染负荷模拟必须能够预测达到环境目标的污染源削减量。

无论采用何种方法估算流域可容纳的污染负荷及削减量，都需要考虑不同的情景或削减组合以满足流域规划目标。要想满足规划目标，需要将污染负荷削减量分配到各个污染源或者集中在一个主要的污染源进行削减。规划目标的实现可以对应不同的削减分配方案，可以采用不同污染源之间平均分配的原则，也可以针对特定污染源提出削减目标。平均分配原则看似公平，实则不合理，最好的方式是抓住几个重点区域的削减量以识别流域的重点问题和污染物来源区域，从而制定有效的和有针对性的污染负荷削减方案。

（四）管理方案制定和最优管理方案选取

当流域环境状况分析、污染负荷核算、污染控制目标制定都完成后，需要识别适当的管理措施以实现流域保护目标。通过对管理方案的筛选，确定最适合流域规划的几套管理方案。在这个阶段流域规划编制者需要与工程专家、技术专家、经济学家、资源管理者们沟通交流，确定实现水质目标的最优管理方案。流域规划应该包含解决流域水环境问题的各种管理方案，包括点源和非点源之间的单项或综合方法。总之，管理方案是包括费用效益分析的管理措施的集合，以实现减少水土流失、水质污染等流域保护综合目标。

管理措施可按照多种形式分类：源头控制措施和过程控制措施，工程措施和非工程措施，点源和非点源控制措施等。政策性措施是独立于以上两种措施的另一类管理措施。工程措施包括河道缓冲带、河岸围栏、废水处理塘等工程建设。非工程措施主要是通过减少污染物和污染源排放来解决受纳水体的污染问题，主要包括污染应急措施、规章制度、公众信息教育计划等。

某些相关管理计划都要求自愿或必须执行其选定的管理措施。点源污染控制通常都依据政策性的方法，当然也只有当这些措施进行强制和详细执行之后，才能发挥效益。在美国，点源污染通过 NPDES 排污许可证管理制度进行控制。在《清洁水法》402 条款中授权认可，NPDES 通过对向水体排放污染物的点源控制实现水污染防治的目的。对于工业废水排放，NPDES 做了详细的限制要求，并根据工商业的产污特征实施一种以上的 NPDES。若工厂废水直接排入河流要有特定或一般的排污许可证，若工厂排入市政管网系统要有预处理排污许可证，无论是直接排入河流还是市政管网都要遵循排放总量和排放标准的规定。雨水排放一般由降雨（雪）后形成汇水径流，其排放的污染物量足以影响水环境质量，要有降雨排污许可证。

管理方案确定的步骤主要包括以下几个部分：①在新增流域管理方案之前，应调查流域内已实施的计划、管理方案和政策法规等。有时现有管理方案或措施已经满足流域规划目标，但现有措施并没有得到很好的执行或者在局部地区存在措施不足现象。②定量评估已有措施的效益，如果现有管理措施不足以支持可能的最大污染负荷量，就需要新增措施。如果对已采用的措施扩大规模或改进效果以期削减有关污染物，便能测算增加的削减量。③管理措施实施关键区域识别，这一过程将详细研究哪些措施的效益最大，哪些措施是流域利益相关者最易接受的，哪些对污染物削减效果最佳。

综合考虑流域关键区、污染物去除率、费用效益分析、公众接受度等指标，对支持管理目标而采取的措施进行效果预测，进而定量评估管理方案的有效性。同时与利益相关者共同对各种措施的管理方案进行评估，并最终选择最优的战略方案。通过前文提出的监测法、经验法、流域模型法来定量化估算污染负荷的预期削减量，并识别各管理方案的建设成本和运行成本（考虑通货膨胀和贴现率因素），最终选择费用效益比率最低的管理方案。最低费用效益比率的管理方案能够以最低的成本带来最大的收益，然而也需要评估该方案是否适用于管理目标，而有时则需要选择费用效益比率较高的方案，因为这可能是实现目标的唯一方法。如在流域沉积物削减目标上，河岸侵蚀对此有明显影响，较贵的河床构造修复可能是唯一实现目标削减的必要措施。

（五）实施方案设计和流域规划整合

实施规划应该考虑以下几个因素：①信息和教育部分支持公众参与，具备采纳管理措施的能力；②制定实施管理措施的时间表；③考核规划完成情况的预期阶段性成果；④制定总量减排和水质目标考核标准；⑤评价实施成果的有效性和监测部分；⑥实施规划的技术和投资估算；⑦制定评估框架。

每个流域规划都需要信息和教育部分，因为许多水质问题源于个体活动，且解决方案经常是自愿行为。依靠有效的公众参与促使管理措施实施，最重要的是通过改变行为方式以达到流域规划目标。信息和教育内容用于增强社区公众对规划内容的理解，鼓励公众更早地参与到筛选、设计和实施即将被执行的非点源管理措施中。广泛利用新闻、广告、海报、小册子、指示牌等多种媒介开展宣传，促进公众理解，流域组织也可以通过乐队、气球、吉祥物、摄影比赛、庆祝活动等加强活动宣传。

建立实施进度表是规划高效实施的一部分。实施进度表就是将最终目标转化为特定任务，进度表应该包括每一阶段完成的时间期限，以及任务的负责机构和组织者。此外，进度表要保持跟踪和回顾，进行合理调整。根据实施进度表设计可考核的阶段性成果，考虑已选择的管理方案、可获得的资金或取得资金的时间限制等因素，估计何时能取得什么效果，并说明如果阶段目标没有实现该如何调整。建立标准验证水质改善情况，这些标准代表着相应的可测量的水质条件（溶解氧或总悬浮物）或总量控制要求（重金属排放总量、垃圾处理量、植物生长高度等），这些标准就是流域规划的阶段目标。

建立监测方案，用来评估规划实施效果的有效性，检查总量减排任务的完成情况和水质目标进展。监测方案的设计能够记录流域内管理活动和污染源变化，并能评估特定管理活动和实施区域，跟踪点源守法、执法情况以及提供数据开展宣传教育和信息公开。综合考虑预算、时间、人员、报告需要和能力，确定监测指标、采样断面、样品分析方法和监测频率。流域规划实施前后 2~3 年应该连续监测，判断水质变化与规划实施的相关性，长期连续监测可以判断水质逐渐变化的区域，监测取样频次应多年保持一致。

流域规划实施的关键因素是能够获得资金支持，同时当地法律要采纳规划内容作为管理工具，以满足水质目标，当地政府负责制定这些法令。必须多方筹集资金，如信息和教育活动、监测、行政支持等。资金来源包括：国家、州、地方和私人渠道，尽量争取多方面的资金支持。EPA 编制的《财政工具指南：环境系统可持续投入》能够指导流域管理者和私人企业通过一些资金投入开展环境保护，同时指导规划组织者评估实施费用和地方经济能力，进而得出资金缺口。

开始实施规划后，要建立评估框架。目的是论证实施管理措施能够实现水质目标，进而提高和改善规划的质量和效率。评估框架应在实施前建立好，确认哪些管理措施需要有效评估。收集整理信息，建立污染源、污染指标、总量减排和流域目标之间的关系。可以采用逻辑模型建立评估方案，评估输入、输出和结果三个部分。输入指标主要包括完成规划任务的人力和财力资源是否充足、利益相关者是否可以充分表达意见等，输出指标主要包括实施进度能否按期完成、阶段目标能否实现、信息和教育材料能否找到目标公众等，结果指标主要包括是否提高了公众对流域问题的意识、规划的实施是否改变了公众生活方式、是否实现了总量减排目标和水质目标等。采用逻辑模型有助于记录结果，并根据评估结果不断改变方案。

一旦完成流域规划报告编制，需要编制一份通俗易懂的流域规划简本或一个常见问题的答案清单，并发放给公众。可以通过批量邮寄、公共活动分发、报纸等形式发布，也可以通过多种方式征集公众对流域规划的意见和评论。无论采用哪种方式，都应该确保内容简洁，并提供规划怎样制定、谁参与制定、公众如何参与实施等背景信息。也可以与当地学校合作，将流域规划加入科学课程中，满足不同教育水平需求。

（六）流域规划实施与方案执行

规划编制完成后，需要确定规划的实施与执行。为了确保流域规划执行的长期延续性，有必要使规划执行小组制度化，可以尝试设立若干由外部经费来源提供支持的职位来确保持续性和稳定性。执行小组除了经常召开必要的小组会议之外，还要考虑定期开展有关规划实施情况的实地考察和现场调研。

通过建立宣传计划，来提高规划实施过程中每个步骤的被认可度。如果缺乏沟通，将会极大阻碍公众参与，而且会导致规划实施成功的可能性大大降低。规划实施过程的透明度有助于建立民众信心和信任度，也有助于保持规划参与者的工作积极性和责任感。规划编制者有定期向公众报告信息的责任，可以以资料和报告的形式提供规划年度进展和中期报告，鼓励公众对如何改进规划献计献策。规划实施进展情况可以通过新闻稿、广告、报纸、电视台、新闻发布会等形式共享，与公众讨论流域规划结果。当公众看到规划进展，就会继续保持关注并为规划做出努力。

根据前文提出的评估框架建立规划跟踪计划，分析规划执行情况的调查结果并与规划设定的阶段性目标对比，向利益相关者反馈意见，并确定是否要对其进行修改。在某些情况下，模型可以用来评估规划实施过程，可以代入经过验证的流域实际监测数据来预测模型好坏。如果实测数据和预测结果不匹配，可以分析产生问题的原因。通过模型分析，可以根据已有监测断面数据预测、推断和验证其他区域流量、浓度、负荷等参数，但不能把模型作为评估规划进展的唯一手段。

如果没有实现规划阶段性目标，则需要首先考虑以下因素，如天气原因、资金短缺、缺少技术支持、错误估计实施措施的障碍、管理措施是否正确、既定目标是否合理、监测数据是否正确、是否需要等待更长时间才能看到所期望的合理结果等。如果排除上述所有可能性，则需要回顾规划并重新审视先前评估的污染负荷来源以及污染成因，并对规划内容进行适当调整。

四、美国流域水质达标规划的执行

（一）州实施计划 SIPs

美国的流域水质达标规划都有严格而具体的执行计划，如《清洁水法》明确规定，水质未达标的地区必须按照国家水质标准和《清洁水法》的相关规定制定州水环境质量达标的计划，即州实施计划（State Implementation Plans，SIPs），在得到联邦环保署批准后方可实施。州实施计划的目的是维持达标地区的水环境质量，同时针对某一污染物或几种污染物未达标的地区采取控制措施减少污染物的排放，逐步实现水质达标。

州实施计划是州用来控制所管辖地区水污染的一套系统的规定、政策和工作程序。针对水质未达标地区各州都必须制定一份以达到水质标准为目标的州实施计划，在公示并召开公众听证会后提交联邦环保署审批。州实施计划报告主要包括水质监测和数据处理、点源和非点源的污染控制措施及执法要求、达标计划的时间表、计划实施保障等部分。州实施计划必须经联邦环保署审批，如果联邦环保署否决了州提交的实施计划，州政府需要在一定时间内完成计划的修改并重新提交审批。如果审批通过之后，州实施计划中包括的所有内容都需要按照《清洁水法》的要求强制执行，同时在计划实施的过程中，计划规定的各项要求、措施或方案需要根据实施效果不断改进和更新。州实施计划主要包括点源的执行计划、非点源的执行计划。下面主要对美国针对点源的国家污染物排放消除计划（National Pollutants Discharge Elimination System，NPDES）和非点源的日最大污染负荷管理计划（Total Maximum Daily Loads，TMDL）进行分析。

（二）点源污染控制 NPDES

州实施计划的核心是实现对点源的有效管理。根据美国联邦行政规章的界定，NPDES 的目的是要求任何从点源向美国水体排放污染物的行为都必须通过许可，否则即违法。换言之，NPDES 是对点源排放行为进行管理的计划，而其管理的手段就是发放和执行排污许可证，排污许可证同时也是落实排放标准的基础。

在美国，联邦环保署的行政管理地位和执法权利由《清洁水法》确定下来，其他的地方政府和部门要协助联邦环保署，这样有利于其执法。排污许可证由联邦环保署或经联邦授权的州和部落直接管理，所有排入天然水体的点源都必须获得由联邦环保署或其授权的州发放的排污许可证，同时联邦环保署保留了对州排污许可证管理权否决的权利。这种直线式的管理模式最大程度地避免了地方政府部门的干扰。

点源污染控制与管理主要是执行排污许可证的要求，主要包括排污者的自行监测、报告、记录以及政府对企业的核查与处罚。首先，排污者根据许可证的要求制定监测方案，主要包括例行监测、急性毒性监测和优先污染物监测等，每个排污口都需要根据其废水排放的特性和历史记录决定监测方案，每个污染物指标的监测频率都需要经过周密的考虑。排污者废水监测必须由有资质的实验室完成，实验室的资质定期核查，这样就保证了排污者的自行监测能够全面、准确地反映自身的排放状况，并且监测质量能够得到保障。同时排污者还要做好污染物排放状况和污染治理状况的报告和记录，包括取样的时间和地点、取样人员名单、取样频率、污染物分析规范和结果，且至少将纪录保持三年，以便执法者核查。排污者的报告和记录构成了许可证执行情况的信息基础，是执法者判定企业守法与违法的主要依据。执法者的检查和监测只是为了核查企业的自我监测和报告是否真实有效。此外，执法者可以对违反排污许可证的排放者执行严厉的行政、民事及刑事制裁，“按日计罚”“处以监禁”和“黑名单”的处罚措施大大增加了企业的违法成本，使排污者不敢违反排污许可证的规定，断绝了排污者通过违法盈利的可能。

美国的排污许可证不是一个简单的“证件”或“凭证”,[①] 而是一系列配套的管理措施相结合，汇总了《清洁水法》对于点源排放控制的几乎所有规定和要求。包含了排污申报、具体的排放限值、设计合理且有针对性的监测方案、达标证据、限期治理、监测报告和记录、执法者核查和处罚等一系列措施，并将以上内容明确化、细致化，具体到每个排污者。因此，它既是排污者的守法文件，也是政府部门的监督执法文件（韩冬梅，2014）。

排放限值是排污许可证的核心。为了确定排污许可证的排放限值，美国建立了基于技术的排放限值和基于水质的排放限值两套排放标准体系，这两套体系对于排污许可证至关重要。许可证每 5 年更新一次，许可证中的排放限值只能越来越严格，因此排污许可证将排放限值与环保技术进步、水质要求联系起来，有力地促进了污染处理技术的进步和水质的改善。

通过排污许可证的实施，美国点源污染排放基本上得到了有效控制。据统计，1968—1996 年，美国在废水排放量增加 35%的情况下 BOD_5 减少了 45%，69%的水体中溶解氧得到了改善，符合水质标准的水体从 37%增加到了 53%。

（三）非点源污染控制 TMDL

TMDL 即日最大污染负荷管理计划，指在满足水质标准的条件下，水体能够容纳某种污染物的最大日负荷量。它包括污染负荷在点源和非点源之间的分配，同时还要考虑安全临界值和季节性变化等因素。TMDL 的最终目标是使受损水体达到水质标准，通过对流域内点源和非点源污染物浓度和数量提出控制措施，引导整个流域执行最好的流域管理计划。目前 TMDL 计划主要是为了控制非点源污染。

---

① 我国 2014 年发布的《排污许可证管理暂行办法》（征求意见稿）第一章第二条规定：“排污许可证是指环境保护主管部门根据排污单位的申请，核发的准予其在生产经营过程中排放污染物的凭证。”但排污许可证不应该仅仅是一个凭证，而应该是一份带有法律法规要求的文件。

1. TMDL 计划的背景

经过 NPDES 计划几十年的努力，美国大部分的湖泊、河流、水库、地下水和沿海水域水质得到了改善，城镇污水处理厂和工业等点源污染物排放也得到了有效控制。虽然 NPDES 计划取得了成功，但仍只是以排污许可证为基础来衡量水环境保护工作，遗漏了大部分非点源（主要包括易扩散、难以监测的污染源，如种植业面源污染、城镇地表径流、水土流失等）污染物的控制。全国水体状况虽然得以改善，但仍未能达到国家要求的“可钓鱼”“可游泳”的水质目标，这主要就是因为不规律的非点源污染没有得到有效控制，使得 TMDL 计划提上日程。

2. TMDL 计划的具体要求

TMDL 是设计为恢复受损水体水质的制度。根据国家 NPDES 的要求，对所有点源实施基于技术的排放限值，根据各个水体的水质标准实施基于水质的排放限值。对于已知水质受损的水体，如果排入这个水体的点源在实施基于技术和水质的排放限值后还是不能恢复污染水质，就要对这个水体的流域实施 TMDL 计划，为这个水体“量体裁衣”地制定针对点源（Waste Load Allocations，WLA）和非点源（Load Allocations，LA）污染负荷。有了这个污染负荷之后，TMDL 计划就必须在这个基础上为点源排放制定相应的排放限值。在贯彻《清洁水法》的实际过程中，各地根据各州水质标准实施基于水质的排放限值先于 TMDL 计划，形成实施基于技术的排放限值、实施基于水质的排放限值和实施基于 TMDL 计划下的水质排放限值依次递进的三个步骤。TMDL 计划成为在执行基于技术的排放限值和基于水质的排放限值之后继续前进的一步，是水污染防治在“收官”阶段的步骤。可见，TMDL 计划是在点源已经被严格控制并且执行了 NPDES 排污许可证各项要求的基础上建立起来的一项帮助受损水体达到水质标准的污染物削减计划。

3. TMDL 计划的制定

联邦通过要求州上报受损水体列表和为受损水体制定 TMDL 计划，督促州进行水质达标管理。当州无作为的时候，联邦有责任为州的受损水体制定该计划。根据 1992 年联邦法庭的政策，要求大部分州在 8～13 年完成 TMDL 计划。制定 TMDL 计划的目的是对受损水体采取控制措施使其水质达标，因而 TMDL 计划的制定必须要考虑到污染物负荷、水文、降雨、地质和其他影响水质标准的关键因素等有效的数据和信息。当数据和信息不足时，可先制定阶段性的 TMDL 计划（王东，2012）。美国 TMDL 计划的编制和实施基本步骤见表 3-1。

表 3-1 美国 TMDL 计划的编制和实施基本步骤

TMDL 步骤	详细描述
问题识别	水体背景描述、水体功能、识别受损水体以及引起损害的污染物类别和特征
确定优先顺序	根据水体受污染程度、水体用途、对人体健康和水生生物的风险、公众感兴趣和支持程度、特殊水体的经济和美学价值、特殊水体作为水生栖息地的脆弱性和易损性、排污许可证更换或修订要求、与水质相关的法院命令和决定等因素，来对受损水体进行优先排序
量化目标	水质基准的科学数值和描述性语言
污染源评估	点源和非点源污染负荷分析与评估，确定重要污染源及受影响河段
相关性分析	选择和应用合适的方法建立污染负荷与水质变化之间的关系
TMDL 计算	选择合适的流域模型方法，并通过计算机模拟，基于量化目标的水体纳污能力与实际污染负荷之间的差距，计算水体对于各污染物的容量
TMDL 的分配	评估不同污染负荷削减组合的分配方案，并选择合适的、可行的、公平的、成本有效的分配方案确定点源和非点源的配额
TMDL 的实施	执行时间表等细则，更新流域规划（与流域规划保持一致）、颁发水质许可证（点源配额）、执行非点源控制（非点源配额）
适应性调整	如果相关数据有所更新，要不断调整模拟计算过程，逐渐逼近真值；管理措施逐渐调整，提高成本收益率

TMDL 计划将点源和非点源综合起来考虑，将水环境管理提高到流域的角度，在数值上等于所有点源的 WLA、非点源的 LA、适当的安全临界值（MOS）和水体自然背景的污染物之和。负荷分配是指分配给现存点源、未来点源或自然背景源的水体的最大负荷能力的一部分，负荷分配是污染物负荷的最佳估计，但是受限于数据和技术的可能性，可能是精确的估计，也可能是大概的估计。

在 TMDL 问题识别阶段，分析人员往往通过最佳专业判断决定何时引进 MOS 分析。做决策时，应充分考虑指标、污染负荷评估和水质响应等方法选择和测量的不确定性，以及控制措施的资源价值和预期成本。一般来说，使用具有较大不确定性的信息制定的 TMDL 计划或为高价值水体制定的 TMDL 计划，MOS 要更大一些。同时 TMDL 计划要考虑季节性变化，这主要是由于不同季节的气候条件会改变水体的某些参数，如氮、磷含量、水文条件等。因为考虑气候变化，在某些参数较高时，仍可以保证总体的 TMDL 达到水质标准，同时也可以为 MOS 的选取提供参考。

如果水体受损仅仅是由点源引起的，那么颁发 NPDES 许可证就可以确保达到 TMDL 中规定的废水负荷分配，当水体受损是由点源和非点源共同引起时，并且 WLA 是以假设非点源可以削减为基础的，那么 TMDL 应该合理地担保非点源控制措施可以达到预期的负荷削减，这样才能使 TMDL 计划得到批准。

4. TMDL 计划的实施

一旦流域制定了 TMDL 计划，抑或适当的污染源负荷分配，就该实施控制措施。由联邦环保署或州政府负责实施，州首先需要更新水质管制规划，然后根据 WLA 和 LA 的分配情况，纳入州实施计划之中。

当为流域内的点源设置了许可证时，记录应该表明未来非点源的削减有所保证，即确保非点源控制措施的实施和维护，并通过监测计划验证非点源削减。担保可以采用很多种措施，包括强制手段，如当不能证明完成非点源负荷削减时，可以为点源制定一个更为严格的许可证限值。

最佳管理实践（BMP）是防治或减少非点源污染最有效和最实际的措施，主要用来控制农业、林业等生产实践中污染物的产生和运移，防治污染物进入水体，避免非点源污染的形成。BMP 通过技术、规章和立法等手段有效地减少非点源污染，强调源的管理而不是污染物的处理。

五、小结

本章通过对美国流域水质达标规划的分析，得到几点启示，为我国流域水质达标规划的完善提供经验借鉴。

（一）明确的保护目标

《清洁水法》第 101 条就明确规定了水环境保护的目标，即“恢复和保持国家水体化学、物理和生物的完整性”。虽然迄今为止这两个目标都没有达到，但对于美国来说并没有因为没有达到目标而受到指责。相反，让公众意识到水污染是一个很严重的问题，需要做更大的努力才能实现这一目标。因此《清洁水法》一直得到公众的大力支持，为美国水环境保护工作指明了方向，水质标准、排放标准、TMDL 的制定都要围绕这一目标建立。

（二）权威性十足的水质规划

在美国，水质管制规划是执行《清洁水法》的重要内容，同时在规划中要制定一系列的水质标准和执行计划，最后通过立法成为正式法律文件，具备法律效力。规划的制定是一个立法和公众参与的过程，位于法律法规之下，但统领所有相关政策，起到了承上启下的关键性作用。

（三）具体而严格的州实施计划

《清洁水法》明确规定，水质未达标的地区要制定具体而严格的州实施计划，同时在联邦认为州可以通过计划的执行实现水质目标的情况下批准实施。州实施计划明确了所有污染控制措施的责任主体、达标计划的时间表、资金来源、验收指标、实施保障，使各项控制措施在法律的要求内得到强制执行，并通过监测计划评估各项措施和规划目标的完成情况，并不断调整改进规划措施，同时也包括规划的宣传、教育，增强公众对规划的理解，提高计划的被认知度和可操作性。

（四）广泛的公众参与

联邦环保署认为公众从规划最初就介入，对规划的实施至关重要。广泛的公众参与可以为规划的编制和实施提供更多的信息，有助于问题的识别、目标的确定以及管理措施的制定，表达自己的利益诉求，增强规划的被认知度。例如，《清洁水法》明确要求在 TMDL 计划的制定过程中要有充分且有意义的公众参与，每个州或部落都必须要把确定 TMDL 计划的计算提供给公众，接受公众的审查。最终提交报批的 TMDL 计划应该要说明州或部落公众参与的过程，总结一些重要的建议，以及州或部落对这些建议的响应。如果联邦环保署认为州或部落没有提供充足的公众参与，那么环保署可以推迟批准 TMDL 计划，直到提供了充分的公众参与。同时流域内很多水质问题源于个体活动，且其解决方案经常是自愿行为，依靠有效的公众参与能够促使管理措施实施，确保流域规划目标的实现。

（五）TMDL 计划

美国 TMDL 计划是在点源已经被严格控制并且执行了 NPDES 排污许可证各项要求的基础上建立起来的一项帮助受损水体达到水质标准的污染物削减计划，同时考虑水体自然背景值和适当的安全临界值，在评估不同污染负荷削减组合分配方案的基础上，选择成本有效的分配方案来确定点源和非点源的配额，保证了科学性和公平性。TMDL 计划对点源的控制通过 NPDES 排污许可证来实施。

（六）排污许可证

美国 NPDES 排污许可证汇总了《清洁水法》对点源排放的所有要求，包括排污者的自行监测、报告、记录以及政府对企业的核查与处罚，保证了排污者的自行监测能够全面、准确地反映自身的排放状况，并且监测质量能够得到保障。这对于流域问题的识别和污染负荷的评估至关重要，是规划制定和实施的关键。

美国将 TMDL 计划同流域规划、国家污染物排放消除计划等相整合，同时，通过制定具体而严格的州实施计划有效地改善了水环境质量，给我们提供了较多的成果和经验。

第四章 中国流域水质达标规划实施效果评估

流域水质达标规划是水环境保护工作的先导与依据，是水环境管理的基础，是国家和地方政府为实现水环境保护目标而执行的具体行动计划。从20世纪70年代我国就开始了流域水质达标规划的理论与技术方法的研究，并自“九五”以来相继制定和出台了“九五”“十五”“十一五”“十二五”“十三五”五个五年计划与规划来指导我国水环境保护工作，这些计划与规划在水环境保护相关法律法规中予以授权，在水环境保护中发挥着“指挥棒”“方向标”的作用。流域水质达标规划实施这么多年来，实施效果如何？并没有一个明确的答案，亟须我们通过大量信息对其进行一个客观、全面的评估。鉴于此，本章以流域水质达标规划为研究对象，对其实施效果做初步的评估。笔者的评估时间主要为2001—2015年，跨度15年，包含“十五”“十一五”“十二五”三个五年计划与规划。

一、研究方法和数据来源

（一）研究方法

1. 评估目标及因果关系

环境政策的目标是与社会可持续发展的战略目标相耦合的，最终的目的都是实现社会、经济、资源和环境的持续发展。根据外部性内部化理论，对流域水质达标规划实施效果进行评估，最终判据就是人体健康和水生态安全是否得到有效保障，水体的完整性是否受到干扰和破坏。而这通常只有定性描述，无法直接控制，因此流域水质达标规划的目标会被分解为可控的环节目标和行动目标，其中最直接相关的就是水环境质量是否真正改善、水污染排放是否得到有效控制（李涛，2016）。我国流域水质达标规划实施效果的各层次目标及因果关系如图 4-1 所示。

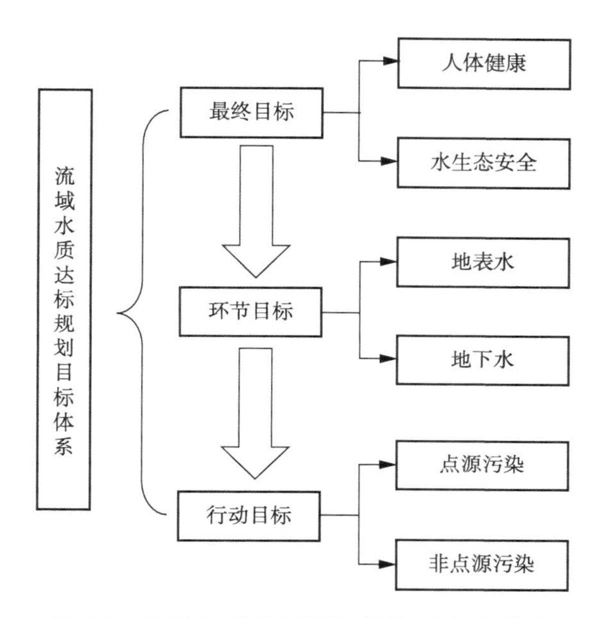

图 4-1　流域水质达标规划目标体系及因果关系

2. 评估内容及方法

采用 2001—2015 年不同来源途径的资料来评估我国水体的水环境质量状况变化情况，主要包括：①生态环境部门的水质监测数据和排水量数据；②水利部门的水质监测数据和用水量数据；③海洋部门的水质监测数据；④国土资源部门的地下水水质监测数据。通过不同部门的数据相互印证和对比来全面评估我国水体的水环境质量是否得到真正改善，避免部门自身评估的单一性，力求得出较为准确的结论。

水污染物排放控制评估的目标是减少污染物的入河量，这主要是控制污染源的排放量。工业点源、城市生活源、农业面源等都对水质有重要影响，但很多学者认为工业点源污染物排放量逐年减少，城市生活源和农业面源的排放量已经远远超过工业点源，成为水污染的主要原因。但有学者证明，生态环境部门官方统计的工业点源污染物排放量与实际情况存在较大偏差（宋国君，2012；马中，2012）。此外，根据外部性内部化理论，在流域水质达标规划中管理措施的优先顺序上应当优先解决外部关系简单且容易给公众带来较大环境损害的问题。根据这一原则，点源污染排放（工业点源、城镇生活源）是流域水质达标规划中优先评估的污染源。因此，水污染排放控制评估的主要内容是评估点源排放是否得到有效控制。

（二）数据来源

对流域水质达标规划的实施效果进行评估主要涉及重点流域、湖库（水库）、近岸海域、地下水等水环境质量相关数据以及工业废水、城镇生活污水、主要污染物排放量、达标率、处理率等相关数据，这些数据主要来源于历年《中国环境状况公报》《中国环境质量报告》《中国海洋生态环境状况公报》《中国水资源公报》《全国环境统计年报》和《中国统计年鉴》等。

二、水环境质量状况评估

（一）水质总体状况评估

2015 年，我国地表水水环境质量总体为轻度污染，部分城市河段污染较重，湖泊（水库）富营养化问题突出，近岸海域水质一般。全国 972 个国控断面中，Ⅰ~Ⅲ类、Ⅳ~Ⅴ类和劣Ⅴ类水质断面比例分别为 64.5%、26.7%和 8.8%。主要污染指标为化学需氧量、总磷、氨氮。其中，长江、淮河、黄河、松花江、辽河、西北诸河等流域呈现轻度污染，海河流域中度污染，珠江流域、西南诸河水质良好。62 个国控重点湖泊（水库）中，近三成湖库遭到不同程度的污染。其中，水质优良的 43 个，比例为 69.4%；轻度污染的 10 个，比例为 16.1%；中度污染的 4 个，比例为 6.5%；重度污染的 7 个，比例为 8.1%。主要污染指标为总磷、化学需氧量、高锰酸盐指数。中度富营养、轻度富营养、中营养和贫营养的湖泊（水库）比例分别为 3.3%、19.7%、67.2%和 9.8%。太湖、巢湖蓝藻水华情况较为严重。

（二）干流及主要支流水质状况评估

根据《中国环境状况公报》，2001—2015 年，我国十大流域整体的水环境质量在逐步改善。其中，Ⅰ~Ⅲ类水比例由 2001 年的 29.5%提高到 2015 年的 72.1%，Ⅳ~Ⅴ类水比例由 26.5%降低到 19%，劣Ⅴ类水质更是由 44%降低到 8.9%。与往年相比，十大流域的干流水质均有所提高，Ⅳ~Ⅴ类和劣Ⅴ类水质断面比例逐年下降。黄河、淮河干流水质从总体轻度污染提升到优；松花江、辽河干流水质分别从中度污染、重度污染提升到轻度污染，如图 4-2 所示。

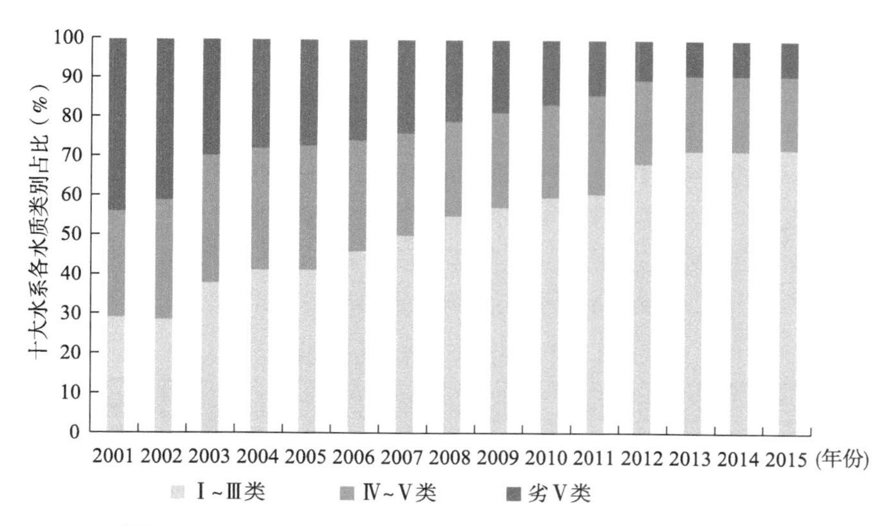

图 4-2 2001—2015 年国家生态环境部十大水系水质评估结果

从七大重点流域重度污染（即劣Ⅴ类）断面比例年度变化趋势来看，2001—2015 年，七大重点流域水质有所改善，重度污染断面所占比例均有所降低。其中，海河流域重度污染断面比例由 2001 年的 67. 1%降低到 2015 年的 39. 1%，辽河流域重度污染断面比例由 59. 7%降低到 14. 5%，淮河流域重度污染断面比例由 59. 7%降低到 9. 6%，黄河流域重度污染断面比例由 56%降低到 12. 9%，如图 4-3 所示。

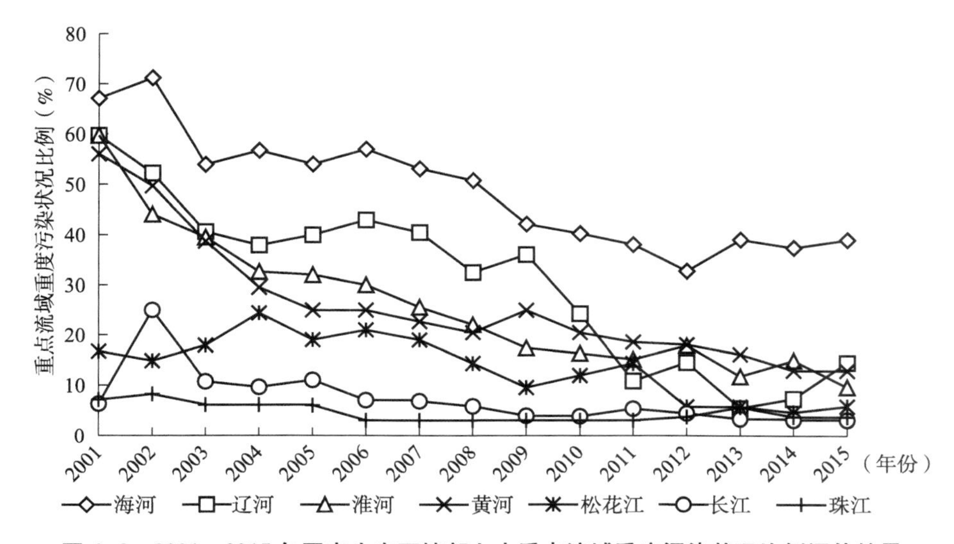

图 4-3 2001—2015 年国家生态环境部七大重点流域重度污染状况比例评估结果

支流水质总体上劣于干流水质，并且呈不断恶化的趋势，见表 4-1。从表 4-1 中可以看出，与 2012 年相比，2013 年七大流域支流Ⅰ~Ⅲ类断面比例均出现下降，除淮河流域外，其他六大流域劣Ⅴ类断面比例均上升。尤其是北方河流，支流水质污染重于干流。例如，海河主要支流为重度污染；黄河和辽河支流总体为中度污染；松花江和淮河主要支流为轻度污染，某些河段为重度污染；西北诸河流域中克孜河喀什段为重度污染。2014 年较 2013 年略有改善，2015 年之后国家不再分流域统计省界断面数据。

表 4-1　七大流域支流断面水质状况

七大流域			珠江	长江	黄河	松花江	淮河	辽河	海河
2015 年	断面比例	Ⅰ~Ⅲ	66						
		劣Ⅴ	17.5						
2014 年	断面比例	Ⅰ~Ⅲ	85.5	78	49.3	83	49	19	31.7
		劣Ⅴ	5.5	7.5	34.2	6.4	18.4	23.8	61.7
2013 年	断面比例	Ⅰ~Ⅲ	85.1	78	45.3	73.5	31.4	21.4	27.1
		劣Ⅴ	6.4	7.5	33.3	—	25.5	42.9	62.7
2012 年	断面比例	Ⅰ~Ⅲ	86.4	82.1	63.1	84.6	40.7	37.5	41.2
		劣Ⅴ	2.3	3.6	15.8	3.8	25.9	25	32.3
2011 年	断面比例	Ⅰ~Ⅲ	100	78.9	63.6	66.7	34.4	—	43.8
		劣Ⅴ	0	5.3	27.3	0	21.9	—	37.5

（三）湖泊（水库）水质状况评估

国家生态环境部 2003 年之前主要对“三湖”进行水质评价，且从 2011 年起总氮不参与水质评价。故 2001 年、2002 年不参与评估，2011 年数据改善较为明显。分阶段来看，从 2003—2010 年国控重点湖（库）水质的评估结果可以看出，2003—2010 年Ⅲ类及优于Ⅲ类可钓鱼可游泳的湖（库）数量并没有显著增加，同时Ⅴ类及劣Ⅴ类湖（库）数量有明显增加的趋势，这说明国家重点湖（库）水质在不断恶化。2011 年以后，Ⅰ~Ⅲ类湖（库）数量增加较为明显，Ⅴ类及劣Ⅴ类湖（库）数量也有所减少，但这是建立在主要污染物指标总氮不参与的条件下得到的结论（见表 4-2）。

表 4-2　2003—2015 年国家生态环境部国控重点湖（库）水质评估结果　（%）

年份	Ⅰ~Ⅲ类	Ⅳ类	Ⅴ类	劣Ⅴ类
2003	25	25	14.3	35.7
2004	26	14.8	22.2	37
2005	28	11	18	43

续表

年份	Ⅰ~Ⅲ类	Ⅳ类	Ⅴ类	劣Ⅴ类
2006	29	4	19	48
2007	28	14	18	40
2008	21.4	21.4	17.9	39.3
2009	23.1	23.1	19.2	34.6
2010	23	15.4	23.1	38.5
2011	42.3	34.6	15.4	7.7
2012	61.3	25.8	1.6	11.3
2013	60.7	26.2	1.6	11.5
2014	61.3	24.2	6.5	8.1
2015	69.4	16.1	6.5	8.1

（四）近岸海域水质状况评估

从近年全国近岸海域水质的评估结果可以看出，2005—2007 年近岸海域Ⅳ类、劣Ⅳ类海水所占比例不断增加，但在 2008 年有所好转。2008 年是北京奥运年，全国各地都采取了相对往常更为严格的控制措施，水质有所好转在情理之中。但从 2008—2014 年水质变化情况来看，近岸海域水质有逐步恶化的趋势，所有类别水质均比 2005 年有所恶化，且出现了倒退。2015 年，近岸海域水质有所改善，基本上恢复到 2005 年的水质状况（见表 4-3）。

表 4-3　2005—2015 年国家海洋局全国近岸海域水质评估结果　（%）

年份	Ⅰ类、Ⅱ类	Ⅲ类	Ⅳ类、劣Ⅳ类
2005	67.2	8.9	23.9
2006	67.7	8	24.3
2007	62.8	11.8	25.4
2008	70.4	11.3	18.3
2009	72.9	6	21.1
2010	62.7	14.1	23.2
2011	62.8	12	25.2
2012	69.4	6.7	23.9
2013	66.4	8	25.6
2014	66.8	7	26.2
2015	70.5	7.6	22

此外，中国部分近岸海洋生态系统健康状况更为严重，特别是中国长江口、苏北浅滩等区域生物多样性水平呈下降趋势，2013 年 88%的入海排污口

邻近海域水质、35%沉积物质量不能满足海洋功能区环境质量要求，2015年有86%实时监测的近岸河口、海湾等典型海洋生态系统处于亚健康和不健康状态，且陆源入海排污口达标排放率仍然较低，入海河流监测断面水质中劣Ⅴ类比例有所增加。由于近岸海域中的污染物均来自各入海河流，近岸海域水质显著恶化，说明排入各入海河流的污染物量有明显的增加，这与国家海洋局发布的《中国海洋环境状况公报》数据有所不符。

（五）地下水水质状况评估

生态环境部发布的《2015年中国环境状况公报》显示，2015年在全国202个城市5118个地下水监测点位中，水质呈优良级—良好级的监测点个数为1745个，占34.1%；水质呈较好级的监测点个数为235个，占4.6%；水质呈较差级—极差级的监测点个数为3138个，占61.3%。中国地质科学院水文地质环境地质研究所实施的国土资源大调查计划项目《华北平原地下水污染调查评价》（2006—2011年）显示，华北平原浅层地下水综合质量整体较差，几乎无Ⅰ类水，直接可以饮用的Ⅰ~Ⅲ类地下水仅占22.2%，经过适当处理可以饮用的Ⅳ类地下水占21.25%，需经过专门处理后才可以利用的Ⅴ类地下水占56.55%。水利部发布的《2015年中国水资源公报》显示，2015年在全国松辽平原、黄淮海平原等重点区域2103个地下水监测井中，水质呈优良级—良好级的监测点个数为429个，占20.4%，水质呈较好级的监测点没有，水质呈较差级—差级的监测点个数为1602个，占79.6%。

从近年地下水水质评估结果可以看出，2006—2015年我国地下水不经任何处理直接可以饮用（Ⅰ~Ⅲ类）的比例总体下降，需经适当和专门处理的（Ⅳ~Ⅴ类）比例总体上升，见表4-4。尽管水利部、生态环境部数据有所差异，但结果显示有超过60%的地下水水质属于“较差—极差”级别。值得注意的是，以上数据是基于1993年制定的《地下水质量标准》（以下简称《标准》）得到的结论，而这一标准20多年来没有改变，根本跟不上水质变化的速度。1993年制定《标准》时，我国主要的污染物还是无机物，而如今最大的污染来自有机物，并且这些有机物均不在《标准》的监测范围内。由此可见，我国地下水水质有逐步恶化的趋势，并且污染形势非常严峻。

地下水凭借其稳定的水量、良好的水质成为我国各个城市用水的主要来源之一，复杂的地质条件也决定了其一旦受到污染就会造成严重的环境损害（罗兰，2008）。地下水几乎没有污染源，本不该有污染，但却在逐渐恶化，污染到如此程度，部分城市集中式地下水水源水质甚至出现了“三致”（致癌、致畸、致突变）微量有机污染物和持久性有机污染物（POPs）等污染指标，对人体健康构成潜在危害（文东光，2012）。这只能说明我国地表的污染源排放没有得到有效控制，污染途径尚未根本切断。

根据以上分析可以看出，我国现在的水污染状况依然很严重，没有确切的证据表明水环境质量得到了明显的改善。

表 4-4　2006—2015 年全国地下水水质评估结果　（%）

年份	水利部			生态环境部		
	Ⅰ~Ⅱ类	Ⅲ类	Ⅳ~Ⅴ类	优—良	较好	较差—极差
2006	10.1	28.6	61.3	—	—	—
2007	9.4	28.1	62.5	—	—	—
2008	2.3	23.9	73.8	—	—	—
2009	5	22.9	72.1	—	—	—
2010	11.8	26.2	62	37.8	5	57.2
2011	2	21.2	76.8	40.3	4.7	55
2012	3.4	20.6	76	39.1	3.6	57.3
2013	2.4	20.5	77.1	37.3	3.1	59.6
	优—良	较好	较差—极差	优—良	较好	较差—极差
2014	15.2	0	84.8	36.7	1.8	61.5
2015	20.4	0	79.6	34.1	4.6	61.3

三、水污染物排放控制评估

（一）基于统计数据的水污染物排放控制评估

根据《全国环境统计公报》，2001—2015 年，我国废水排放量[①]不断增加，由 2001 年的 433 亿吨增长到 2015 年的 735.3 亿吨，年均增长率 3.6%。其中，工业废水排放量在 2007 年达到峰值后开始逐年降低，生活污水[②]排放量持续上升。2015 年，全国工业废水排放量 199.5 亿吨，占废（污）水排放总量的 27.1%，生活污水排放量 535.2 亿吨，占废（污）水排放总量的

① 根据《全国环境统计年报》，废水排放量包括工业废水排放量和生活污水排放量。

② 生活污水中不仅包含城镇居民生活污水，还包含第三产业中具有一定规模的住宿业、餐饮业、居民服务和其他服务业、医院、独立燃烧设施和机动车排放的污水。

72.8%。我国工业废水排放达标率稳定上升，从 2001 年的 85.6%上升到 2015 年的 96.6%，年均增长 0.8%；城镇生活污水集中处理率快速上升，从 2001 年的 18.5%上升到 2015 年的 88.4%，年均增长 11%；工业用水重复利用率也稳步上升，从 2001 年的 69.6%上升到 2015 年的 91%，年均增长 1.82%，如图 4-4 所示。

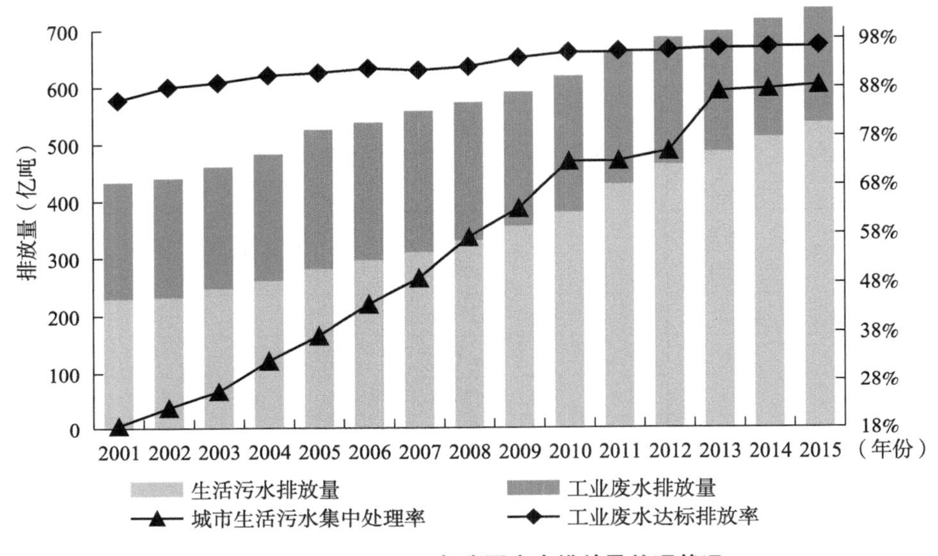

图 4-4　2001—2015 年我国废水排放及处理状况

1997—2015 年化学需氧量排放量从 1757.0 万吨变化为 2223.5 万吨，其中工业源从 1073 万吨（61.1%）降低到 293.5 万吨（13.2%）；生活源从 684.0 万吨（38.9%）增加到 846.9 万吨（38.1%），生活源化学需氧量排放量增加但占比降低的主要原因是国家自 2011 年开始统计农业源排放情况；2011—2015 年农业源从 1186.1 万吨（47.4%）降低到 1068.6 万吨（48.1%），农业源占比一直处于高位，且是化学需氧量排放的最主要来源（见图 4-5）。国家自 2001 年开始统计氨氮[①]排放情况，2001—2015 年氨氮排放量从 125.2 万吨变化为 229.9 万吨，其中工业源从 41.3 万吨（33%）降低到 21.7 万吨（9.4%）；生活源从 83.9 万吨（67%）增加到 134.1 万吨（58.3%），生活源氨氮排放量增加但占比降低原因同上，生活源氨氮占比一直

① 2011 年之后全国生活氨氮排放量统计数据较为异常，相比往年有大幅增长，可能是由于统计口径发生了变化。

处于高位，且是氨氮排放的最主要来源；农业源从 2001 年的 82.6 万吨（31.7%）降低到 2015 年的 72.6 万吨（31.6%），仅次于生活源（见图 4-6）。

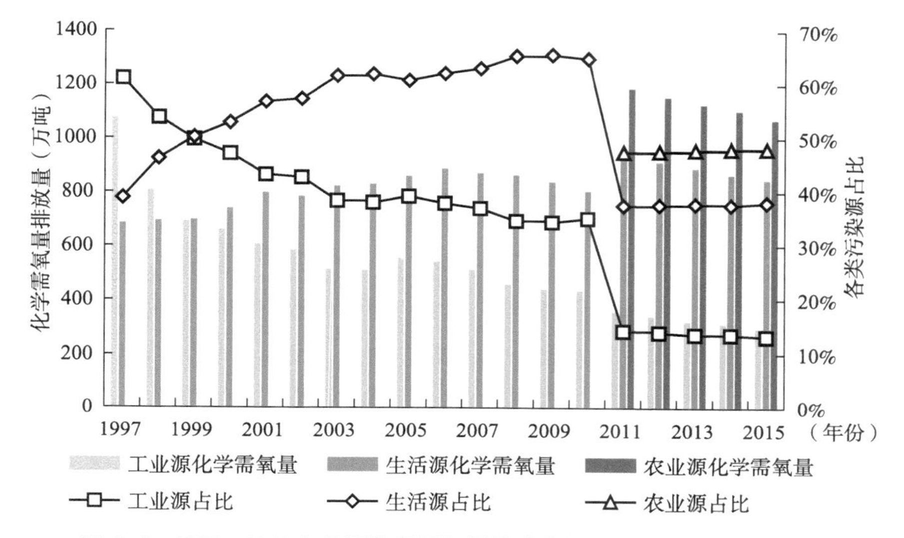

图 4-5 1997—2015 年我国化学需氧量排放变化趋势及各类污染源占比

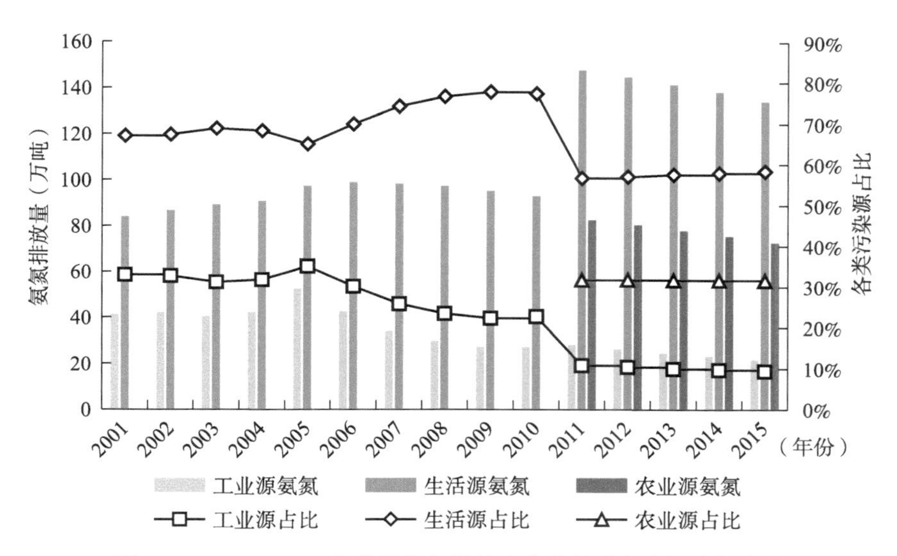

图 4-6 2001—2015 年我国氨氮排放变化趋势及各类污染源占比

根据以上分析，我们应该得出判断，随着我国流域水质达标规划的制定与实施，点源污染基本得到控制，损害基本得到遏制，但事实并非如此。

（二）基于水平衡的水污染物排放控制评估

我国工业用水量与排水量、生活用水量和排水量之间存在巨大差距。2001—2015年，工业用排水差额和用排比均呈不断增大趋势，其中工业用排水差额从2001年的939.1亿吨增加到2011年的1230.9亿吨，之后逐年下降，减少到2015年的1135.3亿吨；工业用排比总体呈增加趋势，从5.6：1增加到6.7：1。生活用排水差额从2001年的370.9亿吨增加到2007年的400.2亿吨，之后逐年下降，减少到2015年的258.3亿吨；生活用排比呈下降趋势，从2001年的2.6：1下降到2015年的1.5：1，如图4-7所示。即使扣除中间过程的耗水和损水，我国工业用水和排水、生活用水和排水之间仍然存在巨大差距，表明我国用水、排水统计可能存在盲区，无法全面地反映我国用水、排水的真实情况（马中，2013）。没有统计的部分属于无处理排水，其排放也只有地表和地下两个去处，地下排污具有很强的隐蔽性，因此我们判断这部分无处理排水很可能排向地下（吴健，2013）。

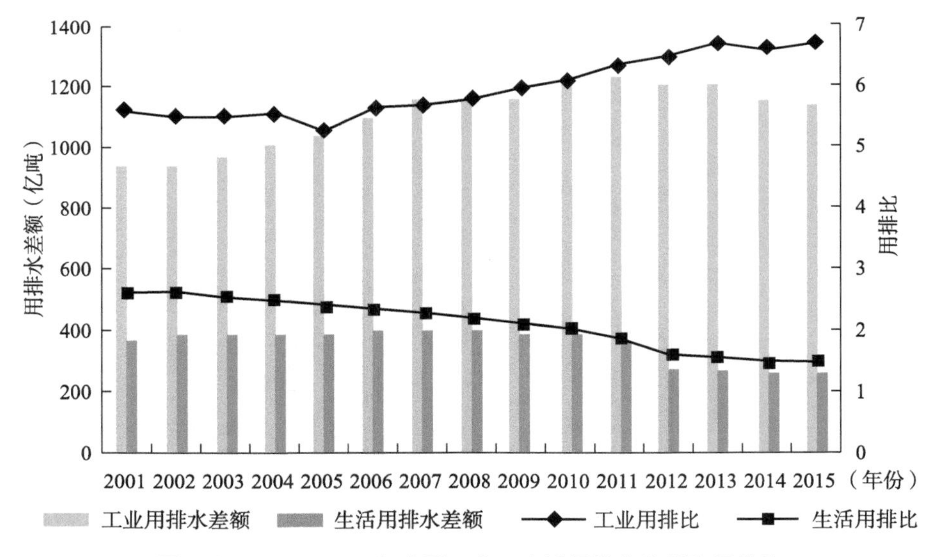

图4-7　2001—2015年中国工业、生活用排水差额和用排比

根据水利部和生态环境部统计，2015年我国工业用水量（不含火电行业）854.3亿吨，[①] 工业废水排放量199.5亿吨，工业用水用排比为4.3：1。利用水平衡模型（马中，2012）估算，2015年我国实际工业废水排放量为

① 《2015年中国水资源公报》统计的工业用水量（1334.8亿吨）减去火电行业用水量（480.5亿吨）。

328.1 亿吨，其中工业无处理排水量 128.6 亿吨，[①] 占全部工业废水的 39.2%。2015 年，我国城镇生活用水量 610.8 亿吨，[②] 城镇生活污水排放量 535.2 亿吨，生活用水用排比为 1.14∶1。利用水平衡模型计算，2015 年我国实际城镇生活污水排放量为 557.5 亿吨，其中生活无处理排水 72.8 亿吨，占全部生活污水的 13.1%，如图 4-8 所示。

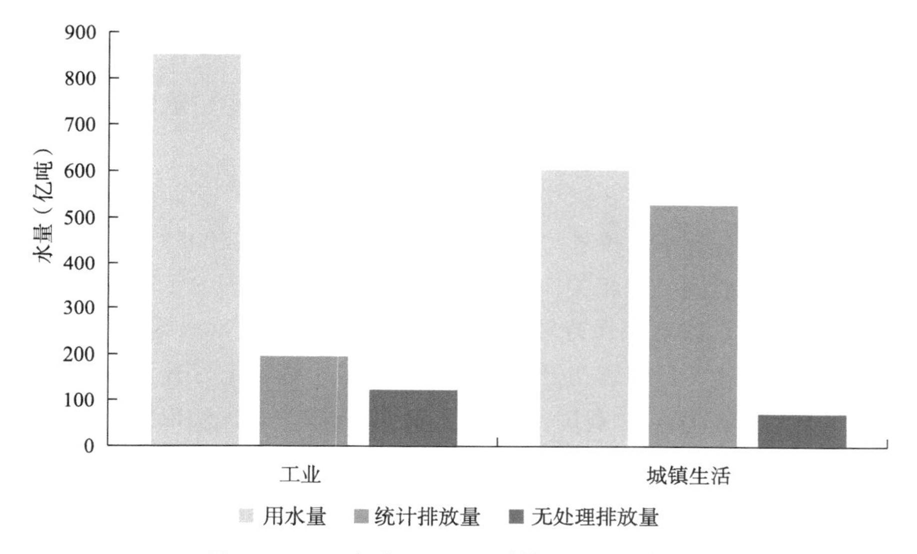

图 4-8 2015 年中国工业和城镇生活用排水状况

根据 2015 年我国工业废水中化学需氧量和氨氮产生量以及工业废水处理量，可以计算得出 2015 年我国工业废水在处理前的化学需氧量平均浓度约为 456.8mg/L，氨氮平均浓度约为 25.6mg/L。因此，如果考虑工业无处理排水（128.6 亿吨），2015 年我国工业源化学需氧量排放量约为 880.9 万吨，是当年统计的工业源排放量（293.5 万吨）的 3 倍；工业源氨氮排放量约为 54.6 万吨，是当年统计的工业源排放量（21.7 万吨）的 2.5 倍。

同样根据 2015 年我国城镇生活污水中的化学需氧量和氨氮产生量以及城镇生活污水实际处理量，可以计算得出 2015 年我国城镇生活污水在处理前的化学需氧量平均浓度约为 460.8mg/L，氨氮平均浓度约为 58.4mg/L。因此，如果考虑生活无处理排水（72.8 亿吨），2015 年我国城镇生活源化学需氧量

① 水平衡模型详见附录。

② 城镇生活用水量根据《2015 年中国水资源公报》统计的城镇人均生活用水量和《中国统计年鉴》（2015）统计的城镇人口数计算得到。

排放量约为1182.4万吨，是当年统计的生活源排放量（846.9万吨）的1.4倍；生活源氨氮排放量约为176.6万吨，是当年统计的生活源排放量（134.1万吨）的1.3倍。

如果考虑无处理排水，我国工业废水排放达标率和城市生活污水集中处理率都会降低。以2015年为例，统计工业废水排放量为199.5亿吨，统计工业废水排放达标率为96.6%，若考虑128.6亿吨的工业无处理排水，实际排放达标率应为58.7%；同样，统计城镇生活污水排放量为535.2亿吨，统计城市生活污水集中处理率为88.4%，若考虑72.8亿吨的城镇生活无处理排水，实际城市生活污水集中处理率应为77.8%。

以上的数据也只是在我国工业企业和城市污水处理厂全面达标的假设条件下，但我国的达标率仅仅是“初步达标率”（张维斌，2005）。达标排放与监测频率、采样时间密切相关，全面达标指的就是可监测的点源排放一直符合排放标准要求，或者说保持较高比例的连续达标，如80%的频率和时间，因为生产工艺、生产原料、产量的不稳定会在一定程度上导致污染物排放的不稳定（宋国君，2001）。我国目前过低的监测频率根本无法保证污染物排放状况的真实性和全面性，因此我国现状达标率是建立在较低的监测频率之上的，仅是初步达标率①，真正的达标率可能更低。

四、小结

水环境质量是否真正得到改善是评估流域水质达标规划实施效果首先要回答的问题。本章通过生态环境部门、水利部门、国土资源部门、海洋部门等不同来源途径的数据对我国水环境质量状况进行了全面评估。虽然从生态环境部门公布的国控断面数据来看，我国十大水系和七大重点流域的干流水质逐年好转且改善明显，但是从省界断面来看，七大流域的水质状况却在恶化，尤其是北方河流，支流污染问题严重；同时国控重点湖库和近岸海域水质出现不断恶化的趋势，全国地下水的污染形势也异常严峻。通过对不同部门数据的相互印证和对比，没有确切的证据表明我国的水环境质量得到了明显改善。

---

① 初步达标率在我国统计数据中更多反映的是设备安装率，指的是污染源按“环评”和“三同时”规定安装了污染治理设施并经验收达到了设计要求和排放标准，即污染源具备了污染治理能力。但污染治理设施的运行才是实质性的，即使所有污染源都安装了污染治理设施，但监管能力和监测水平无法跟上，此时的达标率仅是初步达标率，会远低于统计的达标率。

水环境质量是否得到改善与污染物排放是否得到有效控制密切相关。基于生态环境部门统计数据来看，我国点源污染排放得到了有效控制，工业废水达标排放率、城市生活污水集中处理率和工业用水重复利用率均稳步上升，与生态环境部门公布的十大水系和七大重点流域水质数据似乎实现了自圆其说。但基于水平衡的数据分析，我国的点源污染排放并没有得到很好的控制，工业和生活无处理排放量分别达到 128.6 亿吨和 72.8 亿吨，生态环境部门官方统计数据与实际状况存在较大的偏差，如果算上偷排、漏排的排放量，流域水质达标规划的目标（废水排放量、主要污染物排放量、达标排放率等）根本没有实现。

第五章 中国流域水质达标规划问题分析与评估

通过第四章的分析得出，并没有明显的证据证明我国的水环境状况得到了明显改善、污染物的排放得到了有效控制。那我国流域水质达标规划到底存在什么样的问题，与美国相比，我国规划的现状如何？规划的主要内容是什么？这些问题都亟须我们来回答。本章通过对我国流域水质达标规划现状、规划编制与实施的主要内容进行分析，找出其中存在的主要问题。

一、流域水质达标规划政策框架体系问题分析

（一）政策框架体系

流域水质达标规划作为一项环境管理制度，其主要目的是落实和执行国家水环境保护和污染防治相关法律、法规等政策体系的原则和要求，因此有必要对我国流域水质达标规划的政策框架体系进行分析。

我国已经建立了比较完备的流域水质达标规划政策框架体系，包括法律、行政法规、部门规章、标准、规划和部分规范性文件。以《中华人民共和国环境保护法》（以下简称《环境保护法》）、《水污染防治法》和《中华人民共和国水法》（以下简称《水法》）为基础的保护水环境、防治水污染的政策体系已基本建立起来（见表5-1）。

表5-1　中国流域水质达标规划政策框架体系

项目	政策名称	颁布机关	实施机构
法律	中华人民共和国水土保持法（2011）	全国人大常委会	水行政主管部门
	中华人民共和国清洁生产促进法（2012）	全国人大常委会	各级发展和改革委员会
	中华人民共和国环境保护法（2014）	全国人大常委会	生态环境行政主管部门

续表

项目	政策名称	颁布机关	实施机构
法律	中华人民共和国海洋环境保护法（2016）	全国人大常委会	海洋、海事、渔业行政主管部门
	中华人民共和国固体废物污染环境防治法（2016）	全国人大常委会	生态环境行政主管部门
	中华人民共和国水法（2016）	全国人大常委会	水行政主管部门
	中华人民共和国行政处罚法（2017）	全国人大常委会	县级以上地方人民政府
	中华人民共和国水污染防治法（2017）	全国人大常委会	生态环境行政主管部门
	中华人民共和国环境保护税法（2017）	全国人大常委会	生态环境、税务行政主管部门
	中华人民共和国环境影响评价法（2018）	全国人大常委会	生态环境行政主管部门
	中华人民共和国循环经济促进法（2018）	全国人大常委会	县级以上地方人民政府
	中华人民共和国土壤污染防治法（2018）	全国人大常委会	生态环境行政主管部门
	中华人民共和国城乡规划法（2019）	全国人大常委会	县级以上地方人民政府
行政法规	全国污染源普查条例（2007）	国务院	生态环境行政主管部门
	规划环境影响评价条例（2009）	国务院	生态环境行政主管部门
	太湖流域管理条例（2011）	国务院	水行政主管部门
	畜禽规模养殖污染防治条例（2013）	国务院	县级以上地方政府相关部门
	城镇排水与污水处理条例（2013）	国务院	县级以上地方政府相关部门
	企业信息公示暂行条例（2014）	国务院	各省、自治区、直辖市人民政府
	淮河流域水污染防治暂行条例（2011）	国务院	生态环境行政主管部门
	建设项目环境保护管理条例（2017）	国务院	生态环境行政主管部门
	海洋倾废管理条例（2017）	国务院	海洋局及其派出机构
	农药管理条例（2017）	国务院	县级以上地方政府相关部门
	环境保护税法实施条例（2017）	国务院	财政、税务、生态环境行政主管部门
	防治船舶污染海洋环境管理条例（2018）	国务院	交通运输主管部门
	政府信息公开条例（2019）	国务院	县级以上地方政府相关部门
部门规章	环境标准管理办法（1999）	生态环境部	生态环境行政主管部门
	污染源监测管理办法（1999）	生态环境部	生态环境行政主管部门
	淮河和太湖流域排放重点水污染物许可证管理办法（试行）（2001）	生态环境部	生态环境行政主管部门
	水功能区管理办法（2003）	水利部	水行政主管部门
	入河排污口监督管理办法（2005）	水利部	水行政主管部门
	污染源自动监控管理办法（2005）	生态环境部	生态环境行政主管部门
	环境监测质量管理规定（2006）	生态环境部	生态环境行政主管部门
	城市排水许可管理办法（2006）	住房和城乡建设部	建设主管部门

续表

项目	政策名称	颁布机关	实施机构
部门规章	环境统计管理办法（2006）	生态环境部	生态环境行政主管部门
	环境监测管理办法（2007）	生态环境部	生态环境行政主管部门
	环境信息公开办法（试行）（2007）	生态环境部	生态环境行政主管部门
	环境行政处罚办法（2010）	生态环境部	生态环境行政主管部门
	地方环境质量标准和污染物排放标准备案管理办法（2010）	生态环境部	生态环境行政主管部门
	环境行政执法后督察办法（2010）	生态环境部	生态环境行政主管部门
	突发环境事件信息报告办法（2011）	生态环境部	生态环境行政主管部门
	污染源自动监控设施现场监督检查办法（2012）	生态环境部	生态环境行政主管部门
	环境监察执法证件管理办法（2013）	生态环境部	生态环境行政主管部门
	环境保护主管部门实施限制生产、停产整治办法（2014）	生态环境部	生态环境行政主管部门
	环境保护主管部门实施查封、扣压办法（2014）	生态环境部	生态环境行政主管部门
	环境保护主管部门实施按日连续处罚办法（2014）	生态环境部	生态环境行政主管部门
	企业事业单位环境信息公开办法（2014）	生态环境部	生态环境行政主管部门
	突发环境事件应急管理办法（2015）	生态环境部	生态环境行政主管部门
	环境保护公众参与办法（2015）	生态环境部	生态环境行政主管部门
	环境保护档案管理办法（2016）	生态环境部	生态环境行政主管部门
	排污许可管理办法（试行）（2017）	生态环境部	生态环境行政主管部门
	环境影响评价公众参与办法（2018）	生态环境部	生态环境行政主管部门
	固定污染源排污许可分类管理名录（2019）	生态环境部	生态环境行政主管部门
	建设项目环境影响报告书（表）编制监督管理办法（2019）	生态环境部	生态环境行政主管部门
标准	污水综合排放标准（GB 8978—1996）	国家质量技术监督局	
	地表水环境质量标准（GB 3838—2002）	国家生态环境部和国家质量监督检验检疫总局	
	城镇污水处理厂污染物排放标准（GB 18918—2002）		

续表

项目	政策名称	颁布机关	实施机构
标准	制浆造纸工业水污染物排放标准（GB 3544—2008）等 11 项标准（2008）	国家生态环境部和国家质量监督检验检疫总局	
	淀粉工业水污染物排放标准（GB 25461—2010）等 8 项标准（2010）		
	炼焦化学工业污染物排放标准（GB 16171—2012）等 8 项标准（2012）		
	北京市城镇污水处理厂水污染物排放标准（2012）	北京市生态环境局和北京质量技术监督局	
	北京市水污染物综合排放标准（2014）	北京市生态环境局和北京质量技术监督局	
	制革及毛皮加工工业水污染物排放标准（GB 30486—2013）	国家生态环境部和国家质量监督检验检疫总局	
	电池工业污染物排放标准（GB 30484—2013）	国家生态环境部和国家质量监督检验检疫总局	
	无机化学工业污染物排放标准（GB 31573—2015）	国家生态环境部和国家质量监督检验检疫总局	
	合成树脂工业污染物排放标准（GB 31572—2015）	国家生态环境部和国家质量监督检验检疫总局	
	石油炼制工业污染物综合排放标准（GB 31570—2015）	国家生态环境部和国家质量监督检验检疫总局	
规划	“十二五”全国主要污染物排放总量控制规划（2011）	生态环境部	生态环境行政主管部门
	“十二五”全国环境保护法规和环境经济政策建设规划（2011）	生态环境部	各级生态环境局，各直属单位
	重点流域水污染防治规划（2011—2015 年）（2012）	生态环境部、国家发展改革委、财政部、水利部	省（区）、直辖市政府、各部委、各直属机构
	丹江口库区及上游水污染防治和水土保持规划（2011—2015 年）（2012）	国家发展改革委、国务院南水北调办、水利部等	河南省、湖北省、陕西省人民政府
	“十二五”全国城镇污水处理及再生利用设施建设规划（2012）	国务院办公厅	各省、自治区、直辖市人民政府，国务院各部委、各直属机构

续表

项目	政策名称	颁布机关	实施机构
规划	水利发展规划（2011—2015年）（2012）	国家发展改革委、水利部、住房和城乡建设部	各省、自治区、直辖市人民政府，国务院有关部门
	水质较好湖泊生态环境保护总体规划（2013—2020年）（2014）	生态环境部、国家发展改革委、财政部	各省、自治区、直辖市人民政府，国务院有关部门
	国家“十三五”生态环境保护规划（2016）	国务院	生态环境行政主管部门
	水污染防治行动计划（2015）	国务院	各省、自治区、直辖市人民政府，国务院各部委、各直属机构
	“十三五”全国城镇污水处理及再生利用设施建设规划（2016）	国务院办公厅	各省、自治区、直辖市人民政府，国务院各部委、各直属机构
	水利改革发展“十三五”规划（2016）	国家发展改革委、水利部、住房和城乡建设部	各省、自治区、直辖市人民政府，国务院有关部门
	“十三五”重点流域水环境综合治理建设规划（2016）	国家发展改革委	各省、自治区、直辖市人民政府
	国家环境保护标准“十三五”规划（2017）	生态环境部	各省、自治区、直辖市生态环境厅（局）
	重点流域水污染防治规划（2016—2020年）（2017）	生态环境部、国家发展改革委、财政部、水利部	省（区）、直辖市政府、各部委、各直属机构
部分规范性文件	关于加强城市供水节水和水污染防治工作的通知（2000）	国务院	省（区）、直辖市政府、各部委、各直属机构
	建设部关于加强城镇污水处理厂运行监管的意见（2004）	住房和城乡建设部	各级建设行政主管部门
	关于加强饮用水安全保障工作的通知（2005）	国务院办公厅	省（区）、直辖市政府、各部委、各直属机构
	关于印发节能减排综合性工作方案的通知（2007）	国务院	各省、自治区、直辖市人民政府、国务院各部委、各直属机构
	关于印发节能减排综合性工作方案的通知（2011）	国务院	各省、自治区、直辖市人民政府、国务院各部委、各直属机构
	关于印发“十二五”主要污染物总量减排核算细则的通知（2011）	生态环境部	各省、自治区、直辖市生态环境厅（局）

续表

项目	政策名称	颁布机关	实施机构
部分规范性文件	水体达标方案编制技术指南（2015）	生态环境部	各省、自治区、直辖市生态环境厅（局）
	排污许可证管理暂行规定（2016）	国务院	各省、自治区、直辖市生态环境厅（局）
	控制污染物排放许可制实施方案（2016）	国务院	各省、自治区、直辖市生态环境厅（局）
	关于做好环境影响评价制度与排污许可制衔接相关工作的通知（2017）	生态环境部	各省、自治区、直辖市生态环境厅（局）
	固定污染源排污登记工作指南（2020）	生态环境部	各省、自治区、直辖市生态环境厅（局）

1. 中国水环境保护的法律

《环境保护法》（2014）是我国环境保护领域的基础性、综合性法律，明确了我国环境保护工作的指导思想，规定了环境保护的基本原则和基本制度，确立了国家环境保护的基本方针和政策。《环境保护法》（2014）规定："县级以上地方人民政府环境保护主管部门会同有关部门，根据国家环境保护规划的要求，编制本行政区域的环境保护规划，报同级人民政府批准并公布实施；环境保护规划要与主体功能区规划、土地利用总体规划和城乡规划等相衔接；未达到国家环境质量标准的重点区域、流域的有关地方人民政府，应当制定限期达标规划。"①

《水污染防治法》（2017）作为水环境保护和水污染防治方面的专业性法律，为我国水环境保护和水污染防治工作奠定了坚实的法律基础，该法对我国水污染防治工作做了全面的规定，确立了水污染防治的管理体制和基本制度。《水污染防治法》（2017）规定："地方各级人民政府对本行政区域的水环境质量负责；有关市、县级人民政府应当按照水污染防治规划确定的水环境质量改善目标的要求，制定限期达标规划，采取措施按期达标，并报上一级人民政府备案。"②

此外，连同《中华人民共和国水土保持法》（2011）、《水法》（2011）、《中华人民共和国环境保护税法》（以下简称《环境保护税法》）（2017）、

① 《环境保护法》（2014）第十三条、第二十八条。

② 《水污染防治法》（2017）第四条、第十七条。

《中华人民共和国海洋环境保护法》（2017）、《中华人民共和国环境影响评价法》（2018），形成了我国水环境保护的法律制度体系。这些法律为我国流域水质达标规划的制定和实施提供了法律依据。

2. 中国水环境保护的行政法规

为了落实和执行水环境保护、污染防治的法律，国务院制定实施了一系列行政法规，主要包括 2013 年制定的《城镇排水与污水处理条例》（国务院令第 641 号，以下简称《城镇排水条例》）、2009 年制定的《规划环境影响评价条例》（国务院令第 559 号，以下简称《规划环评条例》）、2007 年制定的《全国污染源普查条例》（国务院令第 508 号，以下简称《污普条例》）、2017 年制定的《环境保护税法实施条例》（国务院令第 693 号，以下简称《环保税条例》）。但《规划环评条例》并没有对流域水质达标规划进行环境影响评价。此外，针对一些重点流域的水环境保护和污染防治，国务院于 2011 年制定颁布了《太湖流域管理条例》（国务院令第 604 号，以下简称《太湖条例》），1995 年制定、2011 年修订了《淮河流域水污染防治暂行条例》（国务院令第 183 号，以下简称《淮河条例》）。除了国家立法之外，近年来地方立法也有了很大的进展。许多省、市、自治区都出台了一系列相关的地方法规，如《浙江省水污染防治条例》《湖北省水污染防治条例》《山东省水污染防治条例》《河南省水污染防治条例》《江苏省太湖水污染防治条例》《江苏省长江水污染防治条例》等，这些地方性法规在各地涉水管理中都发挥了重要作用。

3. 中国流域水质达标规划现状

我国并没有真正意义上能够涵盖水量、水质、水生态等要素的流域水质达标规划。按照规划的类型，我国与水环境保护相关的各类规划有国民经济和社会发展五年规划、土地利用总体规划、城市总体规划、流域水污染防治规划、流域综合规划、流域水资源保护规划、流域水土保持规划、城市环境保护规划、农业发展规划、工业发展规划、交通发展规划、林业发展规划和水利建设规划等。其中生态环境部门编制的流域水污染防治规划和水利部门编制的流域综合规划、流域水资源保护规划、流域水土保持规划等最为相关（见表 5-2）。

表 5-2 流域水环境保护相关的规划

规划名称	牵头制定部门	批准部门	主要监督实施部门
国民经济和社会发展五年规划	各级人民政府	各级人民代表大会	各级人民政府发改委
土地利用总体规划	各级人民政府土地主管部门	国务院	各级人民政府土地主管部门
城市总体规划	城市建设行政部门	国务院	城市建设行政部门
流域水污染防治规划	生态环境部	国务院	生态环境部
流域综合规划	流域水利委员会	水利部	水利委员会
流域水资源保护规划	水利部流域水资源保护局	水利部	水利部流域水资源保护局
流域水土保持规划	流域水利委员会水土保持局	水利部	水利部委员会水土保持局
环境保护规划	各级人民政府生态环境部门	各级人民政府	各级人民政府生态环境部门
农业发展规划	各级人民政府农业部门	各级人民政府	各级人民政府农业部门
工业发展规划	各级人民政府工业和信息化厅	各级人民政府	各级人民政府工业和信息化厅
交通发展规划	各级人民政府	各级人民政府	各级人民政府交通部门
林业发展规划	各级人民政府林业部门	各级人民政府	各级人民政府林业部门
水利建设规划	各级人民政府水利部门	各级人民政府	各级人民政府水利部门

（二）政策框架体系问题分析

1. 立法方面存在的问题

目前我国并没有能够覆盖水质、水量、水生态全要素的法律法规，现有与水环境保护相关的法律法规也是基于不同部门分别制定的，这种分割管理在一定程度上制约了流域水环境保护工作。在流域层面我国没有专门制定的法律，仅仅出台了一些国务院的行政法规，如《太湖条例》和《淮河条例》。同时在法律之间也存在着诸多不协调和不一致的地方，导致执法成本高。例如，《水污染防治法》和《水法》中很多相关规定的不明确是造成部门冲突的主要原因，不利于流域水质达标规划和综合管理的推进。

此外，流域水质达标规划是水环境保护相关法律法规的具体细化和落实，

但我国部分法律法规已不适应现在的水环境保护形势，如《水污染防治法》（2017）关于水质标准和水污染物排放标准等水环境保护根本性措施的规定不能真正有效地保护我国水体的饮用水和水生态功能（在下面将会详细阐述）。同时法律法规的一些具体要求还有待完善，如工业企业要实现连续达标排放，流域水质达标规划就需要落实法律法规中关于工业企业达标排放的具体要求，但我国真正的排污许可证制度体系尚未完全建立起来。

2. 缺乏权威性和强制性，无法统领水环境保护工作

流域水质达标规划是对未来一段时间内众多利益相关者基本权利和责任的具体安排，这种对权利结构做出的安排必然面临多方面阻碍，必须要上升到法的高度，通过法律的强制性和权威性更好地界定政府、工业企业、公众等各利益相关者的权利和责任，在此基础上统领水环境管理的各项政策手段。但在我国流域水质达标规划并没有上升到法的高度，虽然《环境保护法》《水污染防治法》《水法》《太湖条例》等法律法规都规定了规划制定、实施和审批的相关要求，但这些只是以法律条文为依据，目前我国大部分规划更多是为了政府工作需要（如创建全国模范城市就需要地方政府提供各个部门相应的规划）。

同级政府或上级政府审批降低了规划的权威性和强制性。权威性和强制性的缺失必然导致其在水环境保护工作中地位不高，无法统领我国的水环境保护工作。目前除了国家《“十三五”生态环境保护规划》和重点流域水污染防治规划由国务院审批外，其他层级大部分流域水质达标规划均由同级人民政府审批后实施。而土地利用总体规划和城市发展规划均由国务院审批，地位明显高于流域水质达标规划，且《中华人民共和国土地管理法》和《中华人民共和国城乡规划法》均为其规划的运行提供了制度保障。规划的审批决定规划执行的权威性，审批机构的级别越高，规划执行的权威性越高。很明显，流域水质达标规划审批权相对较低，规划的同级政府审批机制很大程度上让政府扮演了“既是运动员，又是裁判员”的角色，导致审批不严格。

3. 水环境保护相关规划间不协调

我国现行与水环境保护相关的规划涉及各地方政府和各级部门，这些规划都是按照当前法律由相关部门编制的，水环境保护的目标被分散于各规划之中，且各规划分属不同部门管理。如土地利用总体规划、城市发展规划、水质达标规划分别由国土资源部门、住建部门和生态环境部门分别管理。

由于缺乏外部管理机构的监督，很容易导致当地政府在审批过程中更多

地关注本地经济发展利益，逐步降低规划要求和修改规划目标，对中央政府的规划目标不断削弱，无法保证地方规划与中央规划目标的一致性。同时相关规划编制过程中的重要决策依然以本部门利益为导向，较少考虑流域水质达标规划目标的要求。虽然部分法律法规论及规划编制时做出了“会同有关部门”进行编制的规定，但由于并未明确具体的协调机制，实际上也很难得到有效执行。如在生态环境部门和水利部门缺乏协调的情况下，水利部门为了保水量将湖库用闸坝控制起来，人为切断了湖库与河流的自然联系，从而使生态环境部门的水环境保护目标无法实现。水量、水质、水生态的人为分离导致了水环境保护目标难以实现。另外，在审批过程中，地方政府各部门也可能因为各自部门利益而意见不同，或者互相扯皮，导致审批结果迟迟不能确定进而延误规划时间。

4. 缺乏规划编制的技术导则规范

《环境保护法》（2014）规定：“环境保护规划的内容应当包括生态保护和污染防治的目标、任务、保障措施等。”① 《水污染防治法》（2017）规定：“规划的修订须经原批准机关批准。”② 上述法律仅规定规划制定所遵循的原则性框架，并未明确规定制定流域水质达标规划编制技术指导规范或导则的要求。虽然国家层面颁布出台了《小城镇环境规划编制导则》《湖泊生态环境保护实施方案编制指南》《水体达标方案编制技术指南》《水污染防治工作方案编制技术指南》等，但这些政策性文件对于流域水质达标规划编制的内容要求过于粗泛，大多数仍局限于规划编制的技术层面，如河流水质模型、目标可达性分析等，缺乏具体的不同污染源排放控制方案设计的一般模式要求，以及规划执行的可行性分析规范。如国家生态环境部制定了统一的《水体达标方案编制技术指南》对于流域水质达标的要求：“以水质达标为核心，系统推进生态环境综合治理和调结构、优布局等。”可以说，现有水质管理政策体系均未明确规定流域水质达标规划如何编制和实施的具体程序性技术规范，如如何促进公众参与、如何搜集整理数据进而全面识别流域内存在的主要问题、如何对污染负荷进行分析和核查、如何确定目标和管理方案、如何确定执行计划和评估计划、如何与其他规划相协调等方面都没有形成一定的规范，导致具体负责流域水质达标规划制定和执行的地方政府管理部门无法有效展开工作。

---

① 《环境保护法》（2014）第十三条。

② 《水污染防治法》（2017）第十六条。

5. 问责处罚机制不完善

虽然《水污染防治行动计划》明确规定："对水质不达标的区域实施挂牌督办，必要时采取区域限批等措施。"但《环境保护法》（2014）和《水污染防治法》（2017）的法律责任部门缺乏对于未编制流域水质达标规划、规划编制不合规、未按照规定执行流域水质达标规划或者未能实现规划目标的地方政府进行相应的问责和处罚的规定，导致规划的编制与实施缺乏法定威慑力，不利于流域水质达标规划的有效执行。

二、流域水质达标规划主要政策手段分析

流域水质达标规划的实施是通过各种政策手段进行的，所以政策手段的选择是否合理、科学在一定程度上决定了规划能否成功执行。在我国流域水质达标规划中，主要以排污许可证和总量控制等政策手段为主。2016 年国家决定对点源采用排污许可证制度，这是市场经济体制国家普遍采用的环境政策手段，并且是基础和核心的污染物排放控制政策手段，这标志着我国环境管理在按照中央依法治国的决定快速前进。排污许可证制度具有"依法行政、提供守法证据、依守法证据和核查依据执法"的自然优势。水污染物排放标准是排污许可证制度的核心内容，因此对排污许可证制度的分析主要以排放标准为主。排放标准的目标是不断促进工业行业生产工艺和污染处理技术进步，同时保障地表水质达标。我国的排放标准与美国的基于技术的排放限值十分相似，都是按照先进技术水平制定的，同时我国流域总量控制政策的作用类似于美国日最大污染负荷管理计划（TMDL），承担着确定河段纳污总量的作用。但我国的做法与美国有很大不同，如以总量控制手段为例，美国日最大污染负荷管理计划是根据水质背景、目标和基准来确定的，而我国的流域总量控制指标是根据污染的程度和地方的实施能力制定的，两者的制定原理有极大的不同。

总体来讲，这两种政策手段位于政策体系的中间层，上承政策目标，下接污染源管理，发挥着非常关键的作用。无论是排放标准的排放限值还是总量控制的总量指标都必须按照确定的科学依据制定，这样才能将流域水质达标规划目标分解和落实到具体的污染源和控制措施上，从而促进规划目标的实现。本节将对我国流域水质达标规划中主要采取的这两种政策手段进行分析，看其是否合理，是否能够实现水质改善的目标。

（一）排放标准

1. 水污染物排放标准

水污染物排放标准是对污染源水污染物排放所规定的各种形式的法定允许值及要求（蒋展鹏，2005）。经过30多年的发展，我国现已形成以《污水综合排放标准》（1996）、《城镇污水处理厂污染物排放标准》（2002）和纺织、兵器、造纸、合成氨、钢铁、磷肥、柠檬酸、电镀、制药等重点行业水污染物排放标准互为补充的国家水污染物排放标准体系。无论从《水污染防治法》的规定、排放标准的定位上来看，水污染物排放标准均是流域水质达标规划、管理、点源污染控制的核心。

1996年，国家技术监督局发布了《污水综合排放标准》，按照污水排放去向，分年限规定了69种水污染物的最高允许排放浓度及部分行业最高允许排水量。

2002年，国家质量监督检疫总局和原国家环保局发布了《城镇污水处理厂污染物排放标准》，根据城镇污水处理厂排入地表水域环境功能和保护目标，以及污水处理厂的处理工艺，将基本控制项目的常规污染物标准值分为一级标准、二级标准和三级标准。

截至2019年底，我国先后发布了63个工业行业的水污染物排放标准。自2008年以来，我国先后提高了电池、合成氨、制革等41个工业行业的水污染排放标准。其中，2008年发布了《发酵类制药工业水污染物排放标准》《合成氨工业水污染物排放标准》等12项标准；2010年发布了《淀粉工业水污染物排放标准》《酵母工业水污染物排放标准》等10项标准；2011年发布了《稀土工业水污染物排放标准》《磷肥工业水污染物排放标准》等7项标准；2012年发布了《钢铁工业水污染物排放标准》《纺织染整工业水污染物排放标准》等8项标准；2013年发布了《电池工业污染物排放标准》《制革及毛皮加工工业水污染物排放标准》等4项标准；2015年发布了《无机化学工业污染物排放标准》《合成树脂工业污染物排放标准》等4项标准。

此外，为了解决区域性水污染问题，部分地方政府也出台了地方性的水污染物排放标准。例如，北京市分别于2012年5月28日和2013年12月20日出台了《城镇污水处理厂污染物排放标准》（DB 11/890—2012）和《水污染物综合排放标准》（DB 11/307—2013）。

2. 水污染物排放标准问题分析与评估

水污染物排放标准是流域水质达标规划目标的定量化表现形式，是水环境保护相关法律法规制定和实施，尤其是判定排放行为是否合法的依据，同时也是企业减排的指导和动力，是推动水环境保护技术进步的基本机制。因此，水污染物排放标准是实施流域水质达标规划的基础，也是水环境管理的基本内容。但我国的排放标准在以下几个方面仍存在一些问题，落后于水环境管理需求。

（1）缺乏排放限值导则设计。

我国水污染物排放标准体系缺乏排放限值导则设计，工业类别划分不够细致，“一刀切”的排放标准导致同一类别中不同子类别企业排放限值的选择丧失灵活性。在美国，工业污染物排放限值导则基于直接源、间接源以及现有源、新源，同时考虑技术进步水平和污染物削减费用效益分析，实时更新排放限值，更具科学性、针对性、技术进步和成本有效。逐渐加严的排放限值给了企业合理的预期，充分考虑了企业承受能力，一定程度上减小了经济影响。同时，我国排放标准限制规定比较单一，通常采用“最高允许”等规定，缺乏其他因素的考虑。美国在排放限值形式上，除了最高浓度限值，还制定了单位产品产量的排放量限值，以便在减少污染物排放的同时减少资源消耗，并且防止排污者用稀释的方式达标（李涛，2020）。

（2）没有与水质达标直接连接，缺乏基于水质的排放标准。

水污染物排放标准应该在水质标准的基础上制定，以确保水质达标。当水体自净能力或水环境容量很大时，水污染物排放标准可以低于水质标准；反之，如果受纳水体水质已经低于水质标准，天然来水水质也低于水质标准或者没有天然来水，排放标准也低于水质标准，达到排放标准的废（污）水必然会对水环境造成污染，无法实现水质达标（李涛，2020）。

《水污染防治法》（2017）第十四条规定，“国务院环境保护主管部门根据国家水环境质量标准和国家经济、技术条件，制定国家水污染物排放标准”。尽管法律要求排放标准的制定要考虑水环境质量标准，但这并不等于现有排放标准的制定都是以国家水质标准为重要依据的，更不等于执行现有的排放标准就能够使水环境满足功能要求。事实上，我国的排放标准基本上都是以经济、技术条件为主要依据而制定的。例如，原国家环保总局在 2007 年发布的《加强国家污染物排放标准制修订工作的指导意见》第五条规定，“国家级水污染物排放标准的排放控制要求主要应根据技术经济可行性确定”；生态环境部2008年发布的《编写国家污染物排放标准编制说明暂行要求》规定了编制说明的内容至少应包括的几方面内容，[①] 没有考虑水环境质量的要求。

可以看出，我国现有排放标准的制定仅考虑了经济、技术条件，与特定水体的水环境功能和保护目标没有实质上的联系，因此是不能保护水体环境功能的。我国排放标准中的分级标准与不同类别的水体看似有一些表面的连接，但由于这些标准值定得太高，所以并不能真正保护水体的饮用水源和水生态环境。从图5-1和表5-3中可以看出，《污水综合排放标准》的化学需氧量排放限值是排入水体水质标准限值的5~6.7倍；《城镇污水处理厂污染物排放标准》的化学需氧量排放限值是排入水体水质标准限值的2.5~3倍，几种重金属污染物排放限值是排入水体水质标准限值的2~10倍；《造纸工业水污染物排放标准》的化学需氧量排放限值在2008年提高标准前是排入水体水质标准限值的8.8~17.5倍，2008年提标后仍是排入水体水质标准限值的2~4倍。

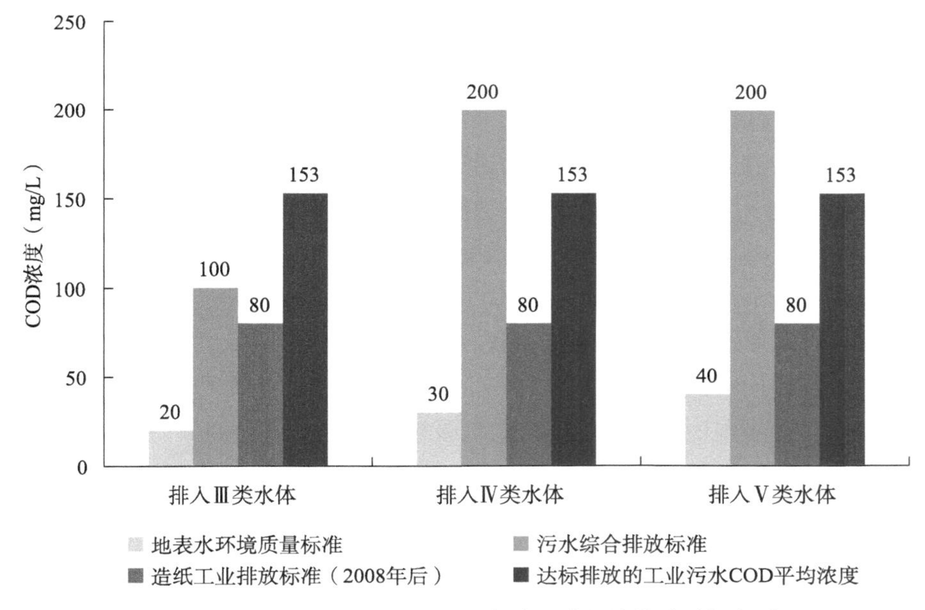

图5-1 我国地表水环境质量标准与主要水污染物排放标准对比

① 《编写国家污染物排放标准编制说明暂行要求》规定编制说明至少应包括以下内容：排放标准适用行业目前的基本情况；排放标准适用企业污染物排放和治理的基本情况；对排放标准草案主要内容的说明；实施排放标准的环境（减排）效益、达标成本、可达性分析；标准污染物排放控制水平的横向比较情况；标准征求意见和技术审查情况；标准行政审查情况。

表 5-3 城镇污水处理厂污染物排放标准和地表水环境质量标准对比 单位：mg/L

项目	汞	镉	铬	砷	铅
城镇污水排放	0.001	0.01	0.1	0.1	0.1
Ⅲ类水限值	0.0001	0.005	0.05	0.05	0.05
城镇污水/Ⅲ类水	10	2	2	2	2

因此，我国现有排放标准与水质达标没有直接联系，没有符合水环境保护目标的、能够真正保护水体水质的排放标准。尽管统一的排放标准规定了污染物排放限值，但缺乏基于水质的排放标准使得污染源达标排放与水质达标没有直接关系，即使流域内所有的污染源达标排放，也无法保证水环境质量目标的实现。① 如我国海河流域很多地区已经没有水环境容量且无地表径流，在这样的情况下仍不断向现状已为劣Ⅴ类的水体中“合法且达标”地排放劣Ⅴ类污水，国家和地方政府在流域水质达标规划中投入再多的资金也无法使水质得到改善（马中，2013）。

（3）排放标准缺乏反降级原则。

水污染物排放标准的目标是实现“零排放”，并遵循反降级原则。水污染物排放标准是污染源排放“内部化”的边界，其目标是逐步实现“污染物零排放”，根据污染者付费原则，为达到流域水环境功能要求，排污者有责任削减污染物排放。“零排放”决定着排放限值需持续降低，不能退步，直至达到目标为止。同时，反降级原则还要求应当根据污染源的分类逐步细化，为每一类甚至每一个污染源制定不同形式、不同级别的排放标准。但我国排放标准缺乏反降级原则的规定，甚至在执行过程中存在人为降级的做法，且排放标准的种类和形式都比较单一，对不同类别行业、工艺的污染排放控制划分不够清晰，无法体现不同行业、工艺、原料的差别。

以造纸工业水污染物排放标准为例，自 1983 年我国第一次颁布《造纸工业水污染物排放标准》（GB 3544—1983）以来，分别于 1988 年、1992 年、1999 年、2001 年和 2008 年对造纸工业水污染物排放标准进行了五次修订，见表 5-4。

纵观 1983 年至今造纸行业排放标准的变化，2008 年以前国家标准基本上没有实质性变化，只是在具体数值上反复修改，但在 1999 年却出现了排放标准降级的做法，见表 5-5。同时，2003 年之前的标准对造纸企业按照制浆原

① 国家环保总局科技标准司标准处．建立适应新世纪初期环境标准体系的初步设想［J］．环境保护，1999（1）：7-8.

料和是否具有漂白工艺进行了分类，将污染负荷差距较大的工艺加以区分，初步建立了分类体系，但 2008 年标准大大简化了工艺分类，将草浆、木浆、漂白、非漂白等排放水平差异巨大的工艺适用一样的排放限值，这在一定程度上也违背了反降级原则。

表 5-4 造纸工业水污染物排放标准

造纸工业标准	发布或修订年份
造纸工业水污染物排放标准（GB 3544—1983）	1983
污水综合排放标准（GB 8978—1988）	1988
造纸工业水污染物排放标准（GB 3544—1992）	1992
造纸工业水污染物排放标准（GWPB 2—1999）	1999
造纸工业水污染物排放标准（GB 3544—2001）	2001
制浆造纸工业水污染物排放标准（GB 3544—2008）	2008

注：2003 年没有单独发布标准文本。

表 5-5 非木浆本色制浆企业排水量限值 100t/d 以上企业 单位：m^3/t

<table>
<tr><th>标准文号</th><th>立项时间
实施时间</th><th>1988
之前</th><th>1988. 1. 1—
1989. 1. 1</th><th>1989. 1. 1—
1992. 6. 30</th><th>1992. 7. 1—
2008. 7. 30</th><th>2008. 8. 1
之后</th></tr>
<tr><td>GB 3544—1983</td><td>1983</td><td>130</td><td colspan="4">110</td></tr>
<tr><td>GB 8978—1988</td><td>1988. 1. 1</td><td>230</td><td colspan="4">190</td></tr>
<tr><td>GWPB 2—1999</td><td>2001. 1. 1</td><td colspan="5">100</td></tr>
<tr><td>GB 3544—2001</td><td>2002. 1. 1</td><td colspan="2">270</td><td>230</td><td colspan="2">190</td></tr>
<tr><td rowspan="3">GB 3544—2008</td><td>2008—2009</td><td>—</td><td>—</td><td>—</td><td>—</td><td>50</td></tr>
<tr><td>2009—2011</td><td colspan="4">80</td><td>50</td></tr>
<tr><td>2011. 7. 1</td><td colspan="5">50</td></tr>
</table>

（4）过于担忧提标带来的成本问题，忽视了提标对环保技术的促进作用。

很多专家学者过于担忧提标之后，会增加工业企业的负担，对工业企业的市场竞争力产生影响，同时工业企业会将水环境污染和水生态破坏的社会成本内化到生产成本中去，进而传递给消费者。但这样的担忧忽略了经济学最基本的规律，即市场是实现资源配置最有效的方式，忽略了工业企业行为的改变和消费者的需求弹性。工业企业的行为改变本身也是一种资源的重新配置，在提标的压力下改变行为，可以进行循环经济，也可以进行清洁生产；同样消费者面对上涨的价格可以选择减少购买（马中，2014）。

以山东造纸行业为例，山东省在2003年发布了《山东省造纸工业水污染物排放标准》（DB 37/336—2003），启动了以环境标准倒逼造纸行业转变发展方式、促进技术进步的治污新策略。《山东省造纸工业水污染物排放标准》明确了“四步走”的污染物排放阶段，特别是第四阶段即2010年1月起，山东省流域内所有企业全部执行统一污染物排放标准，即重点保护区COD执行60mg/L标准、一般保护区COD执行100mg/L标准，该标准严于原国家标准的4~7倍。在倒逼机制下，不少造纸企业早在2003年就瞄向了2010年的标准去调整和提升，正是这种自我加压的机制为山东省造纸行业赢得了宝贵的发展空间。自2003年以来，山东省没有采取行政手段关闭任何一家造纸企业，但从造纸行业的总体发展趋势（造纸工业总产值、企业个数、企业平均利润、企业平均产值）来看，没有证据显示排放标准的提高对整个行业产生较大影响，如图5-2所示。从长远来看，排放标准的不断严格，有助于淘汰落后产能，促进企业技术进步，提高企业的管理水平和竞争力，这对整个造纸行业的发展是有利的。

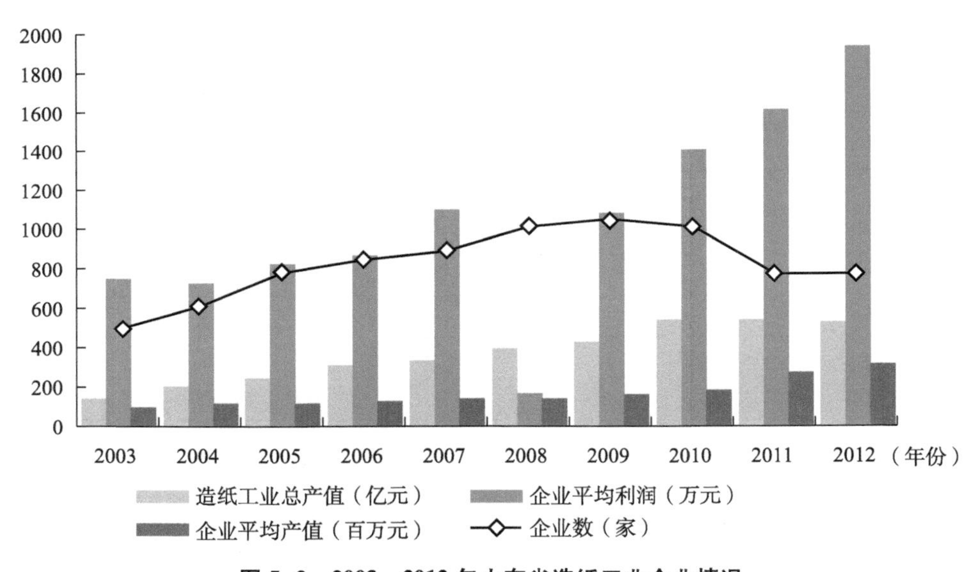

图5-2　2003—2012年山东省造纸工业企业情况

（5）排放标准监测方案缺乏详细规定，无法判断是否实现“连续达标”。

排放标准的执行需要明确的监测方案。目前我国对污染源的排放并没有确切的监测方案和达标判定方法。目前的监测技术规范是监测方案的基础，但还不足以确定污染源，实现“连续达标”。监测方案是对监测地点、监测频率等的明确规定，由于水污染物的排放具有动态变化的特性，因此不同的监测方案会产生不同的监测数值（污染物排放浓度和排放量）。简单地说，一天监测一次和一天监测24次的结果必然是不同的。以案例城市D污水处理厂的在线监测数据为例，分析化学需氧量排放浓度和排放量的波动情况，如图5-3、图5-4、图5-5所示。

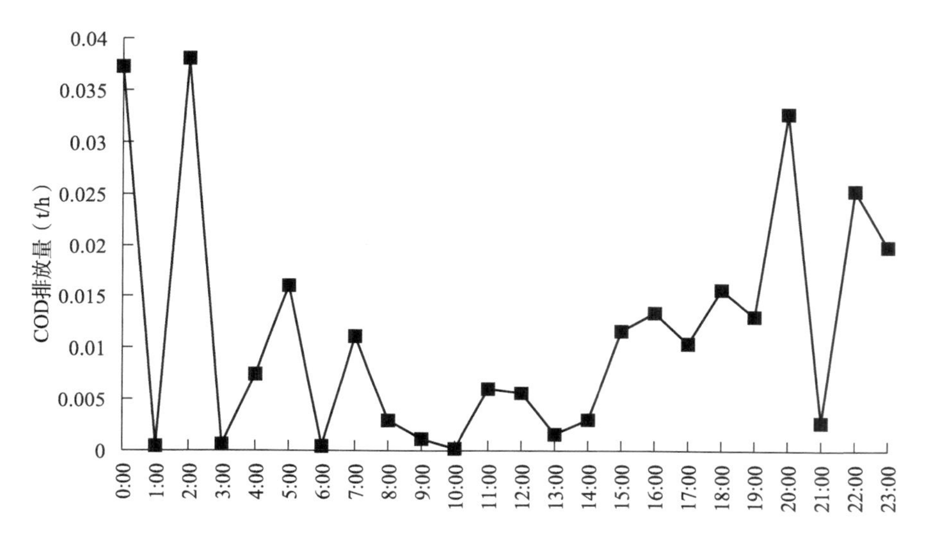

图5-3 D污水处理厂2016年1月1日每小时化学需氧量排放量变化情况

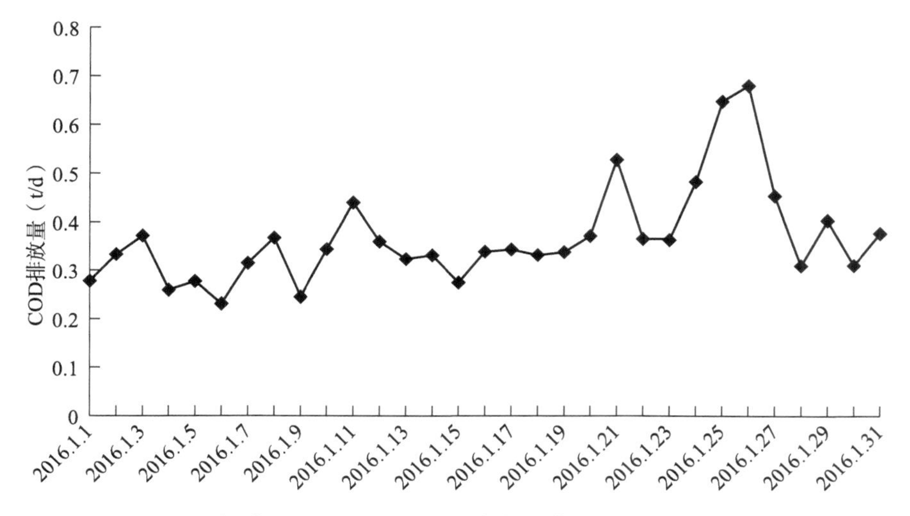

图5-4 D污水处理厂2016年1月出水化学需氧量排放量变化情况

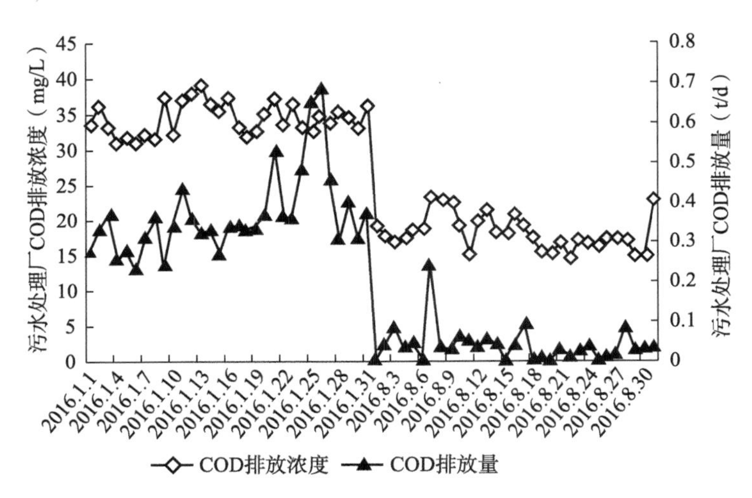

图 5-5　D 污水处理厂 2016 年 1 月和 8 月出水化学需氧量浓度和排放量变化情况

从图 5-3 至图 5-5 中可以看出，D 污水处理厂出水的 COD 浓度和排放量在不同的时间尺度下（同一天、同一月）均不相同。从图 5-3 中可以看出，污水处理厂一天 24 小时 COD 排放量数据波动很大，小时 COD 排放量的最大值是最小值的 199 倍；从图 5-4 中可以看出，D 污水处理厂 1 月最大日排放量是最小日排放量的近 3 倍；从图 5-5 中可以看出，污水处理厂 1 月和 8 月的出水 COD 浓度和排放量也有很大的差别。由此可见，对点源排放的一次或几次的监测结果根本无法代表污染源的真实排放情况和达标情况。监测地点、监测时间、监测频率的不同可能导致监测结果出现很大差别。如果监测时间选择不周或监测频率过低，都不能真实反映点源污染源的真实排放情况，进而做出错误判断。而且在线监测的项目比较单一，仅限于流量、pH 值和化学需氧量、氨氮等几种常规污染物，无法实现对重金属和有毒有害物质的连续在线监测。

与污水处理厂的排放情况类似，一个企业、一个城市或一个流域的污染物排放情况也是动态变化的，“连续达标”的判定、污染物排放量的多少与排放标准的监测方案密切相关，而我国目前的监测方案（无论是企业的自行监测还是生态环境部门的监督性监测）根本无法确保“连续达标”以及污染物排放情况的真实性。

（二）总量控制

总量控制是在受控污染源已经实现连续达标排放后，为降低全社会的污染控制成本，在不提高排放标准的前提下，通过寻求减少特定时间段内区域污染物排放总量以提高区域环境质量的污染控制政策（宋国君，2000）。也就是说，总量控制是与环境污染、区域环境质量相联系的，目的是改善环境质量、解决区域性环境问题。① 除了各个省（自治区、直辖市）实施总量控制外，污染特别严重的流域也都提出了流域主要水污染物总量控制指标，并且其总量控制指标往往严格于同时期的全国总量控制指标。如“十二五”期间全国化学需氧量、氨氮总量控制指标是在2010年末的基础上削减8%、10%，而全国重点流域（除了三峡库区及其上游流域）均大于这两个比例，如图5-6、图5-7所示。

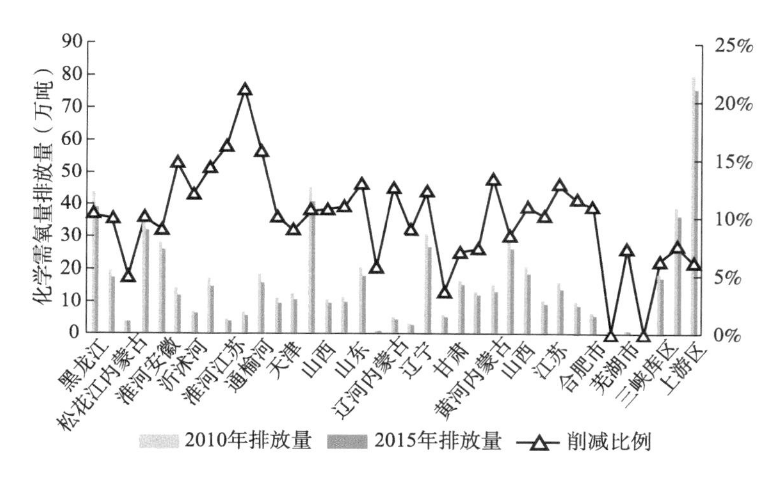

图5-6 重点流域水污染防治规划化学需氧量总量控制目标分配

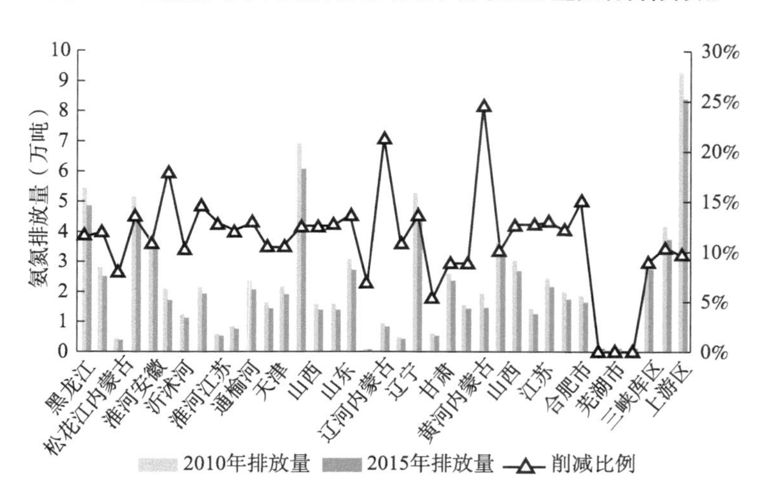

图5-7 重点流域水污染防治规划氨氮总量控制目标分配

① “十二五”主要污染物总量控制规划编制指南（2010）。

国家生态环境部专门发文指出“我国目前和世界上通用的做法一样，是通过总量控制的手段来确保排污总量不超过环境容量，从而确保当地的环境质量达标”。[①] 事实上，这些做法与美国控制水污染框架中控制污染物排放的手段、允许污染物排放的数量和环境质量的目标有着根本的差异。我国以水环境容量为依据进行计算，以年为时间尺度、行政区域为单位，以化学需氧量和氨氮两种主要污染物为依据进行统计和分配的总量控制是我国独特的制度，世界上并没有类似“通用的做法”。根据前文分析，美国水环境保护和水污染防治框架中，译成中文类似总量控制字眼、与控制污染物排放相关的政策，是日最大污染负荷管理计划（TMDL），而我们误将此等同于总量控制。

1. 以水环境容量为依据制定总量控制目标不合理

目前我国主要采用的是以水环境容量为依据的污染物排放总量控制目标。水环境容量是从水质目标要求出发，运用模型计算允许纳污量，反推出允许排污量，再通过技术经济可行性分析，确定出总量控制方案。但是水环境容量的确定是非常复杂的，由于自然条件、认识水平、技术手段等多种不确定因素的限制，难以准确确定流域水环境容量，即使确定也要花费相当高的成本。同时，用大量时间确定的水环境容量也不适应流域气候、水量变化较大的特点，对流域水质达标规划与管理来讲适用性就降低了。

水体保护目标和水环境功能要求决定了水环境容量的大小。以美国为例，美国《清洁水法》水体保护目标是保障人体健康和水生态安全，并且要求美国全国所有地表水体都要尽可能实现这个目标。要实现这一保护目标，水体中的污染物浓度必须低于美国的水质目标。我国Ⅱ类和Ⅲ类水质标准值〔根据现在执行的《地表水环境质量标准》（GB 3838—2002），以下简称 2002 年水质标准〕高于美国水质目标值，这里假定我国Ⅰ类和Ⅱ类地表水与美国的基于人体健康或水生态安全的水体保护目标相匹配。对于我国的水体，无论是Ⅱ类或是Ⅲ类，根据我国 2002 年水质标准中的标准限值计算的水环境容量都会出现很大程度的膨胀。

同时我国水环境保护和污染防治的目标一直注重为经济发展服务，经济发展先于水环境保护的立法目标和政策导致近年来地方政府为了谋求本地区

---

① 环保部回应排污标准过低，控制总量确保达标［EB/OL］. http：//www. in-en. com/finance/html/energy_ 08340834451915948. html.

的经济发展，让当地水体划分为比较低劣的类别，即在水环境功能区划过程中对优良水体人为降级，这样可以根据降低的水质目标来算出较大的环境容量，进而争取排放更多的污染物到水体当中。以北京市为例，十年前北京所有水体的区划目标是Ⅱ~Ⅳ类，十年后所有水体的区划目标已经对应的降级为Ⅲ~Ⅴ类，在这样人为降低水环境功能要求的条件下水环境容量也被人为扩大。由此可见，我国的水环境容量倾向于尽可能彻底地挖掘出水体能够容纳污染物的能力，对于相同的水体我国可以计算出比美国多达很多倍的水环境容量。

再者，我国在计算水环境容量的过程中也存在问题。按照美国联邦环保署制定的相关政策，在水体有稀释能力且排放标准允许超出水环境质量标准时，则要求排放废水和自然水体有快速和完全的混合，在一个体积有限的所谓“混合区”（Mixing Zone）内达到环境质量标准，同时“混合区”的规模和形成不可以占去大部分的河面且两个“混合区”之间不能互相重叠等，这样可以把水环境容量控制在一个对水环境比较安全的水平，最大程度地保护水生态安全。[①] 因此，在这样的条件下，一个流域、一条河流或一个湖泊可以计算水环境容量应该是在这些所有“混合区”之内的容量。而我国在水环境容量的计算过程中，点源排放通常不被要求快速和完全混合，也没有“混合区”的相关规定，但是一般都使用一般稳态模型，且假定污染物在水体中向单一方向均匀地扩散，最后以整个河流的长度、流量或者整个湖泊全部的体积来计算污染物浓度，这样计算得到的水环境容量是理论上的最大值，可以是美国联邦环保署方法计算得出的环境容量的很多倍。在我国水环境容量的计算方法下，虽然各个污水排污口附近的水域已经被严重污染，但整个河流、湖泊、流域仍有“相当多”或“富裕”的水环境容量可以让地方继续排污，在水体逐步达到水环境容量的过程中，大部分水体接纳的污染物已经远超出水体本身应有的水环境容量。

此外，在水环境容量的计算过程中不考虑或不给予足够的安全系数，不考虑或少考虑大气沉降、船舶污染、底泥中污染物的影响，也会使我们得到的水环境容量远高于实际的数值。

2. *以行政区域为单位进行统计和分配缺乏依据*

从控制单元上来看，流域主要污染物总量控制指标的一级指标是各个流

① 开根森．水污染防治战略需要根本改革（非出版物）．2012.

域的化学需氧量、氨氮排放量，然后综合考虑各个地区的经济发展水平、产业结构、环境容量、国家产业布局等因素，将流域总量控制指标分解到流域内各地区、各行业，县是最小一级的控制单元。例如，“十二五”期间淮河流域化学需氧量总量控制指标为 16.81 万吨，其中淮河流域河南段指标为 3.59 万吨，南阳市桐柏县的指标为 87 吨。由此可以看出，我国流域主要污染物总量指标的分配是根据行政区来层层分解落实的。

但是以行政区域为控制单元来分配污染物排放量是不合理的，因为一条河流可能会流经多个省市，同时一个省、一个市的行政区域内也可能会有多条河流经过，且一个行政区域的地理边界和流经该行政区内河流的地理边界通常是不一致的，把行政区域作为控制单元来进行总量指标的分配难以满足和实现流域内河流水质的目标要求。而美国的 TMDL 计划控制目标是针对特定水域，如位于洛杉矶县境内洛杉矶河的某一段，而不是一个省、自治区、直辖市等这样的行政区域。

3. 以年为时间尺度进行统计和分配不合理

从时间尺度来看，我国总量控制是以年为单位来实施的，这对于保障人体健康和水生态安全是没有意义的。按照保障人体健康和水生态安全的要求，水体中污染物浓度任何时刻都不能超标。但是我国流域总量控制指标首先按照五年来制定，然后按比例分配到各个年份。以重金属、有毒有害物质、pH 值、致病细菌为例，一年 365 天即使 364 天所有污染物指标均达标排放，但只要有 1 天严重超标就会对人体健康和水生态安全带来很大影响。例如，2007 年 12 月发生的贵州都柳江砷污染事件（硫酸厂非法排放大量含砷废水），导致十余个村民轻微中毒；2008 年 6 月发生的云南阳宗海砷污染事件（云南澄江锦业公司违法排放含砷废水），导致沿湖居民 2.6 万余人饮用水源取水中断；2011 年 6 月发生的广州化州水污染事件（某高岭土厂非法排放工业废水），造成逾万斤塘鱼暴毙；2012 年 2 月发生的广西龙江镉污染事件（两企业将含镉废水偷排入龙江），污染河段 300 公里等。这些企业可能绝大多数时间都是达标排放的，但只要 1 天超标严重就会威胁人体健康和水生态安全。

同时，水质状况和水量密切相关，水质随着水量的变化也是实时变化的。对于同样的污染物排放量，水量越充沛，水体的自净能力就越强，水质就相对较好，否则反之。保证某一河段水质达标的污染负荷总量应该是一个实时的概念，从理论上来讲应该精确到每一时刻都不能超标。美国联邦环保署TMDL计划将污染负荷总量扩大到日时间尺度已经是科学对管理做出了适当妥协，而我国以年为时间尺度的总量控制手段则显得更为粗放。只要工业企业年污染物排放量不超过年总量控制目标即为达标，而我国很多河流具有明显的丰水期、平水期和枯水期等季节特征，为了保证水质达标，应该更严格限制工业企业在枯水期的污染物排放。因此，以年为时间尺度来进行总量控制指标的统计和分配极不合理，不能够避免季节性污染事件和事故的发生。

4. 以化学需氧量、氨氮为主要污染物的总量控制不合理

我国的流域水质达标规划主要以化学需氧量、氨氮为主要控制污染物，并且在规划中确定了总量控制的目标（国家环境保护“十一五”规划控制目标为削减10%，“十二五”规划控制目标为8%），此外，各大流域也确定了各自化学需氧量和氨氮的总量控制目标，但以化学需氧量、氨氮为主要污染物的总量控制手段与某一具体水体的水质保护并没有直接的联系。因为目前我国水污染排放控制项目已经达到124项，并且每个河流都会有数量众多的、受到各种污染的水体，我们显然不可能依赖针对少数几种重点污染物的总量控制手段来实现全部排放控制项目的环境质量达标。举一个简单的例子，A省B河流的重金属污染防治显然不能依靠国家对该省的化学需氧量、氨氮总量控制目标来管理。如果只是控制化学需氧量和氨氮等两种常规污染物的排放，其他污染物，特别是重金属、有毒有害污染物却没有得到相应的控制，就会使更多的重金属、有毒有害且难降解的污染物沉积到我国的水体中。而有毒污染物比化学需氧量和氨氮对水环境有更大的危害，也更难从环境中去除。

而美国的TMDL计划是要控制包括损害人体健康和水生态安全的所有污染物，如致病细菌、各种重金属、农药甚至固体垃圾等。除了控制特定流域的点源和非点源污染物排放，还包括其他重要的污染治理措施，如要求在雨水管道入口处装置格筛以防止垃圾进入，要求船舶底部换用不含铜的油漆以降低水质的金属铜浓度，要求清除水体底泥以防止沉积物中有毒有害污染物对水体的二次污染等。这与我国流域水质达标规划只针对化学需氧量、氨氮这两种污染物的排放控制形成了鲜明的对比，我们不能接受一个化学需氧量和氨氮两种污染物排放量逐步降低，而重金属、有毒有害污染物不断积累的

水环境，仅仅关注化学需氧量、氨氮两种污染物显然是不够的。

根据以上分析，我国流域水质达标规划中总量控制手段无论在计算方法、时间和空间尺度上对于水质达标来讲都过于粗放，同时总量控制指标的确定也并非基于水质目标。因此，我们不能认为在规划中通过总量控制手段就可以实现水体水质达标。

三、管理体制分析

流域水质达标规划的管理体制是指负责规划制定和实施的管理部门的机构设置和职能关系，包括上下级部门之间（纵向）和同级部门之间（横向）的机构设置和职能关系。

（一）纵向管理体制

现行法律规定，中央政府负责全国水环境保护工作，而地方政府只负责本辖区内水环境质量。水环境质量管理的重心主要落在基层生态环境部门（市、县），国家生态环境部和各省生态环境厅仅负责制定水质标准、管理制度与政策，仅对各地区生态环境部门提供技术指导，不直接执行水环境质量管理的具体工作。因此，中央政府和地方政府之间在水环境保护中存在明显的“委托—代理”关系，依据机制设计的委托代理理论，要想让委托者和代理者实现行动目标的一致性，必须设计激励相容的游戏规则。

就流域水质达标规划的制定和实施而言，中央政府负责统一制定国家重点流域水质达标规划；省级政府在国家规划的基础上制定省级水质达标规划进而落实国家水质达标规划要求，将国家规划目标进行分解并分配到各市、县级地方政府，同时对省内跨县流域水质达标规划进行审批并对其实施状况进行考核和监督；市、县级地方政府负责落实省级规划要求，制定、审批和实施市、县级水质达标规划；排污企业负责水质达标规划具体实施方案的要求；社会公众和非政府组织一方面履行水质达标规划方案要求，另一方面也享有对规划执行情况的监督和反馈等权利。

在高度集中的计划经济体制下，中央政府和地方政府属于严格的上下级关系，地方政府没有独立的经济利益和可控制的社会资源，完全按照中央政府的指示行动。在市场经济体制下，地方政府作为“理性经济人”与中央政府不再是单纯的行政隶属关系，在继续维护中央全局利益的同时更多地为本级政府谋取利益，更加注重地方的经济发展、财政收入和社会福利水平等方面，而面对流域水环境保护和污染治理等方面则显得较为冷漠，甚至有向中央政府隐瞒污染源排放信息的利益驱动，进而形成“中央政府与地方政府和污染源”的博弈局面（李胜，2010）。因此，这样的纵向管理体制导致地方政府失灵，地方政府对本地区的工业企业缺乏真正的执法意愿（晋海，2013）。由于现行政策法规没有规定中央政府在流域水质达标规划中的责任和违规惩罚要求，导致中央政府对地方政府缺乏有效的监管手段和规制行动，这导致水污染的外部性更加明显（易志斌，2010）。没有来自上级政府和部门的压力，地方政府必然不会严格环境监管，环境监管的效果和效率也很难保证。

此外，我国现行法律法规将大部分环境监管职责交给了地方，但这并没有考虑到环境外部性对环境管理的要求，导致外部性无法得到有效的内部化，同时也给地方财政带来很大负担。如现行法律规定城镇污水处理厂建设资金主要由地方财政负责，中央支持有限，由于水环境保护和污染治理外部性的存在导致地方政府建设污水处理厂的动力不足，加上地方财政资金有限，城镇污水处理厂的建设完成情况普遍不佳。

（二）横向管理体制

同级部门之前的机构设置和职能关系是指部门配合协作的多部门、块状化管理模式，主要包括生态环境、水利、发展改革、自然资源、农业农村、工信、交通运输、建设、卫生等部门。其中，水利部门主管水资源管理和保护、节水、防洪、水土保持、拟定水资源保护规划、水文水质监测等；生态环境部门主管地表水和地下水污染防治、农业面源污染治理、水质和水污染源监测、排污口设置管理、环境税和污水处理费等各项环境政策的实施和监督、拟定水质达标规划、参与水资源保护规划编制等；发展改革部门主要参与水资源开发与生态环境建设规划，衔接平衡农业农村、林业、水利、生态环境等发展规划与政策等；自然资源部门主管土地资源管理，监测、监督、防止地下水的过量开采，流域生态、水源涵养林保护管理、湿地管理等；农业农村部门主管渔业水域环境与水生野生动物栖息环境的保护等；交通运输部门负责内河航运、船舶排污的控制等；建设部门主管城市和工业节水、城市供水、排水与污水处理等工程规划、建设与管理等；卫生部门主管饮用水和涉水产品的卫生监督管理、农村改水和改厕、制定生活饮用水相关卫生标准等。我国水环境保护相关管理部门如图 5-8 所示。

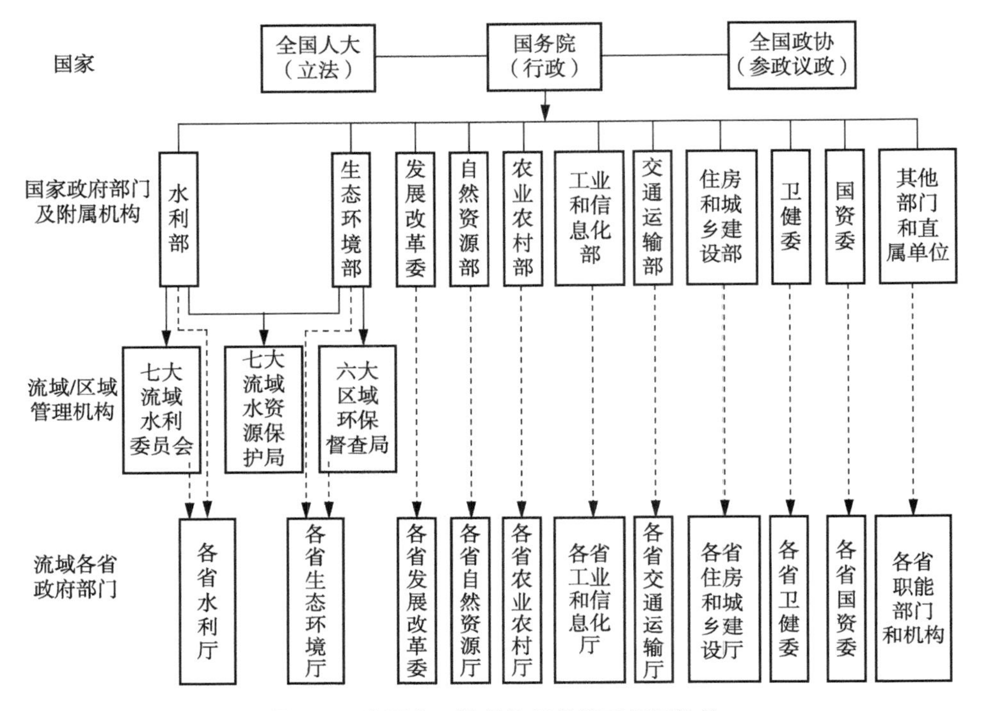

图 5-8　我国水环境保护相关管理部门结构

注：七大流域水利委员会和七大流域水资源保护局包括长江、黄河、淮河、海河、松辽、珠江和太湖；六大区域环保督查局包括华北、华东、华南、西北、西南和东北。

实际上，涉及水环境保护管理职能的部门还不仅限于以上九个部门，但即使在以上这些部门中，水环境保护职能交叉重叠的现象也非常严重，职能的交叉重叠导致部门之间互相扯皮、协调困难，形成了多种不同的政府声音，导致管理低效。流域水环境保护中各管理部门职能交叉情况如图 5-9 所示，职能的交叉使各部门权利模糊和职能缺位同时存在，如我国城市无序地表径流面源污染缺乏部门管理。

作为管理水的两个重要方面——水质和水量——的行政主管部门，国家生态环境部和水利部对流域水环境保护起着非常关键的作用。目前我国水环境管理和水资源管理体制并不相同。我国水污染防治实行统一管理与分级、分部门管理相结合的管理体制，国家对水资源则实行流域管理与行政区管理相结合的管理体制。虽然法律对水污染防治和水资源管理等方面的相关管理部门和体制都做了明确的规定，但管理部门的法定职责并不明确，存在比较突出的职权重叠问题。

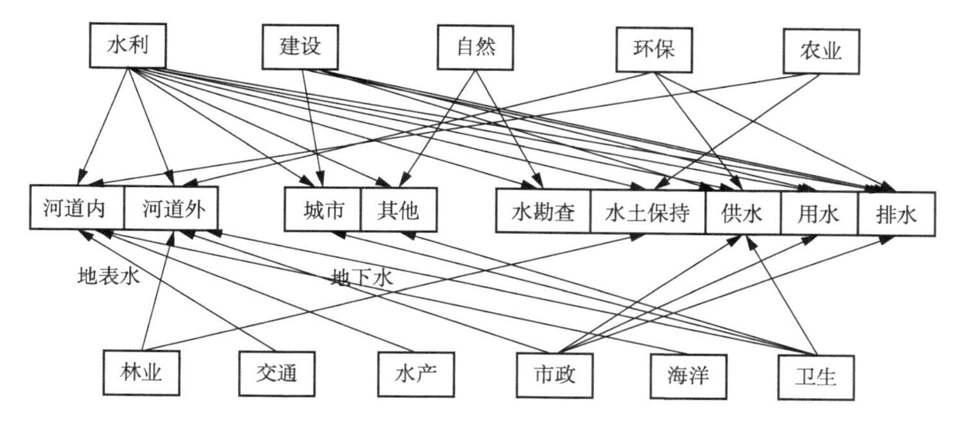

图 5-9 流域水环境保护中各管理部门职能交叉情况

地方各部门之间的指导和协调关系也比较复杂。以生态环境部门为例，生态环境部门是流域水质达标规划的主要制定者和实施者，但其并没有完全的财权和事权，水环境保护的职能分散在各个部门之间，同时水环境保护的责任分散在国家、地方政府、企业之间，流域水质达标规划在实质上并没有明确的责任主体。流域水质达标规划存在多头管理和实施的体制障碍，是导致规划权责不明、实施效果不佳的主要原因之一（李涛，2020）。

2018 年第十三届全国人民代表大会第一次会议审议通过了国务院机构改革方案，组建国家生态环境部，从而将原本“碎片化”的生态环境保护职能整合起来，将山、水、林、田、湖都统一起来，把原来分散的污染防治和生态保护职责统一起来，在一定程度上解决了“九龙治水”的弊端。但从长远来看，流域水环境管理体制的改革仍需继续完善。

四、中国流域水质达标规划主要内容问题分析与评估

通过查阅我国流域水质达标规划相关书籍，结合笔者所参与的几个规划编制经历，我国现行流域水质达标规划的主要内容包括以下几个方面：①水质评价，找出主要污染断面和主要污染因子；②污染负荷估算，通过数据和模型来分析点源、非点源以及其他污染源的污染负荷，确定主要污染源及污染成因；③确定目标，根据污染负荷分析结果、未来发展趋势以及各部门项目措施的汇总情况来确定未来一定时期内的水质目标和总量减排目标等；④明确资金来源；⑤建立流域水质达标规划的实施机构；⑥建立年度实施计划。本节即对我国流域水质达标规划中这几个方面进行分析和评估，找出其中存在的问题。

（一）水环境质量标准问题分析与评估

1. 水环境质量标准

水环境质量标准（Water Quality Standards，WQS），简称水质标准，是以水环境质量基准为理论依据，在综合考虑自然条件和国家或地区的人文社会、经济水平、技术条件等因素的基础上，经过综合分析制定的，是由国家有关管理部门颁布的水环境中目标污染物的管理阈值或限度，具有法律效力（刘征涛，2012）。它是设定流域水质达标规划、计算水环境容量和制定水污染物排放标准的依据，在水环境管理中具有极其重要的作用。2002 年水质标准依据水环境功能要求和保护目标，按功能高低将地表水依次划分为Ⅰ、Ⅱ、Ⅲ、Ⅳ、Ⅴ五类，这五类水域功能类别是一种政策规定，建立在经济、技术、管理等诸方面的因素上。其中，Ⅰ~Ⅲ类水可以被视为合格的饮用水源，Ⅳ类水一般作为工业用水及人体非直接接触的娱乐用水，Ⅴ类水一般作为农业和景观用水。超过Ⅴ类水质标准的水体一般称为劣Ⅴ类水，基本丧失水体使用功能。

2002 年水质标准为不同功能类别分别制定相应的标准限值，也就是相应于不同功能类别和保护目标可以忍受的污染物最高值。不同功能类别分别执行相应类别的标准值，水域功能类别高的标准值严于水域功能类别低的标准值。同一水域兼有多类使用功能的，执行最高功能类别对应的标准值。

2. 水环境质量标准问题分析与评估

水质污染的评价和水体水质的监测实际上就是水体中污染物浓度与水环境质量标准的比较，实施各种水环境规划、管理措施在本质上就是要使水体中污染物浓度低于水环境质量标准限值。但我国 2002 年水质标准无论从结构、形式还是内容都存在一些缺陷，应该给予修正，否则可能会导致国家和地方流域水质达标规划和管理等工作发生偏差。

（1）以美国基准为依据制定我国水质标准缺乏科学依据。

水质基准是控制水污染排放和制定水质标准的科学基础，是整个水环境保护和水环境管理工作的基石，同时也是生物多样性、水生态系统和人体健康安全的必要需求，是人类文明发展的重要标志。水质基准不科学，水环境质量标准就无法真实反映客观规律，水环境保护就难以达到理想效果。目前我国尚未系统开展水质基准的研究。2002 年水质标准是在借鉴、参照甚至是移植美国基准的基础上制定起来的，并不是基于我国自身的水环境本底特征的研究。2002 年水质标准以美国联邦环保署 1999 年发布的美国水生生物慢性基准和人体健康基准为依据制定我国Ⅱ类水质标准限值；对美国基准中“可降解性污染物指标适当放宽”作为Ⅲ类水质标准限值；以美国水生生物急性基准为依据并进一步放宽可降解性污染物指标制定Ⅳ、Ⅴ类水质标准限值（夏青，2004）。我们的编制者认为，“因此，在Ⅳ、Ⅴ类水域内，不会发生公害和其他污染事故”。

这种制定方法是不妥当的，因为生物多样性和生物毒性反应的多样性决定了水质基准必须是地域性质的，具有明显的地域属性。以美国为例，美国水生生物基准是基于北美大陆水生生物对污染物的毒性反应而发展制定起来的。美国联邦环保署在制定水生生物基准时特别规定，为了不影响美国基准的科学性，不能使用北美地区以外的生物物种。[①] 由于鲑鱼科鱼类在北美洲广泛分布，因此鲑鱼科（Salmonidae）的生物毒性反应在美国基准测试急性毒性的程序要求中处于显著地位。但在我国水域中，淡水鱼类资源中有一半以上是鲤鱼科，因此鲑鱼科生物并不具有代表性，更具代表性的是鲤鱼科生物，由于这两科鱼在对水环境的适应性和对毒性的忍耐性上有明显的差异，参考美国的水质基准数据来制定我国的水质标准缺乏充分的科学依据。同时在美国基准测试程序中要求的其他水生脊椎动物、甲壳动物等在北美水域和我国水域的分布特征也极不相同。同一种化学品对不同鱼类的毒性值可以相差两个数量级，不同门类的生物之间差异可能会更大。因此，水环境基准的地域属性决定了它是不可被移植的，而我们将其他国家尤其是地理上遥远、生态水文上迥异国家的水环境质量基准移植到我国在方法上是不妥当的，其结果也是站不住脚的。这样基于美国水质基准制定的水环境质量标准难以适应我国水环境管理工作的要求，进而导致基于水环境质量标准制定的水污染物排放标准、流域水质达标规划和总量控制难以实现水体保护目标。

此外，我国2002年水质标准全国“一刀切”，缺乏科学依据和针对性，这样的水质标准虽然便于执行和管理，但难以反映我国不同地区的水环境特征、水资源以及水体生态系统的状况（毕岑岑，2012）。我国幅员辽阔，自然背景、地质、地理、气候和生态环境特征差异明显，污染特征和生物区系特

① EPA 1985年发布的制定基准指导文件．Stephan C. E.，D. I. Mount，D. J. Hansen，J. H. Gentile，G. A. Chapman and W. A. Brungs. Guidelines for deriving numerical national water quality criteria for the protection of aquatic organisms and their uses. PB85-227049. National Technical Information Service，Springfield，VA，1985.

色鲜明，每条河流生物物种、水文、水环境本底等都是不一样的，水质标准也不应该一样。

由于我国目前还没有规范测定水环境基准的方法，缺乏水质基准的系统性研究，加上没有根据正确的方法制定水环境质量标准限值，因此无法比较基于美国基准建立起来的2002年水质标准和我国真正的水环境质量标准之间的差别到底有多少。

（2）单值基准无法反映我国环境毒理学和现实。

水质基准分为急性基准和慢性基准，是一套互补的标准值，分别起着重要的作用。生物体对不同水平的污染物会产生不同的毒性反应，把这些毒性反应制定为急性基准和慢性基准的双值基准反映了对污染物和生物关系一种比较深化的认识。超过急性基准限值引起生物死亡和超过慢性基准限值导致生物不良反应的现象在水环境保护研究上都是很重要的范畴。

此外，急性基准和慢性基准在水环境保护和水污染防治的实际工作中也是极其重要的，尤其是以此为依据制定排放限值时。例如，在管制点源排放口附近由排放污水形成的高浓度污染物区域或所谓混合区（Mixing Zone），就要根据急性基准值计算在河流中让水生生物存活的区域，根据慢性基准值来确定混合区的合理范围。①

美国在1980年以前采用的也是单值基准，但此后大部分重要的基准都实现了从一个基准毒性数值到急性毒性和慢性毒性双值基准的发展。双值基准比单值基准更能够准确地反映环境毒理学和现实，能够更适当地保护水生生物，并且具有科学意义。但在我国2002年水质标准中，急性基准和慢性基准被单独作为一个类别水域的环境质量标准限值，即用一个单值的标准限值取消了急性基准和慢性基准两者之间的重要差别，这种做法使我国的水质标准与现代环境毒理学脱钩。用一个固定水质标准在监测水环境质量时根本无法分析污染物的急性和慢性毒性作用，在制定排放限值时也无法确定混合区之内和之外的排放限值。这种做法在理论和实践上都是不太合理的。

（3）水质标准限值存在的问题。

2002年水质标准是在将美国基准经过放宽、取舍等处理后制定出来的，但其标准限值却远高于美国基准值。从表5-6中可以看出，2002年水质标准中Ⅱ类和Ⅲ类水质标准限值中除了汞与美国水质基准一样外，其他污染物的

① 开根森．完善标准体系，保障人体健康和水生态（非出版物）．2011.

标准限值要远高于美国水质基准限值，砷的Ⅱ类标准限值甚至达到了美国慢性基准的2777.8倍。即便与美国淡水水生生物急性毒性基准值相比，也就是与“会发生公害和其他恶性污染事故”的水平相比，2002年水质标准中Ⅱ类水标准限值中的铜仍要高出76.9倍，锌要高出8.3倍，氰化物要高出9.1倍。

由此可以看出，我国2002年水质标准中Ⅱ类和Ⅲ类水的标准限值远高于美国水生生物急性毒性基准限值，这与我国Ⅱ类和Ⅲ类水域保护水生生物的目标是相悖的。这说明，在我国即使是Ⅱ类水域也会有发生公害和其他恶性污染事故的风险，同时这样人为放宽标准限值相当于人为降低了水体的保护程度，会在一定程度上影响到人体健康和水生态安全，这对我国的水环境是极其危险的。例如，汞、铅和氰化物等都属于有毒有害污染物，可引起生物死亡、遗传突变、生理畸变等，应属于优先控制污染物，但2002年水质标准中汞、铅和氰化物的Ⅲ类水标准限值是将美国基准中的基准值放宽来制定的，这违背了环境科学的基本原理。

表5-6 我国地表水Ⅱ类和Ⅲ类水质标准限值和美国水质目标①的比较

标准类别	铜	锌	砷	汞	镉	铅	氰化物
Ⅱ类（mg/L）	1	1	0.05	0.00005	0.005	0.01	0.05
Ⅲ类（mg/L）	1	1	0.05	0.0001	0.005	0.05	0.2
A类（mg/L）	0.009	0.12	1.8E-05	0.00005	0.0022	0.0025	0.0052
B类（mg/L）	0.013	0.12	0.34	0.0016	0.0043	0.065	0.022
Ⅱ类/A类	111.1	8.3	2777.8	1	2.3	4	9.6
Ⅱ类/B类	76.9	8.3	0.2	0.03	1.2	0.2	2.3
Ⅲ类/A类	111.1	8.3	2777.8	2	2.3	20	38.7
Ⅲ类/B类	76.9	8.3	0.2	0.06	1.2	0.8	9.1

注：Ⅱ类和Ⅲ类表示我国2002年水质标准中Ⅱ类和Ⅲ类水体的标准限值。
A类表示美国加州人体健康毒性和淡水水生生物慢性毒性的最小值。
B类表示美国淡水水生生物急性毒性值。

（4）现行水质评价方法无法全面反映我国真实的水环境状况。

我国流域水质评价主要是依据2002年水质标准来进行单因子评价，并在每年发布的环境状况公报中以化学需氧量、氨氮、总氮、总磷等污染物作为“主要污染指标”确定水质等级。同时为客观反映全国地表水环境质量状况及

① 2000年美国加州政府专门为加州制定了《加州水质标准》，这一标准与美国其他州的水质目标的制定都以美国联邦环保署制定的基准为基础。《加州水质标准》全名是Water Quality Standards。

其变化趋势，规范全国地表水环境质量评价工作，生态环境部于 2011 年 3 月制定并发布了《地表水环境质量评价办法（试行）》（秦延文，2014）。

但我国水质评价主要以常规污染物为主，忽视了沉积物、水生生物等介质物理条件对污染效应的影响，使得标准中缺少沉积物指标、生物指标、物理指标，而这些指标对于水环境质量的全面综合评价来说是必要的。这种确定水体水质高低的评价方法有着根本的缺陷，不是建立在环境生态学基础之上，也不符合污染物对环境的作用机制。用“主要污染指标”确定水体水质等级就必须假定：水体水质只能由“主要污染指标”决定，水体中其他污染物的存在及其浓度对水体水质没有影响，这会严重偏离水体水质的真实状况。仅仅依靠化学需氧量、氨氮等指标显然是无法正确反映水体的人体和生态健康功能的，即使加上 2002 年水质标准中的其他指标也是不够的。因为水体中可能会存在多种污染物，不同的污染物以各自不同的浓度存在并对生物产生不同的集合毒性，这种毒性可能是单种污染物毒性的相加或相乘，它无法以单种污染物的浓度来分析。

表 5-7 假定了三种不同类别的水体，从中我们可以看出我国水质评价方法存在的主要问题。根据 2002 年水质标准的单因子评价方法对 A、B、C 三种水体进行分类，水体 A 和 B 都为Ⅲ类水，水体 C 为Ⅳ类水。

表 5-7　根据我国水质评价方法确定的水质类别　　单位：mg/L

指标	Ⅱ类	Ⅲ类	Ⅳ类	水体 A	水体 B	水体 C
化学需氧量	15	20	30	20	20	30
生化需氧量	3	4	6	0.1	4	—
氨氮	0.5	1	1.5	0.01	1	—
总氮	0.5	1	1.5	0.01	1	—
总磷	0.1	0.2	0.3	0.01	0.2	—
铜	1	1	1	0.01	1	—
锌	1	1	2	0.01	1	—
硒	0.01	0.01	0.02	0.001	0.01	—
砷	0.05	0.05	0.1	0.001	0.05	—
镉	0.005	0.005	0.005	0.001	0.005	—
铅	0.01	0.05	0.05	0.001	0.05	—
氰化物	0.05	0.2	0.2	0.001	0.2	—
挥发酚	0.002	0.005	0.01	0.001	0.005	—
水质类别	Ⅱ类	Ⅲ类	Ⅳ类	Ⅲ类	Ⅲ类	Ⅳ类

但如果测量这三种水体的集合毒性并从保护水体环境功能的角度，同为Ⅲ类水的水体A和B对水环境产生的危害程度会有很大的差异，不应该把它们划分为相同的水质类别；同样作为Ⅲ类水的水体B要劣于作为Ⅳ类水的水体C，因为水体B中有毒化合物的浓度更高，对水生生物和人体健康更有害，从水环境中清除更难，它的化学需氧量浓度虽低，但却更难被降解。按照2002年水质标准提出的评价方法，水体B可以作为我们的饮用水源，而水体C只能被用作工业用水，显然水体C用作饮用水源的成本要低于水体B。因此，2002年水质标准的单因子评价方法显然是不科学的，它不能给予水体质量正确的评价，相同类别的水体之间可能差别巨大，同时高类别的水体质量可能会劣于低类别。

此外，在水质评价过程中时间尺度过大，未能充分利用数据。根据我国《地表水环境质量评价办法（试行）》（2011）规定，在周、旬、月、季度与年五个时间尺度的评价中，“可采用一次监测值，存在多次监测值的情况下，采用多次监测数据的算术平均值”。而2002年水质标准中明确规定采用单因子评价法对水质进行评估，即水质达标的含义为某时段内任何一次监测中各监测项目均达到标准。现行的采用均值的水质评价结果有可能掩盖大量有效数据，无法反映水质的真实情况。以黄河流域某监测断面附近自来水厂日监测数据为例来说明均值评价方法的局限性，见表5-8。从高锰酸盐指数和氨氮两个指标均值年际变化来看，高锰酸盐指数年均值基本保持稳定而氨氮年均值降低明显，但两个指标5年的年均值均满足地表水Ⅲ类水标准。但从超标率来看，高锰酸盐指数年超标率逐年增加，水质逐渐恶化，而氨氮年超标率显著减小。超标率法评价结果能够为流域水质达标规划管理者展示水质具体波动情况，对于部分毒性较强的非常规污染物而言，一个监测断面一次超标严重就可能对周边地区人体健康和水生态造成巨大损害。美国水质标准依据急性基准和慢性基准，给出标准的浓度值及一定时间内允许的超标频次。因此，采用超标率法能够更加严格地控制污染，保证水质管理效果（常蛟，2012）。目前在我国地表水的周报、月报、季报和年报中，常采用连续监测数据的周均值、月均值甚至年均值，时间尺度过大。从管理角度来看，较大时间尺度的流域水质达标规划目标不具有管理意义，存在掩盖部分时间出现的水污染严重状况的问题。

表 5-8　年均值与超标率水质评价结果对比

监测项目	评价指标	2011 年	2012 年	2013 年	2014 年	2015 年
高锰酸盐指数	年超标率（%）	1.28	2.94	4.39	6.82	10.31
	年均值（mg/L）	5.43	5.24	5.39	5.37	5.46
氨氮	年超标率（%）	20.9	18.24	13.86	10.23	6.21
	年均值（mg/L）	0.86	0.7	0.56	0.52	0.38

以上分析结果表明，按照2002年水质标准的水质评价方法无法全面反映我国真实的水环境状况，根据这套水质评价方法制定的水环境状况公报会给社会和公众带来极大的误导，同时根据这种错误的分类而制定的流域水质达标规划和管理决策也会产生偏差。

（5）我国水质标准缺乏反退化原则。

反退化原则能够定性阐明水质保护准则，明确水质保护的基本底线，也是对水质标准中各项定量指标的必要补充。反退化原则代表着国家对于保护水环境、杜绝水质恶化的决心。但我国2002年水质标准缺乏反退化原则，未能明确天然水体完整性得到保障、免于人类活动干扰的目标。

正是由于这一原则的缺失，使得我国水环境保护工作没有明确最基本的底线，导致我国很多优于其水环境功能要求的良好水体面临水质污染甚至退化的风险。例如，我国存在这样的水体，根据当前水质评价的结果，符合Ⅰ类水环境功能要求，但根据水环境功能区划分却为Ⅲ类水质目标，这就使该水体水质降低为Ⅲ类成为合理甚至是合法的事情。这与我国水质保护目标和水质管理原则是背道而驰的。同时由于这一原则的缺失，我们在流域水质达标规划的制定和实施过程中均缺乏红线约束，一定程度上影响了规划的实施效果。

此外，根据前文分析我国现行水质评价方法尚不完善，流域水质达标规划中依据现行的水质评价方法以水体中污染物浓度所属水体类别的下限标准值来确定水质类别，并根据确定的水质类别来确定水环境容量、允许纳污量和污染物排放总量的做法必然会导致水体持续恶化。从表5-7中可以看出，水体A和B同为Ⅲ类水，但水体A的污染物浓度明显低于水体B的污染物浓度，按照我国现在的做法，同样以Ⅲ类水的下限标准值来计算水环境容量，必然导致水体A进一步恶化。

（二）污染负荷估算问题分析与评估

污染负荷估算是流域水环境问题分析的基础，同时流域水质达标规划的制定、实施和评估也需要建立在准确、可靠的污染负荷分析之上。根据国家生态环境部《湖泊生态环境保护实施方案编写指南》《水污染防治工作方案编制技术指南》，污染负荷主要分为点源污染负荷和非点源污染负荷，具体见表5-9。

表5-9 污染负荷类别、具体污染源及数据来源

	污染负荷类别	具体污染源	数据来源
污染负荷	点源污染负荷	工业点源	生态环境部门
		城镇污水处理厂	生态环境、城建部门
		垃圾处理厂	无
		规模化畜禽养殖场	生态环境、农业部门
污染负荷	非点源污染负荷	河道底泥、沉积物	无
		水产养殖	农业部门
		大气沉降	无
		城市雨水地面径流	无
		农业种植面源	生态环境、农业部门
		农业畜禽养殖面源	生态环境、农业部门
		农村生活面源	生态环境、城建部门
		其他面源（船舶、旅游）	生态环境、旅游部门

点源污染主要是指工业点源、城镇污水处理厂、垃圾处理厂和规模化畜禽养殖场，非点源污染就是点源之外的其他所有污染源。一般来说，点源常有确定的排放口，在某一局部地区水量较大、污染物含量较高、毒性较强，引起的水体污染比非点源更为严重，可对人体健康、水生态和经济社会发展造成重大伤害。而非点源污染主要由地表径流、降雨、大气沉降、渗透、沉积物释放引起，几乎没有确定的排放口，常以分散的形式进入水体，与降雨、水文、地质、地理条件等密切相关，一般只会在汛期才会大量进入水体，较大的水量也会使污染物浓度大大降低。同时由于降雨时间不确定性，导致其污染负荷不易监测，即使监测也会难度较大、成本较高。因此，无论是从美国的经验还是从我国的实际情况来看，点源污染负荷分析与点源污染治理都是流域水质达标规划最优先解决的问题。

1. 点源污染负荷估算问题分析

目前与点源污染负荷信息相关的有环境影响评价、排污申报、排污收费、环境统计、污染源普查等多套数据，涉及环评与“三同时”、排放标准、监测核查、排污许可证、环境统计等多项环境管理制度。

环评与“三同时”是我国最早提出的命令控制型政策手段（赵绘宇，2010），已经形成了较为完善的“法律—法规—部门规章”的法律层级及管理体系。与排污许可证、总量控制、环境保护税等政策手段相比，环境影响评价政策体系最为完善，且每年环评执行率近100%。但目前我国的环评确保的是点源具备最佳治理能力，是对点源未来处理水平的最佳估计，满足“初步达标排放”要求。同时，环评作为点源“准入门槛”，属于预防为主的事前控制手段，缺乏后评估机制，无法实现点源水污染物排放全过程控制，能否实现“连续达标排放”需要点源在环评通过后按照排污许可证要求执行并做好衔接，并作为核查的依据。此外，环评政策在执行中存在偏差，由于过往缺乏规范的核查手段、监管不到位，调查中发现“限期补办”项目仍有存在，且部分项目环评批复时间过长，与实际排污情况严重不符，加之缺乏公众参与和信息公开，一定程度上也降低了政策效果（李涛，2020）。

排污申报是指由排污者向县以上环境保护行政主管部门申报其污染物的排放和防治情况，申报的内容包括污染治理设施基本情况、原材料、生产工艺、生产流程、污水排放情况等。排污申报不仅需要排污者提供准确的排放信息，还应当提供相关的证据。但目前我国的排污申报并没有对此规定，只要求提供排放数据，且多是以年为尺度的总量数据，企业申报的信息缺乏核查的手段和方法，无法确保点源实现连续达标稳定排放。

环境税是在企业排污申报的基础上，由生态环境部门和税务部门按照监督性监测数据、物料核算等方法核算排污者的污染物排放量，进而对排污者征收环境税。具体内容包括：排污申报登记、排污申报核算、排污量核定、环境税计算与征收等。但环境管理部门监督性监测的频率过低、缺乏规范的核查技术，无法保证点源排放信息的完整性、可靠性和真实性。物料核算也缺乏更加详细和科学的核查方法，难以判断点源排放数据质量，同样存在信息失真风险。目前我国污染源监督性监测和核查的责任主要落在地方政府身上，造成环境监督成本过高，同时对企业环境保护的责任界定不清，导致其容易忽视自身的环境管理职责，违反公平性原则。

环境统计的主要目的是提供环境质量信息、污染物排放信息，为环境管理提供依据。但目前我国关于点源的排放统计手段、方法等都存在缺陷，难以保证排放信息的质量。如对排入天然水体和排入城镇污水处理厂的点源没有区分，造成统计上的重复计算；以行政区、年为尺度的环境统计根本无法为环境管理服务；同时环境统计存在缺位的情况，如垃圾填埋场的垃圾废水尚缺乏明确的监管部门、监测手段和相关的排放统计。

排污许可证是世界各国控制点源水污染物排放的核心政策手段。作为典型的行政许可，排污许可证是点源排放管理的政策集合，包括排放限值设计、企业自测方案设计、报告和记录、政府执法核查、违法判定和处罚等内容（孙佑海，2016）。我国《水污染防治法》（2017）明确规定点源污染排放应当取得排污许可证，并明确污水种类、浓度和数量。《排污许可管理办法（试行）》（2017）也为排污许可证制度提供法律依据，但部门规章级别仍显法律效力不足，排污许可证制度体系尚未完全建立起来。此外，排放限值是许可证制度的核心，因此科学设计点源水污染物排放限值是排污许可证制度最重要的内容（梁忠，2018）。基于技术的排放限值要根据技术创新水平以及现有排放限值的匹配情况实时更新，刺激技术进步。同时基于水质的排放限值要依据"个案分析原则"，由各个流域水生生物急性毒性和慢性毒性标准出发反推出点源污染负荷。但我国法律法规并未对排放限值做出更细致的要求，同时以主要水污染物总量控制指标来核定许可排放限值也缺乏科学性。许可证执行缺乏翔实信息基础。真实、可靠的排放信息是排污许可证设计和执行的关键。我国现有排污许可证文本要求企业提交污染物自行监测要求、台账记录报告、污染物排放种类和数量，但以年为时间尺度的排放信息时空尺度过于宽泛，缺乏管理意义。目前我国污染源自行监测频率过低，监测方案缺乏设计，同时缺乏统计学规律的分析，无法全面反映企业排放真实状况。

由此可见，我国关于点源污染负荷的政策手段和数据很多，但各政策手段之间并没有很好衔接，相互之间缺乏协调和整合，政策执行成本较高，且各套数据由于统计口径与方法不同存在着一定程度的差异，至今不能形成一套准确的点源污染负荷统计数据，缺乏准确、可靠的信息来源，使流域水质达标规划的制定、实施和评估困难重重。

2. 非点源污染负荷估算问题分析

目前我国在非点源污染负荷分析方面主要采用的是排污系数法，但对于如何确定排放系数并没有可靠的依据。排污系数与降雨、污染源的活动、土壤类型、地质条件等密切相关，随着这些因素的变化而动态变化。而我国目前的排污系数基本上都是一个固定值，无法解释动态的空间变化。如果排污系数与实际排放情况稍有偏差，流域环境问题的识别就会不同。而且由于外部性的存在，地方生态环境部门可能会倾向于采用较小的排放系数，从而核算出较低的污染负荷。

根据美国经验，在实际工作过程中，我们可以通过污染物排放量①、入河量②和通量③三者之间的逻辑关系大致判断非点源污染负荷的一般情况，如图 5-10所示。

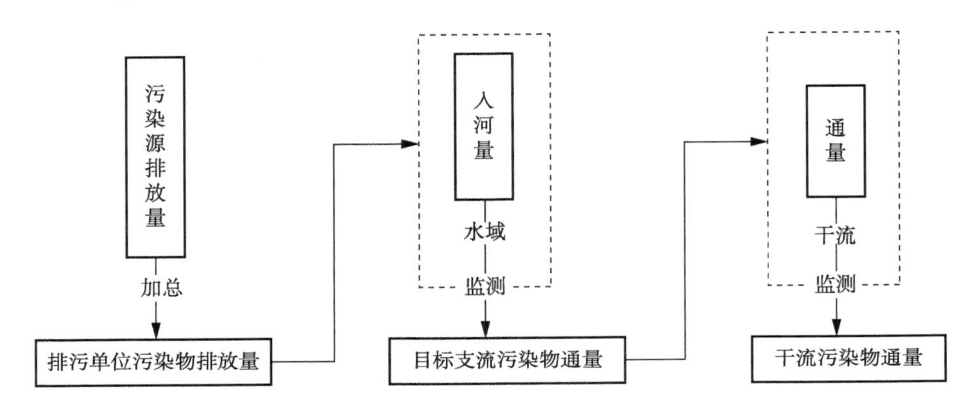

图 5-10　污染物排放量、入河量和通量关系

水污染物通量与入河量和水体自净能力密切相关，是所有进入水体的污染物自净后的结果。此外，非点源污染物排放（如沉积物释放、水产养殖、大气沉降等）也与水质密切相关。水污染物通量将入河量、非点源污染物排放和水质联系到一起，一般情况下，通过对污染源和环境本底值的调查，再采用适当的水质模型确定入河系数和河流自净系数后就可以用实测的水污染物通量来估算非点源污染物的排放情况。

到目前为止，我国普遍没有采用入河量的概念，也没有建立起规范的入河排污口监测体系以及入河污染物排放核查规范，同时也没有做到水污染物通量这一层面。这样不利于污染负荷的全面分析和判断，严重制约了流域水质达标规划决策质量的提高。

---

① 污染物排放量指污染源排放到环境中的污染物数量。

② 入河量指汇入目标河流的污染物排放量。由于污染物在汇入目标河流过程中会有渗透、降解等过程，因此入河量会小于污染物排放量。

③ 通量指单位时间内通过目标河流某一段面的某种污染物的量，包括了所有进入水体并存在的污染物量。通量不能直接测得，其通过适宜的转换单位被作为浓度和流量的乘积来计算，可用吨/日、吨/月、吨/日来表示。

即使有入河量数据统计的流域，环境管理部门与水利部门对于入河量的统计方法也不相同。环境管理部门计算某河流污染物的入河量时，通常是先统计向该河流排污的区域中规模以上的污染源排放量，再将该总量乘上一个入河系数即为该区域水污染物的入河量；而水利部门则是根据该河流纳入统计范围内的排污口的流量与污染物浓度的监测平均值来计算汇入该河流的污染物入河量。因此，生态环境部门监测统计的是一个沿河区域规模以上污染源的排放量，推算出该排放量的入河量，对该入河量没有实际的监测手段；而水利部门测量的是该区域沿河排污口的实际入河量，对该入河量对应的实际污染源排放量并没有监测手段。环保和水利系统监测、统计与核算方法的差异使得两部门对入河量的统计数据存在较大差异。以淮河流域为例，环保和水利部门在“九五”和“十五”期间对化学需氧量入河量的统计存在较大差异，生态环境部门数据显示“十五”期间化学需氧量入河量得到了较好控制，而水利部门数据则得出了完全不同的结论，其中2005年水利部门统计的化学需氧量入河量几乎是生态环境部门统计数据的两倍，如图5-11所示。

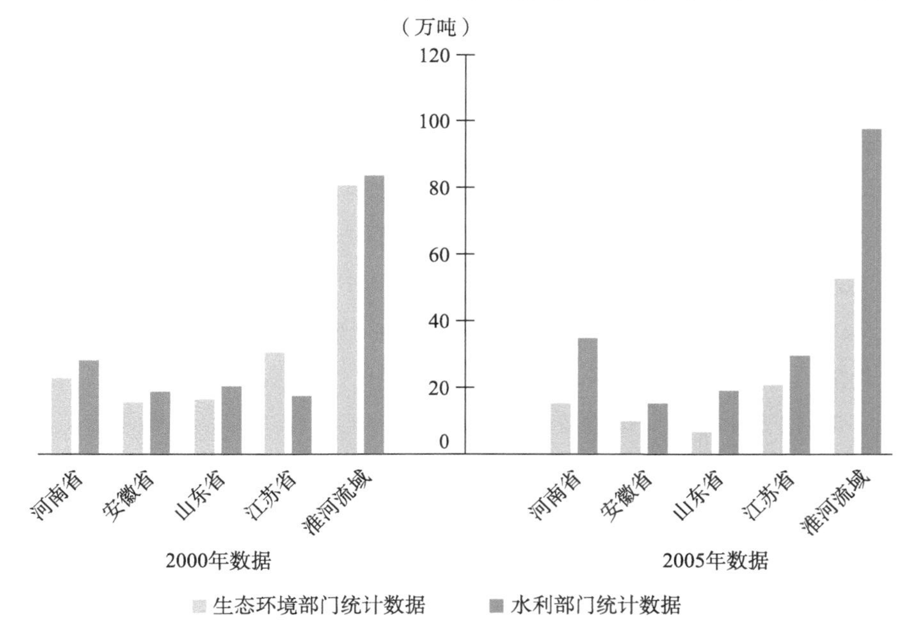

图5-11 生态环境部门和水利部门化学需氧量入河量对比①

① 由于淮河流域自“十二五”水污染防治规划以来没有提供入河量数据，此处采用“十一五”规划入河量数据。虽然数据较早，但仍可以看出生态环境部门和水利部门统计入河量数据存在的问题。

（三）规划目标分析与评估

1. 立法目标不明确

我国水环境保护的目标一直注重为经济发展服务，从1984年《水污染防治法》建立到2008年该法的第三次修订之前，我国的水环境保护目标一直都是“保护和改善环境，保障人体健康，保证水资源的有效利用，促进社会主义现代化建设的发展”。显然这个目标强调水资源、水环境为经济建设服务。在多年来这个目标的管理之下，我国大多数地表水体已经丧失了饮用水源和水生态栖息地的重要环境功能。近年来重大水环境事故频繁发生，我国水环境可以服务经济发展的价值已经所剩无几。

2008年、2017年《水污染防治法》又进行了两次修订，在《水污染防治法》（2017）第一条法律的总目标中提出“保护和改善环境，防治水污染，保护水生态，保障饮用水安全，维护公众健康，推进生态文明建设，促进经济社会可持续发展”。从“保护环境促进现代化建设发展”到“保护水环境促进可持续发展”显示了我们水环境保护理念的转变，纠正了以往水环境保护让步经济建设的倾向。但从表述来看，这也只是指出了我们水环境保护的大概方向，并没有对什么是“可持续发展的水环境”给予明确的界定，也没有明确指出改善水环境到什么程度，更没有明确的衡量指标——即所有的地表水体都实现水环境功能要求，唯一能够明确的就是“保障饮用水安全”。除了《水污染防治法》（2017），其他规划总体目标中都未能体现保障人体健康和水生态安全，同时也缺乏相关的量化指标，如“水生态系统功能初步恢复”“生态安全屏障基本形成”，缺乏定量评估指标体系，不易测量。由此可以看出，我国水环境保护法律对水环境保护工作的底线要求是“保障饮用水安全”，对其他方面没有明确的要求。

同时，《水污染防治法》（2017）修订至今，我们仍然没有制定一部与新的法律目标配套的执行细则。[①] 这说明2018年之前管理我国水环境保护工作的是2000年发布的，配合《水污染防治法》（1996）修订且以促进经济建设发展为立法目标的《水污染防治法实施细则》（2000）。所以，从整体上看，我国水环境保护立法目标是不明确的，水环境保护工作仍然是让步于经济建设发展的，我们需要在法律层面给出一个明确的水环境保护目标。

---

① 《水污染防治法实施细则》（2000）于2018年废止。

水环境保护目标是流域水质达标规划的核心，指导着整个流域水质达标规划的设计。在美国流域水质达标规划中，水环境保护的目的是保障人体健康和水生态安全，进而要求恢复和保持国家水体的化学、物理和生物的完整性，并且要求在美国所有地表水体都要尽可能地实现这个目标。这种表述可以视为是对水质的理想状况的描述。这一政策目标宣示美国水环境保护体系是以保障人体健康和水生态安全为最终目标，接着《清洁水法》将这一宏大目标转化为具体可衡量的标准——水质标准，同时其他的政策安排——排放限值、TMDL 等也都围绕这个目标来设计，形成围绕所有水体水质达标的政策体系（李涛，2019）。而我国流域水质达标规划政策体系缺乏一个明确的目标，且法律之间各自为政，并没有形成一个统一的体系，同时前文分析的其他政策安排（总量控制、排放标准）也都没有严格围绕目标来设计，见表 5-10。

表 5-10　水环境保护理想目标和我国现状目标分析

<table>
<tr><th colspan="4">水环境保护目标</th></tr>
<tr><th colspan="2">理想目标</th><th colspan="2">我国现状目标</th></tr>
<tr><td colspan="2">保障人体健康和水生态安全，恢复和保持水体化学、物理和生物的完整性</td><td colspan="2">缺失</td></tr>
<tr><td>水量</td><td>保证良好水量，满足水生态、污染物扩散的需要</td><td>水量</td><td>《中华人民共和国水法》：合理开发、利用、节约和保护水资源，防治水害，实现水资源的可持续利用</td></tr>
<tr><td>水质</td><td>所有水体水质达标，在维护和改善水质的前提下以边际减排的模式控制排放的污染物浓度和总量</td><td>水质</td><td>《中华人民共和国水污染防治法》：防治水污染，保护和改善环境，保障饮用水安全</td></tr>
<tr><td>水生态</td><td>保证良好水生态，以保护水生生物、生物栖息地、维持水生态系统功能为目标</td><td>水生态</td><td>《中华人民共和国渔业法》《中华人民共和国野生动物保护法》《中华人民共和国森林法》：保护渔业资源、濒危野生动物、森林资源</td></tr>
</table>

2. 流域水质达标规划目标含糊不清

2015 年 4 月 2 日发布的《水污染防治行动计划》提出，水环境保护的目标是“污染严重水体较大幅度减少”“水生态系统功能初步恢复”等，《水污染防治行动计划》在法律目标的基础上有所进步，提出“生态环境状况有所好转”“生态环境质量全面改善”的要求，但这样的水环境保护目标仍然是较为模糊的。

《重金属污染防治综合规划》提出重金属污染防治的目标是“突发性重金属污染事件高发态势得到基本遏制”“重金属污染重点区域环境质量有所好转，湘江等流域、区域治理取得明显进展”“非重点区域重金属污染得到有效控制”等。这说明我国重金属水污染防治工作是以扭转水质恶化为目的的，并不是以实现所有地表水体的水环境功能要求为目标。

《重点流域水污染防治规划（2016—2020年）》在规划目标中提出：“到2020年，全国地表水环境质量得到阶段性改善，水质优良水体有所增加；长江、黄河、珠江、松花江、淮河、海河、辽河等七大重点流域水质优良比例总体达到70%以上，劣Ⅴ类比例控制在5%以下；京津冀重要江河湖泊水功能区水质达标率达到73%。”相比于之前的目标表述方式，“功能区达标率”和“Ⅰ~Ⅲ类水质断面比例提高”明确以水质标准作为对污染防治工作的要求并且定量化，有了一定的进步。但是规划的目标并不是要求100%达标或者全面消除劣Ⅴ类水体（仅部分流域提出要消除劣Ⅴ类水体），这说明在绝大多数决策者心目中100%水质达标或者全面消除劣Ⅴ类水体的目标是不可能实现的。对于重金属指标而言，由于水体重金属污染具有累积性，其减排不适合总量控制，必须基于最严格的污染物排放限值，这样才能对人体健康的水生态影响降到最低。我国流域水质达标相关规划目标见表5-11。

表5-11　我国流域水质达标相关规划目标分析

		目标内容	依据
总体目标		保护水生态，维护公众健康生物多样性下降势头得到基本控制水生态系统功能初步恢复，生态安全屏障基本形成	《中华人民共和国环境保护法》 《中华人民共和国水污染防治法》 《水污染防治行动计划》
水环境质量指标	全国范围	全国地表水环境质量得到阶段性改善，污染严重水体大幅度减少；地表水质量达到或好于Ⅲ类水体比例>70%，劣Ⅴ类水体比例<5%；重要江河湖泊水质达标率>80%，地下水极差比例控制在15%左右；近岸海域水质优良比例达到70%左右，饮用水安全保障水平持续提升	《“十三五”生态环境保护规划》 《水污染防治行动计划》 《重点流域水污染防治规划》
	重点流域	长江流域整体水质由轻度污染改善到良好；黄河中上游主要饮用水水源地和跨界断面水质稳定达标；海河流域努力减少劣Ⅴ类断面，京津冀区域劣Ⅴ类断面比例下降15%；潮白新河天津段TP浓度下降，宣慧河沧州段COD浓度下降	《“十三五”生态环境保护规划》 《水污染防治行动计划》 《重点流域水污染防治规划》 《海河流域水污染防治规划》

续表

		目标内容	依据
排放控制指标	全国范围	主要污染物化学需氧量、氨氮排放总量五年累计下降10%；《水污染防治行动计划》没有提出具体的污染物排减排指标	《“十三五”生态环境保护规划》《水污染防治行动计划》
	重点流域	重点地区主要污染物总氮、总磷排放总量五年累计下降10%；重点区域重金属污染物排放量比2007年减少15%；实施企业水污染物排放总量控制，逐个明确排放限值和总量控制指标；广东省五种重金属排放量分别下降28.3%、20.4%、22.2%、17.9%和28.5%	《“十三五”生态环境保护规划》《水污染防治行动计划》《重点流域水污染防治规划》《重金属污染防治综合规划》
管理目标	全国范围	建立城市黑臭水体污染严重水体清单，黑臭水体比例控制在10%以内；健全重点行业水污染物特别排放限值，制定工业源全面达标排放计划全面推行排污许可，建立覆盖所有固定源排污许可制度	《“十三五”生态环境保护规划》《水污染防治行动计划》《重点流域水污染防治规划》
	重点流域	淮河流域大幅降低造纸、化肥、酿造等行业污染物排放强度；重点流域内城镇污水处理设施提标改造，全面达到一级A排放标准；全面淘汰落后生产工艺和产品，全面提升清洁生产水平	《“十三五”生态环境保护规划》《水污染防治行动计划》《重金属污染防治综合规划》

通过以上分析，可以看出我国的水环境保护法律、规划提出的水质目标较为笼统，甚至是含糊不清的，只提出水质改善，但改善到什么程度没有明确的界定，绝大多数仅要求饮用水水源地水质达标，并没有明确提出实现水体100%达标或全部消除劣Ⅴ类水体，甚至某些流域水环境保护的目标仅仅是扭转水质恶化趋势或者水质恶化趋势得到遏制。

3. 以总量控制为主的规划目标体系无法确保水质达标

在国家宏观层面，我国水环境保护工作的考核以目标总量控制为主，根据国家“十一五”和“十二五”环境保护规划的完成情况来看，“十一五”期间我国化学需氧量年均削减比例在2.5%左右，“十二五”期间化学需氧量年均削减比例在2%左右。各大流域水污染防治规划大概也是这个削减速度。与美国相比，我国总量控制规定的是逐年降低排放总量，但经过总量控制限制的污染物排放仍然可以对环境造成严重的伤害，而美国TMDL计划对点源

排放控制的形式是将污染物浓度降低到可以保护水环境质量的水平，这两者有着本质区别。

根据《2015 中国环境状况公报》，2015 年我国化学需氧量排放量已经达到 2223. 5 万吨，氨氮排放量达到 229. 9 万吨。如果考虑无处理排放，2015 年我国实际排放化学需氧量应该为 3146. 4 万吨，氨氮排放量为 305. 3 万吨。我国化学需氧量水环境容量为 740. 9 万吨，氨氮水环境容量为 29. 8 万吨（见图 5-12）。如果根据国家统计数据，2015 年我国化学需氧量和氨氮排放量已经达到水环境容量的 300%和 771%，即使以后我国人口和经济规模不再增加（这种情况根本不可能出现，这里是假设），我国的流域水质达标规划以每年削减 5%的速度（5%的速度已经远超我国现在规划所要求的削减速度 2. 5%和 2%），仍然需要再过 60 年和 154 年才能将化学需氧量和氨氮排放量控制在水环境容量之内。如果考虑无处理排放，那我国目前的化学需氧量和氨氮排放量已经达到水环境容量的 425%和 1024%，同样按照 5%的年削减速度，大概需要 85 年和 205 年才能控制在水环境容量之内。

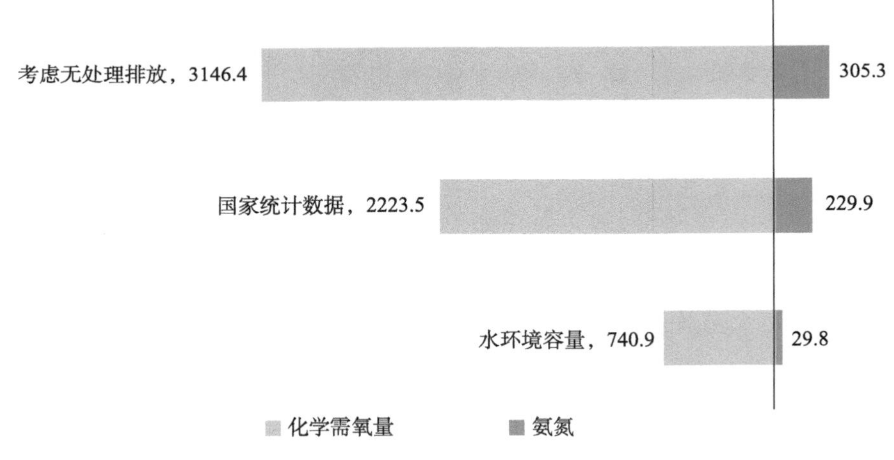

图 5-12　我国水环境容量与污染物排放量对比

同时，根据之前的分析，我国并没有建立起完善的水质标准体系，直接生搬硬套了美国的水质基准，并加以放大造就了我国的水环境质量标准。以此为依据的水环境容量必然是放大了的水环境容量，因此我国真实的水环境容量可能要更低于上面两个数字，这更加凸显了我国水污染的严峻形势。

通过上面的分析，我们可以看出以目标总量控制为主的考核体系无法实现水环境质量的达标。5年10%或8%削减目标的确定没有依据，目标的确定缺乏科学论证，难以衡量目标的实现与否对公众健康和水环境质量改善的影响。如规划中明确规定主要水污染物排放总量五年累计下降10%或8%，但10%或8%污染物减排目标和水环境质量改善目标之间缺乏因果关系分析和科学论证，10%或8%减排目标是出于环境容量的考虑还是出于社会经济发展的考虑，抑或是污染源管理能力的考虑，都没有详细的研究依据。我国的目标总量控制并没有规定每单位时间内污染排放的最小削减量，如每年至少削减10%~15%，也没有规定通过这个目标考核体系和管理手段使污染排放削减到水环境质量达标的最大时间，如20年内使水污染物排放削减到水环境质量达标。实事求是地看待这个问题，我国水环境保护的法律法规、规划等并没有一个具体明确的、在一定时间内实现水环境质量达标的目标。即使按照我们现在的削减速度逐步减少污染排放可以最终使水环境质量达标，但是在那最后一步到来之前的总量控制是无法确保水环境质量达标的。

（四）规划资金机制问题分析与评估

资金机制是流域水质达标规划能否顺利、有效实施的基本保证，包括资金的使用和管理以及资金的供需平衡机制等。资金机制与流域水质达标规划中各利益相关者的责任机制密切联系，其必须包含利益相关者的利益分析和出资，出资者作为主要利益相关者，主导着资金的来源。资金机制是保障机制，充分、稳定的资金来源是流域水质达标规划有效实施的主要保障，资金机制的成败与否最主要取决于规划制定资金机制所倡导的原则，原则在资金机制的建立和完善的过程中具有非常重要的指导意义。而资金机制得以合理实施的基本原则是污染者付费原则。环境税和污水处理费是规划中资金的主要来源之一，因此本节主要阐述我国环境税、污水处理费是否真正体现了污染者付费原则。

1. 环境税问题分析

（1）征收标准过低，未能覆盖全部成本。

根据OECD提出的污染者付费原则，工业企业生产所致的污水排放治理的主要责任归属企业本身，因此工业企业污水治理的资金主要由工业企业自身来承担。但根据我国目前的实际情况，工业企业自身承担的治理资金也仅仅是满足了现有排放标准条件下的治理成本。考虑到我国的污水排放标准没有与水质达标直接连接，这就造成在某些地区（如海河流域）即使达标排放，

也会造成环境污染和退化。尽管达标之后仍然要缴纳污水排污费,① 但根据笔者的调研和分析，我国工业企业达标之后支付的污水排污费远低于环境无退化的治理成本。过低的收费标准不可能刺激排污者主动治污，使排污者宁愿缴纳排污费也不愿主动治理污染。

根据笔者对G市的调研，部分行业（化工行业、印染行业）在现状排放标准下的化学需氧量平均治理成本分别为6.99元/千克和3.81元/千克，都远高于该地区当时的污水排污费征收标准0.9元/千克，如果基于环境无退化的排放标准来支付，企业需要缴纳更多的治理成本，如图5-13所示。因此0.9元/千克的污水排污费征收标准根本无法覆盖目前企业达标排放的全部外部成本，由于征收标准太低，几乎不具备激励减排的功能。即使按照2018年2.8元/吨的环境税税率，相对于某些企业现状排放标准条件下的治理成本而言仍然是偏低的。而工业企业排放污染物产生的外部成本最终要由社会和环境承担，这就相当于牺牲公共利益来补贴企业的盈利，造成了环境污染和公共利益的“双败”（马中，2012）。

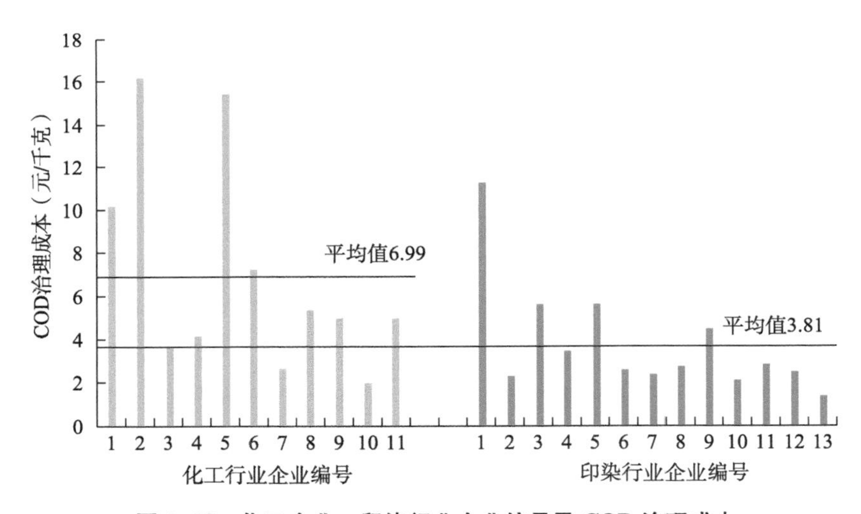

图5-13　化工企业、印染行业企业编号及COD治理成本

① 环境保护税是落实税收法定原则、落实污染者付费原则的环境经济政策。自2007年国务院首次提出“研究开征环境税”至2016年12月25日正式表决通过《环境保护税法》，历经十年研究和酝酿，环境税开征达成共识，于2018年1月1日正式开征。理论上环境税和排污费的理论依据都是庇古税原理，虽然环境税相对排污费在一定程度上具备强制性、严肃性和权威性，提高了政策执行力度，但《环境保护税法》本身并无太多亮点，基本上沿袭和平移了排污收费政策的基本要素（征收对象、计税依据、税额设置等），同时也承接了后者的诸多遗留问题。考虑到环境税刚刚开征，且数据缺乏，故本部门以污水排污费政策为研究对象进行分析。

（2）征收效果差，部分工业企业存在漏缴情况。

即使是在低收费标准下，污水排污费的征收率也很低。以 2015 年为例，我国工业废水排放达标率 96. 6%，超标收费或罚款的比例非常小，暂且忽略不计；由于污水处理费的征收，计算排污费暂不考虑排入城镇污水处理厂的工业废水；依据现行的污水排污费标准和我国工业废水、水污染物排放量、污水排污费费率，估算污水排污费征收量。2015 年我国工业排放化学需氧量 293. 5 万吨，在全部达标排放情况下，每吨化学需氧量收 700 元排污费，应征 20. 55 亿元，这基本等于当年征收的全部污水排污费。

仅化学需氧量一项，其征收的污水排污费就约等于统计的全部污水排污费，而根据政策规定，污水排污费要对排污者排放的前三项污染物征收；此外，部分省份已经大幅提高了排污费征收标准，即使均按达标排放计算，当年实际收缴的污水排污费应该远低于应征的污水排污费。这表明地方政府没有足额征收污水排污费，部分工业企业存在漏缴情况。

如果考虑我国工业废水大量无处理排放，实际征收的污水排污费更是远低于应征额。考虑前文分析的工业无处理排水，以化学需氧量为例，无处理排放的工业废水浓度是 460. 8mg/L，则无处理排放的工业废水漏缴的排污费为 $460.8\times10^{-6}\times128.6\times1400=83$ 亿元，等于当年污水排污费的四倍。

（3）环境税自身设计存在的问题。

我国环境税政策执行的是“排放即收费”，这个规定看似合理，但没有把收税、污染物排放量和环境损害联系起来。环境税政策应当遵循污染者付费原则，根据这一原则，只有造成环境污染的污染者，才对其污染行为收税；收税水平与污染程度相关；如果行为主体没有造成污染，不应对其收费，即“不污染不付费”。如果不论污染程度，不论污染与否，有排放就收税，这貌似公允，实际上会打击企业治理污染的积极性。以水为例，如某水环境功能区目标水质为Ⅲ类，该功能区内某工业企业污水排放达到地表水Ⅱ类标准，那么再根据排放污染物的种类、数量计征环境税就没有实际意义。

同时根据现行法律、法规，城镇污水处理厂达标排放的排水不征收环境税，这一规定的前提假定是“达标排放”的排水不污染受纳水体。但是，由于城镇污水处理厂排放标准与环境质量标准脱节，在排入水体现状水质已经劣于法律规定的水环境功能要求，而且排放标准等于和劣于现状水质的情况下，达标排放的排水依然会污染水环境，如图 5-14 所示。如果排水仍然污染环境，但因为已经“达标排放”而不收取环境税，那么污染者就只支付了部分费用或没有支付费用，这就违背了污染者付费原则，在制度上“合法”降

低了污染者的真实环境成本，实际上是通过牺牲环境帮助污染者获得经济收益。因此，一些地区污水处理厂也是污染者，也应当遵循污染者付费原则按照排放污染物的种类、数量计征污水排污费，而不应该仅仅针对超标排放征收。在这种“达标也污染”的现象下，污水处理厂“达标排放不收费”的政策体系体现了我国现有环境税政策存在着“即使有污染，也无须付费”的可能性，是污染者付费原则缺位的真实体现。

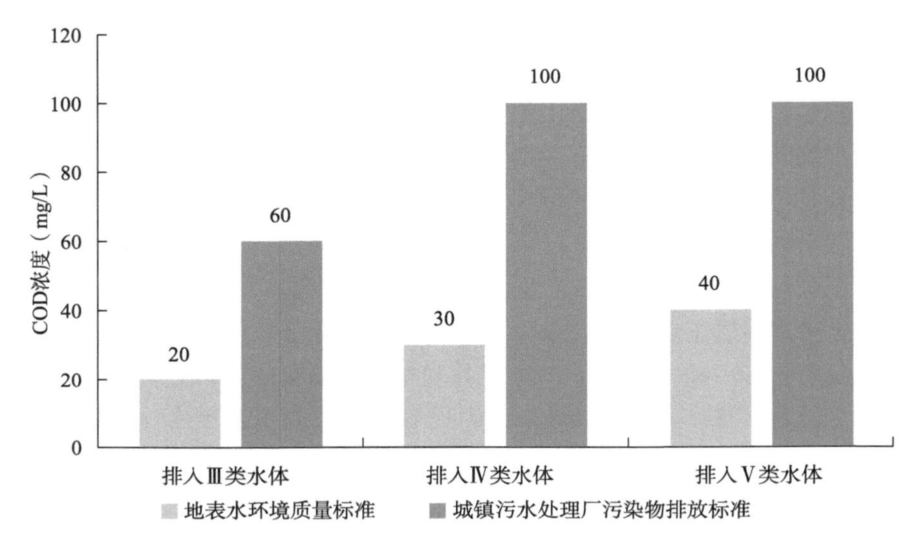

图 5-14　我国城镇污水处理厂污染物排放标准与水环境质量标准的差距

2. 污水处理费问题分析

（1）污水处理费相关政策不一致。

我国已经逐步确定了污水处理费的政策体系，包括法律、行政法规、部门规章、规范性文件和相关征收标准，同时也建立了污水处理费相关的征收管理体制和实施机制。《水污染防治法》（2017）将污水处理费纳入了法律范畴，明确污水处理的征收、管理和使用的法律依据。污水处理费的主体政策是 2013 年国务院颁布的《城镇排水与污水处理条例》，该条例规定了污水处理费的目标、标准、功能和职责。2014 年财政部、发改委、住建部三部委联合印发了《污水处理费征收使用管理办法》，这是在国家层面上首次对污水处理收费和使用出台的管理办法。但污水处理费相关政策的条文规定并不一致，其中出现了污水处理设施和排污管网的建设成本、污水处理设施运行成本、污水处理和污泥处理处置运营成本、准许成本等多个概念，法律的不严谨和不准确导致地方污水处理费政策的执行并不统一（见表 5-12）。

表 5-12 我国污水处理费政策框架体系

政策级别	政策名称	颁发部门	核心内容
法律	中华人民共和国水污染防治法（2017）	全国人大常委会	保证污水处理设施的正常运行；用于处理设施的建设运行和污泥处理处置
行政法规	城镇排水与污水处理条例（2013）	国务院	用于污水处理设施的建设、运行和污泥处理处置，不低于正常运营的成本
部门规章	污水处理费征收使用管理办法（2014）	财政部、国家发展改革委、住房和城乡建设部	按照覆盖污水处理设施正常运营和污泥处理处置成本并合理盈利的原则制定
	城市供水价格管理办法（1998）	国家计委、建设部	污水处理费的标准根据城市排水管网和污水处理厂的运行维护和建设费用核定
规范性文件	关于创新和完善促进绿色发展价格机制的意见（2018）	国家发展改革委	体现社会承受能力和污染者付费原则，构建覆盖污水处理和污泥处置成本并合理盈利的价格机制
	关于全面深化价格机制改革的意见（2017）	国家发展改革委	基于建立以“准许成本+合理收益”为核心的定价制度
	关于推进价格机制改革的若干意见（2015）	国务院	城镇污水处理收费标准不应低于污水处理和污泥处理处置成本
	关于制定和调整污水处理收费标准等有关问题的通知（2015）	国家发展改革委、财政部、住房和城乡建设部	收费标准要补偿污水处理和污泥处置设施的运营成本并合理盈利
	关于推进水价改革促进节约用水保护水资源的通知（2004）	国务院办公厅	结合本地区污水处理设施运行成本制定污水处理费收费标准，确保污水处理设施正常运行
	关于进一步推进城市供水价格改革工作的通知（2002）	国家计委、财政部、建设部、水利部、国家环保总局	已开征污水处理费的城市，要将污水处理费的征收标准尽快提高到保本微利的水平
	关于加大污水处理费的征收力度建立城市污水排放和集中处理良性运行机制的意见（1999）	国家计委、建设部、国家环保总局	按照补偿排污管网和污水处理设施的运行维护成本及合理盈利的原则核定。运行维护成本主要包括污水排放和集中处理过程中发生的动力费、材料费、输排费、维修费、折旧费、人工工资及福利费和税金等

治理成本是指污水处理企业将污水处理到现状排放标准条件下的成本，包括建设成本和运行成本，其中建设成本主要包括排污管网和污水处理设施的建设成本（以年折旧表示）；运行成本主要包括人工成本、原材料成本、水电费、污泥处理处置成本、维护费、监测化验成本以及管理成本和财务成本等。运营成本包括污水处理设施的建设成本和运行成本，不包括排污管网的建设成本，三者之间的逻辑关系为：治理成本>运营成本>运行成本，如图 5-15 所示。

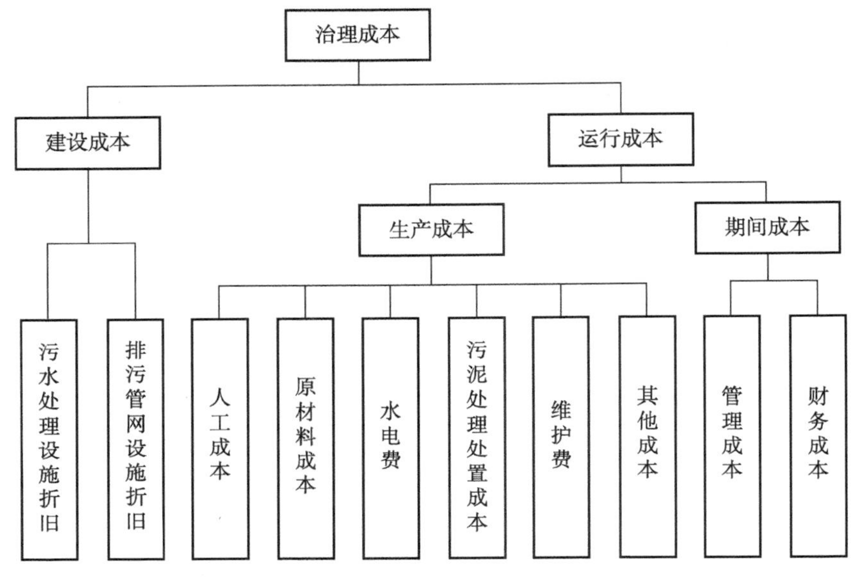

图 5-15　污水处理厂治理成本结构

（2）污水处理费并未覆盖现状排放标准下污水处理的全部治理成本。

根据污染者付费原则，全成本是制定污水处理费征收标准的基本依据。污水处理费理应覆盖排放户排水的全成本，实现所有生态环境外部成本内部化，但现行污水处理费并未覆盖现状排放标准下污水处理的全部治理成本。除了治理成本结构，污水进出水浓度、污水处理运行负荷、污水处理工艺、污泥处置方式、管理水平等也对治理成本的大小产生影响。根据《中国城镇排水统计年鉴》（2018）以及数据的完整性和有效性，选取 20 个省份的 262 座污水处理厂作为案例样本，基于污水处理厂成本结构和会计成本核算准则对各案例样本不同成本信息进行统计分析。其中，东部、中部和西部地区案例样本分别有 177 座、40 座、45 座；出水执行国标一级 A 的案例样本 168 座，东部、中部、西部地区分别有 128 座、12 座和 28 座；出水执行国标一级

B 的案例样本 94 座，东部、中部、西部地区分别有 49 座、28 座和 17 座。

不同省份案例样本的污水处理成本信息各不相同，即使同一省份、执行同一标准的案例样本各类成本之间也有所差异，总体上国标一级 A 案例样本各类成本的平均值均高于一级 B。具体来看，168 座一级 A 案例样本的治理成本、运营成本、运行成本分别为 1.28～6.21 元/吨、0.59～5.53 元/吨、0.29～5.25 元/吨，平均值分别为 2.13 元/吨、1.46 元/吨、1.16 元/吨。94 座一级 B 案例样本的治理成本、运营成本、运行成本分别为 0.97～5.28 元/吨、0.39～4.7 元/吨、0.13～4.44 元/吨，平均值分别为 1.75 元/吨、1.16 元/吨、0.91 元/吨，如图 5-16、图 5-17 所示。根据国家规定最新标准①（居民 0.95 元/吨、非居民 1.4 元/吨），可以看到目前 0.95 元/吨的居民污水处理费仅能覆盖现状排放标准下的运行成本（一级 B），1.4 元/吨的工业污水处理费仅能覆盖现状排放标准下的运行成本（一级 A）和运营成本（一级 B），但无法覆盖运营成本和治理成本，说明国家财政对居民和工业排水提供补贴，违背污染者付费原则。基于基本生活需要的居民生活排水和盈利性质的工业废水排放在污染者付费原则中应用不同，具有公共物品属性的基本生活排水属于公共服务范畴，而具有商业属性的工业废水排放理应基于全部治理成本支付。

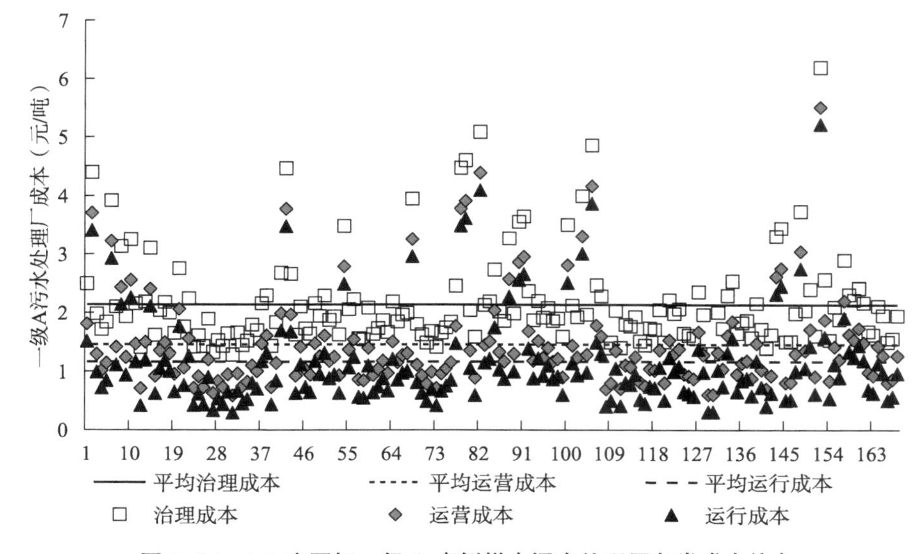

图 5-16　168 座国标一级 A 案例样本污水处理厂各类成本信息

① 《关于制定和调整污水处理收费标准等有关问题的通知》明确规定 2016 年底前设市城市居民和非居民污水处理费不低于 0.95 元/吨和 1.4 元/吨。

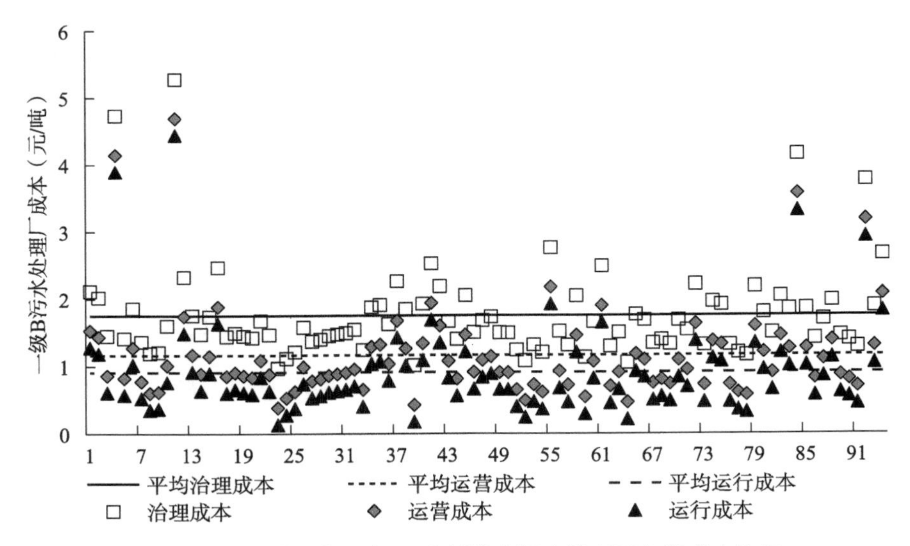

图 5-17　94 座国标一级 B 案例样本污水处理厂各类成本信息

基于案例样本，污水处理厂所在地发改委价格部门提供具体污水处理费数据，将案例样本污水处理费与各自成本信息进行对比。具体来看，168 座一级 A 案例样本的居民和工业污水处理费分别为 0.65～1.7 元/吨、0.8～3 元/吨，平均值分别为 1 元/吨、1.4 元/吨，分别为一级 A 案例样本平均治理成本的 46.9%和 65.7%。94 座一级 B 案例样本的居民和工业污水处理费分别为 0.6～1.95 元/吨、0.78～3 元/吨，平均值分别为 0.93 元/吨、1.32 元/吨，分别为一级 B 案例样本平均治理成本的 53.1%和 75.4%。一级 A 案例样本中居民和工业污水处理费低于自身运行成本、运营成本、治理成本的比例分别为 44.64%和 23.21%、70.83%和 48.44%、99.4%和 91.67%，一级 B 案例样本中居民和工业污水处理费低于自身运行成本、运营成本和治理成本的比例分别为 30.85%和 17.02%、55.32%和 26.6%、98.94%和 76.6%，如图 5-18、图 5-19 所示。由此可见，绝大多数案例样本污水处理厂所在地污水处理费均低于当地现状排放标准条件下的治理成本，另外，有一半以上居民污水处理费低于当地现状排放标准条件下的运营成本，甚至有 20%左右的工业污水处理费低于当地现状排放标准条件下的运行成本。即使与国家最新标准对比，一级 A 和一级 B 案例样本居民污水处理费中仍有 19.64%和 32.99%的比例小于 0.95 元/吨，工业污水处理费中仍有 29.17%和 34.04%的比例低于 1.4 元/吨，部分地区污水处理费政策调整较为滞后。

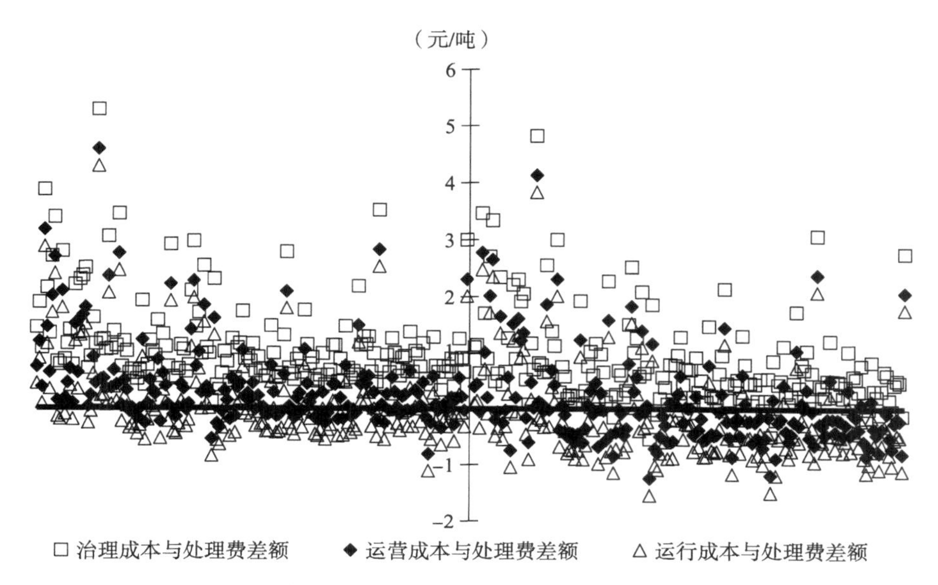

图 5-18　168 座国标一级 A 案例样本不同成本与污水处理费差额

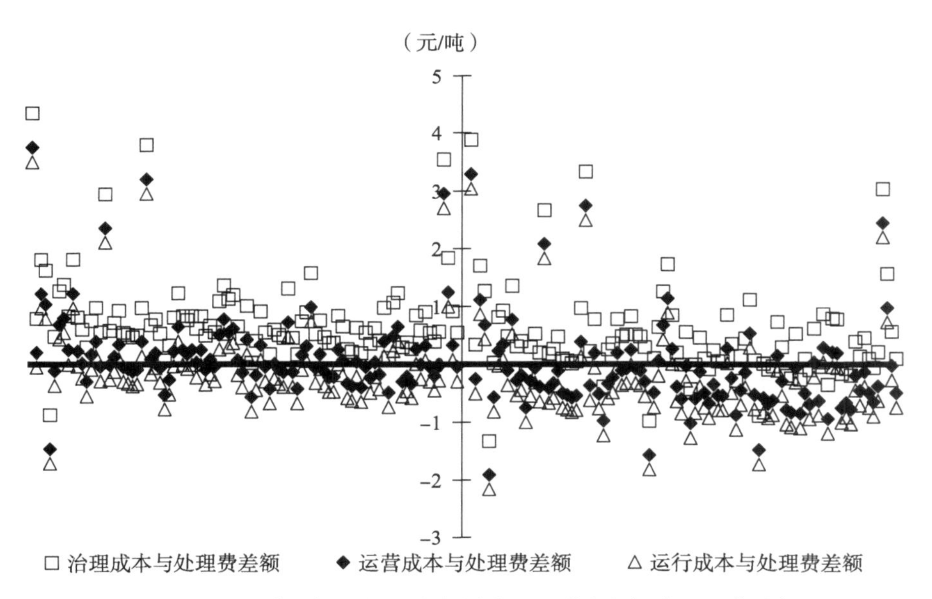

图 5-19　94 座国标一级 B 案例样本不同成本与污水处理费差额

（3）污泥处理处置费用无法实现无害化要求。

污泥作为污水的副产物，含有重金属、病原体等多种有毒有害物质。根据污染者付费原则，污泥处置需要实现无害化要求。常见的污泥处置方式包括卫生填埋、土地利用、干化和焚烧（黄岚，2019）。但现实情况中无论哪种处置方式均没有数据表明污泥处置实现了无害化要求，污泥信息不公开且现有污泥处置政策缺乏环境生态风险评价。《中国城镇排水统计年鉴》（2018）中公布了部分案例样本污水处理厂污泥处置的成本信息以及100%无害化处置，但污泥处置方式以及是否实现100%无害化处置不得而知。根据国内现有技术水平以及经验数据（於方，2011），每万吨污水产生7吨污泥，吨水运行成本与吨污泥处置费用之比为1：0.8（确保污泥实现无害化处理），对案例样本污水处理厂污泥实际产生量以及吨污泥处置费用进行估算，将污泥实际产生量与经验值进行对比并计算一级A和一级B污水处理厂理论吨污泥处置费用与实际处置费用差额。如图5-20、5-21所示，可以看出，157座一级A案例样本有污泥处置成本相关信息，吨水运行成本分布在0.2~3.71元/吨，平均值为1.03元/吨；吨污泥处置成本为0.001~0.78元/吨，平均值为0.026元/吨；吨污泥处置成本/吨水运行成本为0.07%~114%，平均值为3.43%；万吨水污泥产生量为0.03~89.72吨，平均值为7.03吨；吨污泥实际处置费用和理论值之间的差额为-2.94~0.23元，平均值为-0.8元。81座一级B案例样本有污泥处置成本相关信息，吨水运行成本为0.13~4.43元/吨，平均值为0.85元/吨；吨污泥处置成本为0.001~3.03元/吨，平均值为0.08元/吨；吨污泥处置成本/吨水运行成本为0.06%~645%，平均值为15%；万吨水污泥产生量为0.01~32.03吨，平均值为7.03吨；吨污泥实际处置费用和理论值之间的差额为-3.54~2.65元，平均值为-0.6元。由此可见，不同污水处理厂污泥产生量差异巨大，一级A和一级B案例样本中分别有67.5%和82.7%的污水处理厂污泥产生量小于7吨，部分案例样本万吨水污泥产生量甚至低于1吨。同时根据现有技术水平、经验数据和年鉴数据，一级A和一级B案例样本的吨污泥处置成本应为0.82元/吨和0.68元/吨，但实际数据只有0.026元/吨和0.08元/吨，说明现有污泥处置水平不高，距离无害化处理要求还有一定差距，存在少付费的情况，违背污染者付费原则，有造成二次污染的隐患。

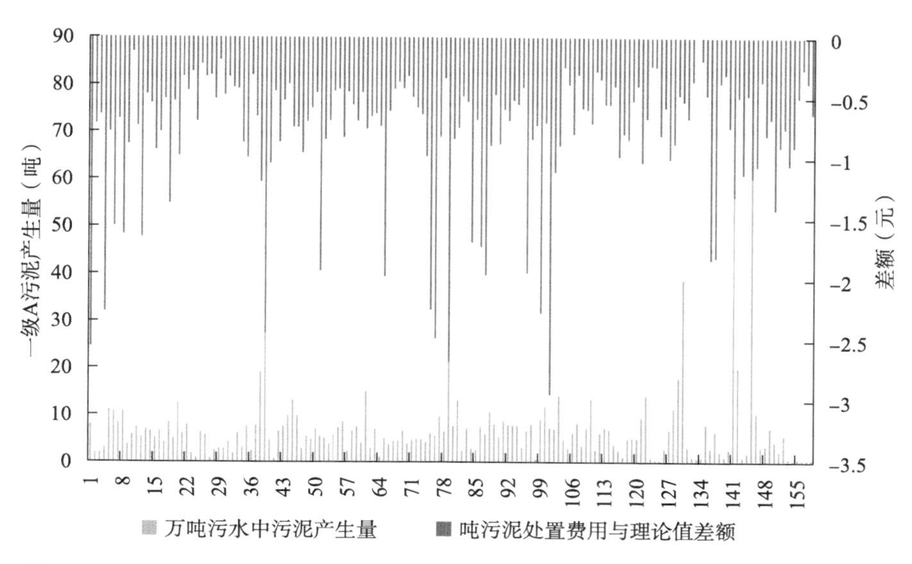

图 5-20 一级 A 案例样本万吨污水中污泥产生量、吨污泥处置费用与理论值差额

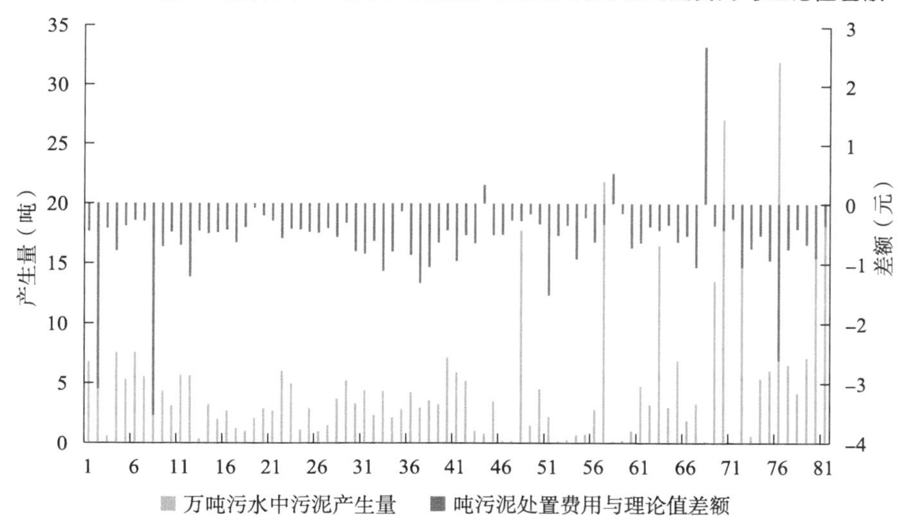

图 5-21 一级 B 案例样本万吨污水中污泥产生量、吨污泥处置费用与理论值差额

（4）部分污水处理厂“达标合法”污染水环境。

城镇污水处理厂污染物排放标准应当基于水环境质量确定，并确保水质达标。美国《清洁水法》明确规定，如果排放户基于技术的排放标准无法确保水质达标，就要采取更加严格的基于水质的排放标准。基于水质的排放标准根据水质目标、水文条件反推而来，考虑到各个排放户的具体条件，是以保障人体健康和水生生物安全为目的制定的。我国现行的《城镇污水处理厂污染物排放标准》（GB 18918—2002）绝大多数省份仍在使用，但这个标准是在2002年依据当年的管理能力、治理成本和环境容量来制定的，已经和现在的水环境状况严重不符，这不仅影响污水处理费政策的效果，而且可能进一步污染水环境。对案例样本污水处理厂总磷和总氮年均出水浓度进行统计分析，不同污水处理厂总磷和总氮出水浓度不同，262个案例样本中总磷年均出水浓度为0.03～1.86mg/L，平均值为0.4mg/L，高于地表水环境质量标准Ⅲ类水总磷浓度限值0.2mg/L，其中案例样本中总磷出水浓度低于地表水Ⅲ类浓度限值的比例仅为13.4%；总氮年均出水浓度为1.08～24.62mg/L，平均值为9.48mg/L，远超过Ⅲ类水总氮浓度限值1mg/L，没有样本的出水浓度低于Ⅲ类水总氮浓度限值，如图5-22所示。

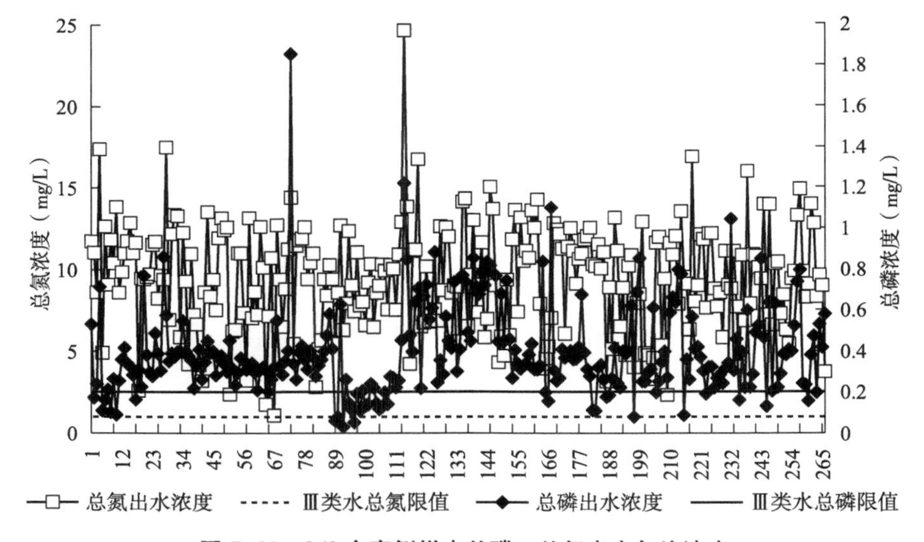

图5-22　262个案例样本总磷、总氮出水年均浓度

同时，以笔者参与调研的华北地区某污水处理厂为例，该污水处理厂自运行以来始终满足一级B排放标准要求，但由于地理位置和气候因素水资源非常匮乏，不少河流都面临断流或严重污染问题，污水处理厂的排放水可能就是当地河流的补给水源。这些流域基本上已经丧失水环境容量，即使这些流域污水处理厂执行目前国内最严格的污水处理厂排放标准，仍然无法实现当地水质达标，如图5-23所示。当城镇污水处理厂的排放标准与水环境质量标准脱节，排入水体的水质并不能满足环境无退化要求实现水质达标（即仍是“污染者”），即使达标排放实现了“管理意义上的无污染”也会造成

“实际上的污染”。这部分外部成本并未能包含在污水处理费中，即使要求污染者基于现有排放标准下的全部治理成本进行支付，污染者仍然没有基于全成本支付。外部成本没有明确的承担者，当所征收上来的污水处理费不能满足实现水环境质量不退化的污水治理时，就无法满足城镇污水处理的需求，从而外溢为社会承担，违背了污染者付费原则。

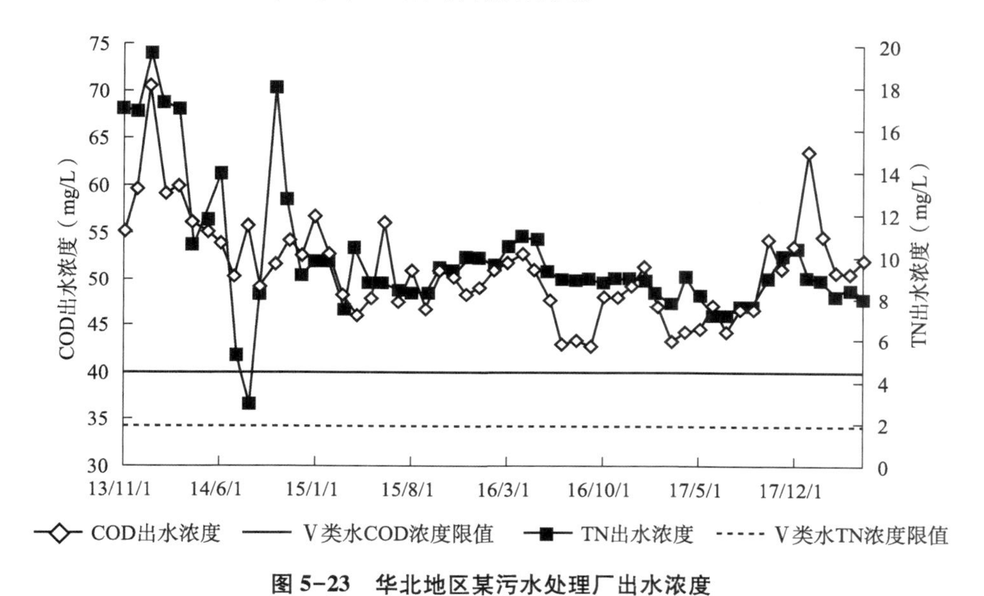

图 5-23 华北地区某污水处理厂出水浓度

（五）规划实施机构分析与评估

流域水质达标规划涉及水量、水质、水生态等多种要素，是一个多部门参与的系统工程，因此需要一个权威的实施机构来确保规划的有效实施。在我国规划的实施过程当中，主要依靠的仍然是地方政府和生态环境部门。① 然而生态环境部门在项目的审批、经费的划拨与建设方面都没有决定性的权力，基本上依赖于其他各相关部门，因此，部门之间协调不畅严重影响了规划项目的落实和实施。例如，污水处理厂的建设和运行都依赖城建部门，城建部门负责投资建设、管网配套、运行维护等。实际中，生态环境部门在制定污水处理能力目标时要完全服从城建部门的城市规划目标，即使生态环境部门提出基于环境无退化的污水处理规划目标，城建部门也不会认可，规划项目

① 《关于进一步加快重点流域水污染防治规划实施的通知》明确规定“要充分发挥环保部门的牵头作用，加强与发改、财政、建设、水利等部门的联动，统筹资源配置，积极推动规划实施”。

也无法落实。

本节以太湖流域为例，说明我国规划实施机构的主要问题。2008 年 4 月，国家发改委发布《太湖流域水环境保护综合治理总体方案》（2008）（以下简称《方案》），治理太湖污染。同时，为促进《方案》的顺利实施，国家成立了以发改委牵头的太湖流域水环境综合治理省部际联席会议制度（以下简称联席会议），统筹方案实施的各项问题。截至 2018 年底，联席会议已经召开了 6 次，讨论了太湖水环境保护中的重要问题，通过了推进水环境保护的会议决定。

按照《方案》的规定，联席会议的职能是"统筹流域水环境综合治理的各项工作，监督治理方案及各相关规划的实施"，联席会议具有一定的综合领导地位。联席会议作为《方案》的实施机构，由流域范围内的江苏、浙江、上海 3 个地方人民政府和发改委、住建部、科技部、工信部、生态环境部、国土资源部、农业部、财政部、水利部、林业局、交通运输部、法制办、气象局等 13 个国务院相关部委组成，如图 5-24 所示。

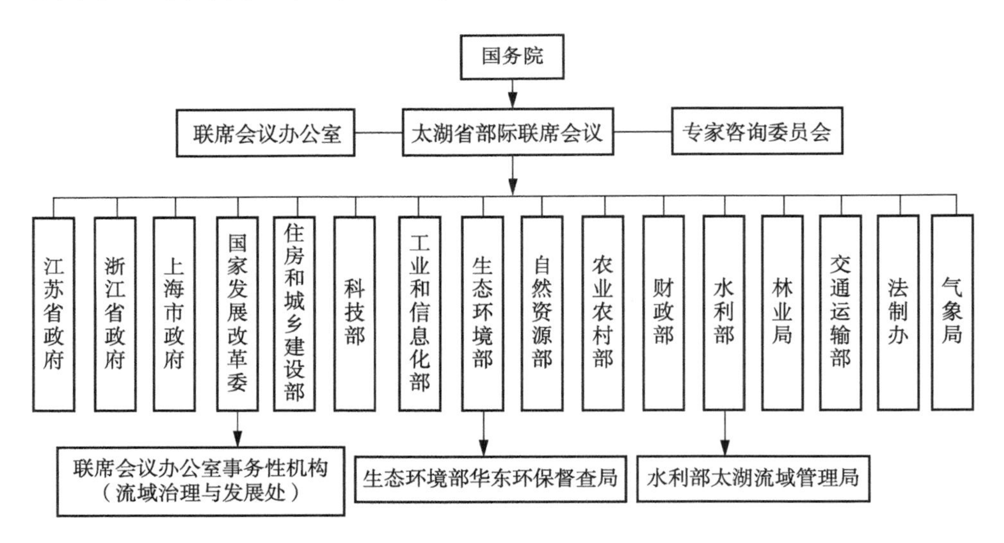

图 5-24　太湖流域水环境综合治理省部际联席会议制度

1. 规划实施机构缺乏权威性

联席会议成立以来，加强了两省一市以及国务院各职能部门之间的沟通，促进了《方案》的实施，推进了太湖水环境治理工作。然而，由于联席会议法律地位的缺失，使其缺乏一定的权威性，不享有对其他成员的命令权，会议成员只是为了实现太湖环境治理任务协调而临时聚集议事。实施机构权威性的缺乏，使其很难协调跨区域的污染问题。对于跨区域的水环境保护，地方政府由于权力有限以及出于自身经济利益的考虑，其协调作用微乎其微。这样必然导致流域内不同行政区域既无法合理共享水资源，也无法公平承担水污染带来的损害。即使是目前的流域机构——太湖流域管理局，其定位也只是水利部的派出机构，在分部门自上而下的行政管理框架中，流域机构的职能受部门授权制约，职能主要限于水资源管理，不能根据流域的整体性进行综合管理，难以承担部门之间的协调工作。

同时，由于规划实施机构缺乏足够的财权和事权，在规划的项目实施和经费划拨方面没有直接的控制权，也很难从整个太湖流域角度统筹三个地方政府以及各部门之间的关系，确保规划的有效实施。《方案》实施以来，太湖总体水质问题仍然较为严重。

2. 未能体现公众参与原则

流域水质达标规划涉及多元化的利益相关者，既有代表国家利益的不同行业部门，也有代表地方利益的各级政府，还有工业企业、社区居民、沿岸渔民等。规划需要兼顾各方面的利益，尤其是社区居民、沿岸渔民等弱势群体的利益，唯此才能公平地共享整个流域的福利，实现规划的良好推进。然而现实的情况是，我国流域水质达标规划基本上还是以行政推动为主，在规划制定、实施和评估整个过程中各利益相关者参与不足，公众参与的范围和深度有限，缺乏广泛的公众参与，从而降低了规划的被认知度。而发达国家流域规划的实施机构一般为多方参与的综合决策机构，机构成员一般包括地方政府、相关部门、企业、居民等多方利益相关者，这样有利于流域主要问题的准确识别、规划目标的合理制定以及规划的良好实施。

（六）规划实施计划问题分析与评估

流域水质达标规划是水环境保护相关法律法规的具体细化和落实。流域水质达标规划制定的完成并不代表规划目标的实现，在这一阶段实施机构需要根据规划目标制定具体的实施计划将任务进行分解，将制定好的各项工程措施、非工程措施和管理措施落实到具体的利益相关者（政府、工业企业、公众），并确定各项措施的责任主体、完成时间、验收指标和资金到位情况。但我国的规划基本上仍是原则性规定，继续重复水环境保护相关法律法规已经提出的原则和要求，并没有提出执行这些法律法规的具体措施。在规划中没有具体的执行和实施计划，没有明确规划的具体目标、时间和验收指标等，

也没有明确各项行动具体的实施单位、监督单位、资金来源和责任主体。这样的规划仍停留在宏观层面，可操作性不强，而规划本来应当具有的落实法规要求的功能也无从体现。由于缺乏具体而详细的实施计划，对规划的评估工作也很难展开。

五、小结

本章通过公共政策分析和评估的方法，对我国流域水质达标规划政策框架体系、规划现状、规划中的主要政策手段、管理体制、规划的主要内容进行了分析和评估。通过本章的分析，引发几个探讨：我国是否有真正意义上的流域水质达标规划制度？规划在编制和实施过程中存在什么样的问题？规划政策手段是否合理？现有规划是否能够真正实现水体达标？

通过本章的研究，得到如下几点结论：第一，我国现在没有真正意义上统筹水质、水量、水生态的流域水质达标规划，与水环境保护相关的规划分部门独自编制，且权威级别存在较大差异，增加了协调成本，降低了管理效率；第二，规划的地位不高，没有上升到法的高度，缺乏强制性和权威性，无法统领其他政策手段，规划在某种程度上只是为了政府工作需要或政治目的（如创建全国模范城市就需要地方政府有环境保护方面的规划）；第三，规划中的主要政策手段——排放标准和总量控制存在很大缺陷，缺乏与水质目标的联系，难以达到保护水质的目的；第四，规划在编制和实施方面存在诸多问题，现行水质标准、水质评价体系无法真正反映我国真实的水环境状况，污染负荷分析缺乏准确可靠的数据来源，规划决策质量不高，规划目标并不能实现所有水体达标，规划中资金的主要来源——污水排污费（环境税）和污水处理费没有真正体现污染者付费原则，同时，规划中没有具体的实施计划，可操作性不强。

第六章

官厅水库流域水质达标规划评估

官厅水库作为中国环保的起源地被记入史册。1972 年，官厅水库水污染事件彻底改变了中国政府对环境问题的认识，党和国家领导人开始关注环境污染问题。周恩来总理派以唐克（代表团团长）、曲格平（报告起草人）为首的代表团作为观察员列席 1972 年 6 月 5 日召开的瑞典斯德哥尔摩第一次人类环境会议，以借鉴环境保护国际经验。自此，国务院实施官厅水库治理行动。

官厅水库曾经是北京主要供水水源地之一，为首都和周边地区的经济社会发展做出了巨大贡献，20 世纪 70 年代初受到流域内企业排污的污染。由于官厅水库水质污染直接关系到首都用水安全，在当时备受关注，在周恩来总理的亲自过问下，国务院连发三个文件，由万里任组长的官厅水系水源保护领导小组迅速成立，统一协调官厅水库流域水污染防治工作，对山西、河北和北京等地的工业污染源进行治理。可以说，官厅水库水污染事件拉开了中国环保事业的序幕，对后来全国七大流域开展水源保护提供了重要借鉴。但随着上游地区经济社会的快速发展，水质不断恶化的趋势并没有得到有效遏制。20 世纪 90 年代的水质数据表明，官厅水库受到严重的有机污染，来水水质甚至达到劣Ⅴ类标准，退出首都饮用水水源水系。随着 2001 年《21 世纪初期（2001—2005）首都水资源可持续利用规划》（以下简称《规划》）的批准实施，官厅水库上游水质不断改善，2007 年退出北京饮用水系统达 10 年之久的官厅水库重新恢复了首都饮用水源地的功能，成为北京的备用水源。

官厅水库流域水环境保护工作进行以来，投入了大量的人力、物力和财力，尤其是近十年来流域相关规划的编制和实施。那么规划的效果如何、规划过程中存在什么样的问题亟须我们通过相关资料来进行客观的评估，以便找出其中的问题，为今后官厅水库流域水质达标规划编制和实施的完善提供经验和借鉴。笔者评估的时间跨度为2001—2014年。

一、研究方法和数据来源

（一）研究区概况

1. 地理位置与社会经济发展

官厅水库位于河北省张家口市怀来县和北京市延庆区交界处，于1951年10月动工，1954年5月竣工，是1949年后建设的第一座大型水库，具有防洪、供水、发电、灌溉等多种功能。水库海拔490m，设计总库容41.6亿m^3，90%水面处于河北省张家口市怀来县境内；水库控制流域总面积4.34万km^2，占永定河流域面积的92.8%，其中在张家口境内流域面积2.3万km^2，涵盖张家口市桥西、桥东、高新、宣化和下花园5区，怀来、宣化、涿鹿、阳原、蔚县、怀安、万全、崇礼和尚义9县。本研究的主要研究范围为张家口境内的官厅水库流域（以下简称官厅水库流域）。

截至2015年，官厅水库流域人口总量348.98万人，占张家口市人口总量的74.51%，其中农业人口占比61.24%，非农业人口占比38.68%；人均地区生产总值28440元，在河北省11个地级市中排名第8位，其中人均地区生产总值低于河北省平均水平（36584元）；三产结构为13.23%、42.11%、44.66%。流域内多年平均降雨量400mm，多年平均蒸发量1500mm，干旱指数约2.5~3。

2. 水系与水资源

官厅水库流域主要为永定河及其支流桑干河和洋河，永定河是海河的一级支流，发源于山西省宁武县管涔山，流经内蒙古、山西、河北三省和北京、天津两个直辖市，在天津汇入海河至塘沽后注入渤海。永定河全长747km，全流域面积4.7万km^2。永定河上游有桑干河和洋河两大支流，两河在张家口市怀来县朱官屯汇合后称永定河，永定河在张家口市全长44 km。

桑干河是永定河的主要支流，发源于山西省宁武县管涔山，干流建有册田水库。桑干河流经山西省朔州市、大同市和河北省张家口市，在张家口市境内主要流经阳原县、蔚县和涿鹿县等 3 县。桑干河全长 506km，全流域面积 2.6 万 km^2，其中桑干河主河道在张家口市共长 147km，流域面积 8775 km^2。

洋河是永定河另一主要支流，发源于内蒙古自治区兴和县的东洋河，汇合南洋河、西洋河后称洋河。洋河在张家口市境内主要流经怀安县、万全区、宣化县、崇礼区、怀来县、尚义县、宣化区、下花园区、桥东区、桥西区、高新区等 6 县 5 区，在怀来县朱官屯与桑干河汇合后称永定河，注入官厅水库。洋河全长 278km，全流域面积 1.6 万 km^2，其中张家口市境内干流全长 106km，流域面积 1.07 万 km^2。

（二）评估方法和数据来源

评估目的在于通过评估官厅水库流域水质达标规划实施效果，分析影响其实施效果的主要成因，为流域水环境管理提出政策建议。采用环境政策评估的一般模式，基于环境管理部门提供的二手数据以及现场踏勘对规划的实施效果进行评估，包括规划目标实现程度、政策框架体系、政策手段、管理体制、管理机制等方面。

基于《规划》中制定的规划目标，通过目标—现状对比法将官厅水库水质水量现状和《规划》目标直接进行对比，进而判断规划的实施效果如何、目标是否实现。同时，通过收集到的数据资料，对政策手段的执行效果进行评价。数据主要来源于历年《张家口环境质量报告书》《张家口污染源普查报告》《张家口环境统计报告》以及各部门水环境保护相关规划等内容。

二、规划目标评估

自 2001 年以来，官厅水库流域污染治理主要依据《规划》《海河流域水污染防治规划》和《张家口市环境保护规划》等。《规划》提出了“稳定密云、改善官厅”的水资源保护方针，明确了恢复官厅水库作为北京市第二饮用水源地功能的治理目标。按照《规划》的要求，2005 年官厅水库水质要力争达到Ⅲ类水标准，2010 年官厅水库水质要力争达到Ⅱ类水标准，入库八号桥断面达到Ⅳ类水标准，同时正常年份（50%保证率条件下）来水水量要达到 2.5 亿 m^3 的目标。官厅水库确定为饮用水源地，饮用水源地的实现必然包括两个目标：首先就是要有充足的水量；其次就是要保证优良的水质。

但根据海河流域水利委员会《海河流域水资源质量公报》，2014 年官厅水库水质基本上稳定在Ⅳ类水，蓄水量基本稳定在 1.35 亿 m^3 左右，富营养化指数（EI）值为 52.5，属于轻度富营养状态。2014 年官厅水库水质类别、蓄水量和富营养化程度见表 6-1。

表 6-1　2014 年官厅水库水质类别、蓄水量和富营养化程度

月份	水质类别	水质目标	蓄水量（亿 m^3）	富营养化程度	主要超标物
1 月	劣Ⅴ类	Ⅱ类	1.44	轻度富营养	汞
2 月	Ⅳ类	Ⅱ类	1.46	轻度富营养	化学需氧量、汞
3 月	Ⅳ类	Ⅱ类	1.49	轻度富营养	汞
4 月	Ⅲ类	Ⅱ类	1.5	中营养	—
5 月	Ⅲ类	Ⅱ类	1.44	中营养	—
6 月	Ⅳ类	Ⅱ类	1.4	中营养	氟化物
7 月	Ⅳ类	Ⅱ类	1.4	中营养	氟化物
8 月	Ⅳ类	Ⅱ类	1.31	中营养	化学需氧量、氟化物
9 月	Ⅳ类	Ⅱ类	1.26	轻度富营养	氟化物
10 月	Ⅳ类	Ⅱ类	1.15	轻度富营养	氟化物
11 月	Ⅳ类	Ⅱ类	1.24	轻度富营养	化学需氧量
12 月	劣Ⅴ类	Ⅱ类	1.36	轻度富营养	氟化物

从表 6-1 可以看出，官厅水库作为北京市饮用水源地功能的目标没有实现，无论是水质、水量距离目标还有很大差距。官厅水库集中治理十多年来，治理效果并不明显，这就说明当时规划目标和实施方案的确定缺乏充分有效的论证。在笔者现场调研的 2014 年初，官厅水库蓄水量甚至只有 8000 万 m^3 左右，水库建成之初所希望的防洪、发电功能目前已经成为摆设。

张家口市环境监测站对流域内主要河流设有常规监测断面，对永定河、洋河和桑干河水质进行监控监测。共布设 8 个监测断面，其中洋河 3 个监测断面，分别为左卫、响水铺、鸡鸣驿；桑干河 4 个监测断面，分别为揣骨疃、壶流河小渡口、石匣里、温泉屯。同时在两条河流汇合之后的永定河上设置了八号桥国控断面，距下游官厅水库约 10km，是国家生态环境部批准建设的海河流域水质自动监测站和永定河流入官厅水库的最后一个国控监测削减断面，也是张家口市环境监测站地表水常规监测断面。官厅水库流域地表水环境质量监测断面分布情况如图 6-1 所示。

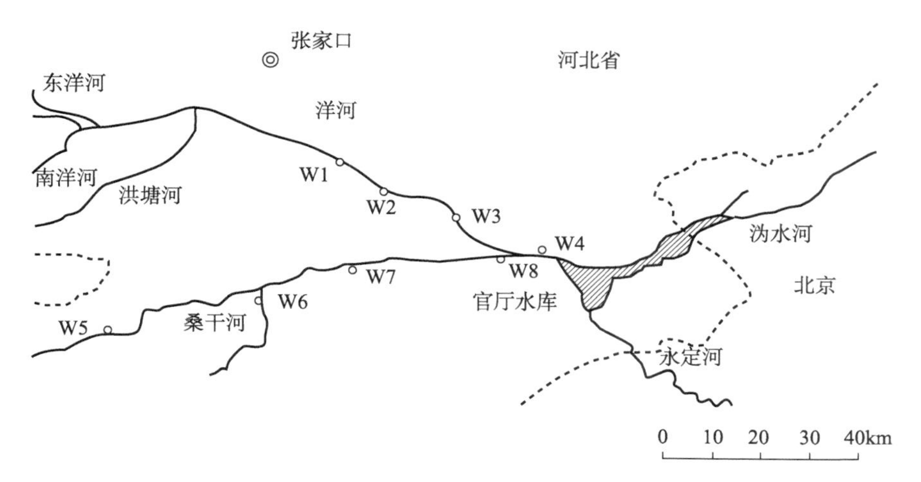

图 6-1　官厅水库流域地表水环境质量监测断面分布情况

注：W1——左卫；W2——响水铺；W3——鸡鸣驿；W4——八号桥；W5——揣骨疃；W6——壶流河小渡口；W7——温泉屯；W8——石匣里。

通过收集 2001—2014 年流域内常规监测断面的主要污染物浓度数据，分析主要河流水污染的变化趋势，从整体上评估了流域河流的水环境质量状况（由于篇幅所限，仅对八号桥断面监测数据进行定量分析，其他断面数据只进行定性描述），如图 6-2 所示。

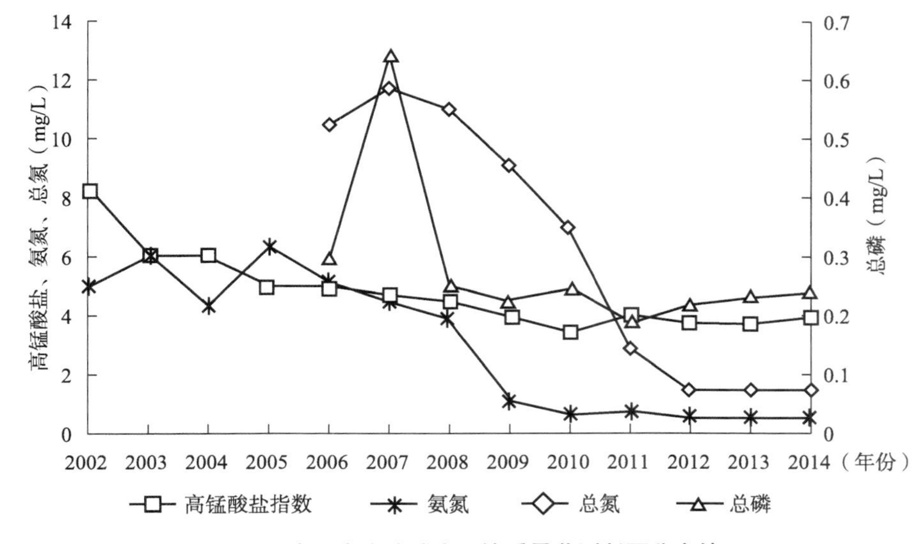

图 6-2　官厅水库流域水环境质量监测断面分布情况

由图 6-2 可以看出，2002—2014 年，八号桥断面高锰酸盐指数和氨氮两项主要污染物浓度总体上呈下降趋势，且下降明显。高锰酸盐指数和氨氮浓度分别从 2002 年的 8.29mg/L 和 5.01mg/L 下降到 2014 年的 4.01mg/L 和 0.57mg/L，均已达到Ⅲ类水标准。“十一五”之前由于总氮和总磷尚未列入污染因子指标中，因此在官厅水库水环境相关监测数据中并没有全面完整的记录。2006—2014 年，八号桥断面总氮和总磷浓度基本上也呈现降低趋势，总氮和总磷浓度分别从 2006 年的 10.39mg/L 和 0.3mg/L 下降到 2014 年的 1.45mg/L 和 0.24mg/L，总氮浓度下降趋势极其明显，但仍为Ⅳ类水。总体上看，桑干河水质明显好于洋河水质，流域内河流主要污染因子是总氮和总磷。2002—2014 年，流域内主要河流水质有逐渐改善趋势，但这距离库区水质要求还有一定差距。根据官方统计数据，入库八号桥断面现在基本稳定在Ⅳ类水，但根据笔者 2014 年 1 月 3 日—5 日对八号桥在线监测仪器的记录来看，八号桥断面总氮和总磷的污染严重，尤其是总氮，三天的平均值甚至超过了 10mg/L，远超出了生态环境部门所提供的数据，如图 6-3 所示。

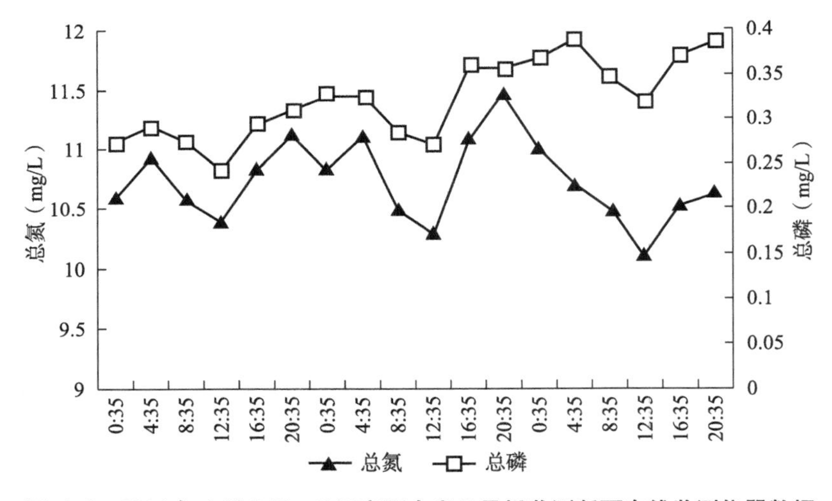

图 6-3　2014 年 1 月 3 日—5 日官厅水库八号桥监测断面在线监测仪器数据

三、污染排放控制评估

（一）污染负荷分析

根据 2013 年 12 月至 2014 年 2 月流域的实地调研情况，对主要污染源（包括工业废水污染、城镇生活污染、农村生活污染、种植业污染、水产养殖污染、畜禽养殖污染等）的污染物排放量进行分析。同时根据《全国水环境容量核定技术指南》中提供的技术参数，结合流域的实际情况，分别确定各类污染物的入河系数，最终确定污染物入河量。

1. 工业废水污染

根据《张家口环境统计报告》，张家口全市工业废水排放量为 5996.38 万吨，其中排入污水处理厂的比例为 30%，直接排入环境的比例为 70%。全市工业废水中的主要污染物为化学需氧量，达到 9610.69 吨，其次为氨氮 699.22 吨。其中流域内各区县化学需氧量排放量为 6822.89 吨，化学需氧量入河量为 2388.01 吨。

2. 生活污染

流域内共有人口 348.54 万，其中非农业人口为 134.82 万，农业人口 213.72 万。参照《第一次全国污染源普查——城镇生活源产排污系数手册》中对于城镇生活源污染的排放系数的规定，城镇生活源污染物排放系数为：化学需氧量 63g/人·天，总氮 10.6g/人·天，总磷 0.74g/人·天；农村生活污染排污系数确定为化学需氧量 40g/人·天，总氮 7g/人·天，总磷 0.3g/人·天。计算得到流域内城镇生活污染排放总量为：化学需氧量 31001.86 吨，总氮 5216.19 吨，总磷 364.15 吨；流域内农村生活污染排放总量为：化学需氧量 31203.12 吨，总氮 5460.55 吨，总磷 234.02 吨。

张家口市各区县共建成的污水处理厂 20 座，并于 2014 年底前全部投入运营。截至 2014 年底，张家口污水处理能力 47.7 万吨/日，城市污水处理率达到 91.3%，县城污水处理率达到 85%，污水管网密度达到 $4km/km^2$。按照《全国水环境容量核定技术指南》的推荐值，再结合流域特点，取城镇生活污染的入河系数为 0.1，农村生活污染的入河系数为 0.1，由此可以得到城镇生活污染的入河量为化学需氧量 3100.19 吨，总氮 521.62 吨，总磷 36.42 吨；农村生活污染的入河量为化学需氧量 3120.31 吨，总氮 546.06 吨，总磷 23.4 吨。

3. 农业面源污染

流域内农用化肥施用量 82418 吨，占张家口全市农用化肥施用量的 80.02%，其中氮肥施用量 41411 吨，磷肥施用量 13711 吨，钾肥施用量 5950 吨，复合肥施用量 21346 吨。2012 年流域内各行政区农用化肥施用情况见表 6-2。涿鹿县、怀来县的农用化肥施用量最高，分别为 16312 吨、13255 吨，

表 6-2 官厅水库流域各行政区农用化肥施用情况

行政区	农用化肥量施用量（折纯）(吨)	农用化肥施用量占比（折纯）(%)	氮肥施用量(吨)	氮肥施用量占比(%)	磷肥施用量(吨)	磷肥施用量占比(%)	钾肥施用量(吨)	钾肥施用量占比(%)	复合肥施用量(吨)	复合肥施用量占比(%)
桥东区	27	0.03	12	0.03	5	0.04	5	0.08	5	0.02
桥西区	35	0.04	30	0.07	1	0.01	3	0.05	1	0.00
宣化区	700	0.85	192	0.46	196	1.43	169	2.84	143	0.67
下花园区	344	0.42	155	0.37	96	0.7	16	0.27	77	0.36
宣化县	8708	10.57	5419	13.09	1780	12.98	330	5.55	1179	5.52
尚义县	4281	5.19	1392	3.36	999	7.29	1019	17.10	871	4.08
蔚县	10660	12.93	5876	14.19	1948	14.21	558	9.38	2278	10.67
阳原县	9592	11.64	5660	13.67	1558	11.36	311	5.23	2063	9.66
怀安县	10603	12.86	3926	9.48	1972	14.38	789	13.20	3916	18.35
万全区	4759	5.77	2272	5.49	619	4.51	267	4.49	1601	7.5
怀来县	13255	16.08	8005	19.33	1728	12.6	309	5.19	3213	15.05
涿鹿县	16312	19.79	7414	17.9	2512	18.32	2075	34.80	4311	20.20
崇礼区	2007	2.44	356	0.86	88	0.64	43	0.72	1520	7.12
高新区	1135	1.38	702	1.7	209	1.52	56	0.94	168	0.79
流域合计	82418	80.02	41411	85.52	13711	78.76	5950	66.20	21346	75.74
全市合计	102996	100	48423	100	17409	100	8980	100	28184	100

共占流域内农用化肥施用量的35.87%；在氮肥、磷肥、钾肥及复合肥施用量中，涿鹿县的占比均最高；农用化肥施用量占比较高的区县还有宣化县、蔚县、阳原县和怀安县，其中宣化县、蔚县、阳原县氮肥和磷肥施用占比大，怀安县复合肥施用占比大。

根据《张家口环境统计报告》，流域总氮流失量6590.60吨，总磷流失量329.30吨，化肥流失量较多的县分别为怀来县、涿鹿县、蔚县、阳原县和宣化县，总氮流失量分别为1274吨、1179.95吨、935.17吨、900.79吨、862.44吨，总磷流失量分别为41.50吨，60.33吨、46.79吨、37.42吨、42.75吨（见表6-3）。

表6-3 官厅水库流域氮磷流失情况

单位：吨

行政区	总氮流失量	总磷流失量
桥东区	1.91	0.12
桥西区	4.77	0.02
宣化区	30.56	4.71
下花园区	24.67	2.31
宣化县	862.44	42.75
尚义县	221.54	23.99
蔚县	935.17	46.79
阳原县	900.79	37.42
怀安县	624.83	47.36
万全区	361.59	14.87
怀来县	1274	41.50
涿鹿县	1179.95	60.33
崇礼区	56.66	2.11
高新区	111.72	5.02
流域合计	6590.60	329.30
全市合计	7706.57	418.12

根据《全国水环境容量核定技术指南》提供的技术参数和流域具体情况

（农作物类型、土壤类型、化肥施用量、降水量等情况），取农业面源的入河系数为0.1，由此可以得到流域内农业面源污染的入河量为总氮659.06吨，总磷32.93吨。

4. 水产养殖污染

张家口市农牧局提供资料显示，张家口水产养殖产量从2005年以来逐年增加，产量从2005年的6852吨增加到2014年的11970吨，产量增加了74.7%。张家口水产养殖情况汇总见表6-4。根据《张家口环境统计报告》，2014年流域内水产养殖化学需氧量排放量为42.84吨，总氮排放量为25.07吨，总磷排放量为3.09吨，入河系数为1。

5. 畜禽养殖污染

流域内大牲畜出栏21.14万头、存栏39.27万头。其中牛出栏15.68万头、存栏24.76万头；马出栏0.45万匹、存栏1.38万匹；猪出栏203.57万头、存栏117.84万头；羊出栏196.73万只、存栏104.17万只；家禽出栏2942.22万只、存栏1918.38万只。流域内各区县畜禽养殖量见表6-5，宣化县的大牲畜养殖量最高，出栏达到4.92万头、存栏7.17万头；宣化县的猪养殖量最大，出栏达到44.99万头、存栏24.16万头；宣化县的羊养殖量最大，出栏达到48.28万只、存栏20.47万只；怀来县的家禽养殖量最大，出栏达到1167.78万只、存栏356.22万只。

根据《张家口2014年经济年鉴》统计数据，流域内畜禽养殖量为：大牲畜60.41万头，猪321.41万头，羊300.9万只，家禽4860.6万只。根据《全国饮用水源地保护规划培训讲义》确定畜禽养殖污染的源强系数，该流域畜禽养殖量以猪计，其他畜禽养殖量换算成猪，换算关系如下：50只家禽折合为1头猪，3只羊折合为1头猪，5头猪折合为1头大牲畜。本方案将污染负荷按照万头猪为单位，经折合后，流域内畜禽养殖规模为820.97万头猪。

根据粪尿排泄系数及污染物平均含量计算得到畜禽养殖污染物总排放量。官厅水库流域畜禽养殖污染负荷为化学需氧量16464.6吨，总氮2794.2吨，总磷1040.6吨。根据《全国水环境容量核定技术指南》提供的技术参数和流域具体情况，取畜禽养殖污染源的入河系数为0.1，由此可以得到流域畜禽养殖污染的入河量为化学需氧量1646.46吨，总氮279.42吨，总磷104.06吨。

表 6-4 张家口水产养殖情况汇总

年份	养殖面积（hm^2）	产量（吨）	主要品种产量（吨）									
			草鱼	鲢鱼	鳙	鲤鱼	鲫鱼	鳟鱼	池沼公鱼	罗非鱼	虾	蟹
2009	9622	6852	498	1177	393	1432	2408	130	605	198	5	3
2010	10388	8542	448	1598	338	1331	2429	100	1484	143	600	3
2011	10448	8833	528	1648	363	1324	2458	183	1477	147	572	3
2012	8559	9342	631	1705	260	1433	2515	383	1568	174	605	8
2013	9737	11450	717	2015	498	1362	2885	482	1870	274	798	309
2014	9737	11970	776	2187	514	1374	2977	636	1964	279	722	295

表 6-5 流域内各区县畜禽养殖量

行政区	大牲畜（百头）		牛（百头）		马（百匹）		猪（百头）		羊（百只）		家禽（百只）		合计
	出栏	存栏	出栏	存栏	出栏	存栏	出栏	存栏	出栏	存栏	出栏	存栏	
桥东区	1	1	0	0	1	1	11	5	10	6	20	10	66
桥西区	0	9	0	9	0	0	56	40	33	16	936	487	1586
宣化区	20	30	19	25	0	1	442	267	53	59	2267	2296	5479
下花园区	10	60	4	15	0	0	272	170	109	82	9510	10914	21146
宣化县	492	717	393	512	7	20	4499	2416	4828	2047	40660	39550	96141
尚义县	258	225	244	185	2	1	770	460	1456	789	2098	1757	8245
蔚县	427	587	313	243	7	48	2593	1228	3877	1940	20176	27758	59197
阳原县	217	370	125	138	1	2	1465	1031	2119	1958	38171	23112	68709
怀安县	189	428	41	139	5	7	2346	1348	1021	709	3608	3006	12847
万全区	161	394	137	306	2	7	1850	1306	862	761	4713	5080	15579
怀来县	101	348	89	292	6	12	1380	826	910	757	116778	35622	157121
涿鹿县	118	428	99	354	7	26	3774	2153	3861	1162	41902	30702	84586
崇礼区	94	262	78	191	7	13	365	216	272	45	6557	5339	13439
高新区	26	68	26	67	0	0	534	318	262	86	6826	6205	14418
流域总计	2114	3927	1568	2476	45	138	20357	11784	19673	10417	294222	191838	558559

根据流域的实地调研情况，对主要污染源（包括工业废水污染、城镇生活污染、农村生活污染、种植业污染、水产养殖污染、畜禽养殖污染等）的污染负荷进行分析，汇总得到2014年官厅水库流域污染物排放量，分别为化学需氧量10297.81吨，总氮2031.22吨，总磷199.9吨。从化学需氧量排放量及各污染源贡献率来看，农村生活污染和城镇生活污染分别占了30%，成了化学需氧量排放量的最大来源；而工业废水污染和畜禽养殖污染化学需氧量排放量也较大，分别占到了23%和16%；从总氮排放量及各污染源贡献率来看，种植业污染达到了32%，为总氮排放的最大来源，农村生活污染、城镇生活污染和畜禽养殖污染总氮排放量分别占27%、26%和14%；从总磷排放量及各污染源贡献率来看，畜禽养殖污染超过了一半，为总磷排放的最大来源，达到了52%，城镇生活污染、种植业污染和农村生活污染分别占18%、16%和12%，如图6-4所示。

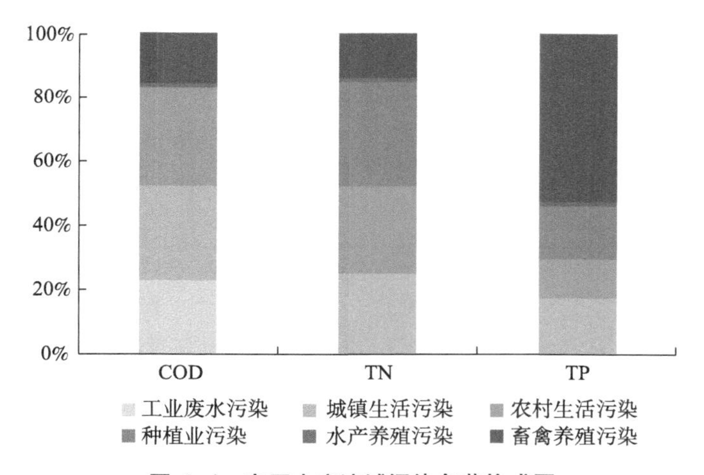

图6-4 官厅水库流域污染负荷构成图

通过流域污染负荷的分析，我们可以得到如下的初步评估结果：官厅水库流域的非点源污染（主要包括农村生活污染、种植业污染和畜禽养殖污染，在图中用黑色实线标注）较为严重，排放量大且没有得到有效治理，因此是当前官厅水库的主要污染来源和主要治理对象。相对于农业的快速发展，流域内工业则不太发达，第三产业相对落后，城镇化水平较低。同时，流域内工业污染得到了比较有效的控制，排放量较小，目前不是官厅水库的主要污染源。

（二）主要水污染物排放控制评估

根据历年张家口环境质量报告书，“十一五”以来张家口点源水污染防治成效显著，工业化学需氧量和氨氮排放量大幅减少。2006—2012 年，工业废水化学需氧量排放量从 27984 吨减少到 9241 吨，生活污水化学需氧量排放量从 30289 吨减少到 13852 吨，工业废水氨氮排放量从 3659 吨减少到 697 吨，生活污水氨氮排放量从 3535 吨减少到 2650 吨，工业废水排放达标率从 66. 32%上升到 98. 52%，均实现了“十一五”“十二五”规划确定的目标（见图 6-5、图 6-6）。但这些结论只是基于生态环境部门提供的统计数据，缺乏更翔实的证据。

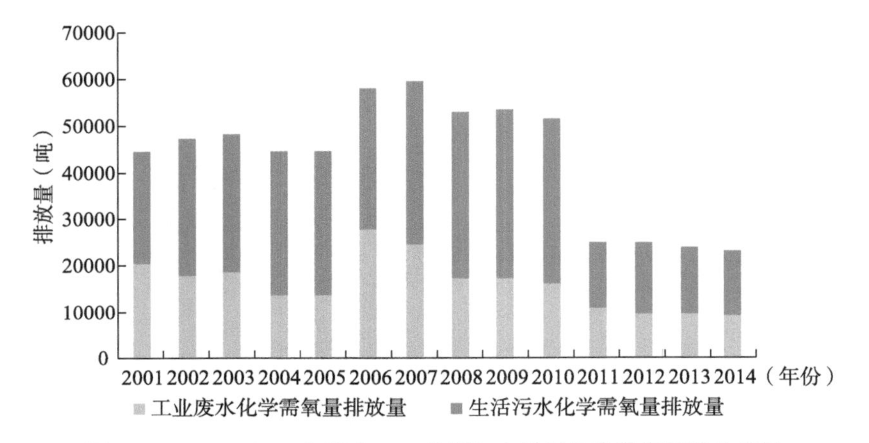

图 6-5　2001—2014 年张家口工业源和生活源化学需氧量排放情况

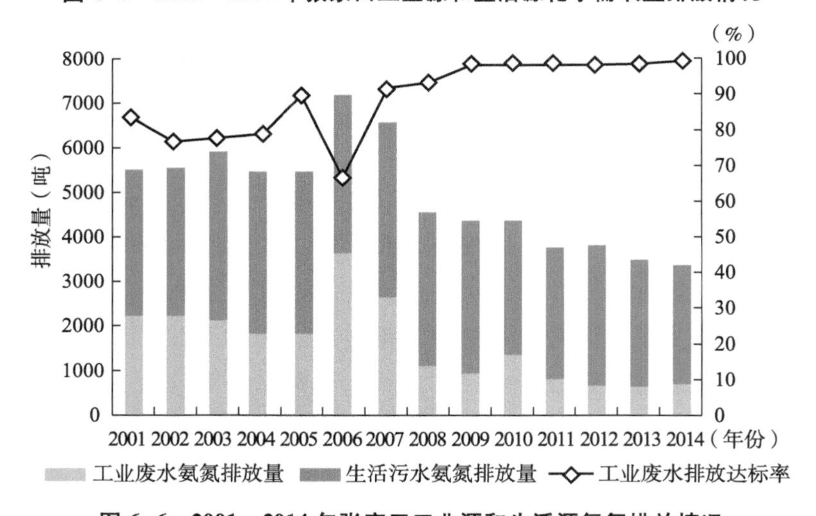

图 6-6　2001—2014 年张家口工业源和生活源氨氮排放情况

流域污染物排放量在历年环境质量报告书中都有记录，见上节分析。到目前为止，张家口生态环境部门并没有采用入河量的概念，入河量数据的缺失导致无法准确判断污染物排放数据的可靠性。尽管从生态环境部门提供的统计数据中可以看出，“十一五”以来污染物排放量在不断降低，但根据对永定河最后入库的八号桥断面的通量数据分析发现，近年来八号桥断面化学需氧量和氨氮通量并没有呈现逐年递减的规律，如图 6-7 所示。这说明化学需氧量和氨氮等主要污染物的排放并没有像生态环境部门提供的统计数据那样得到很好的控制。

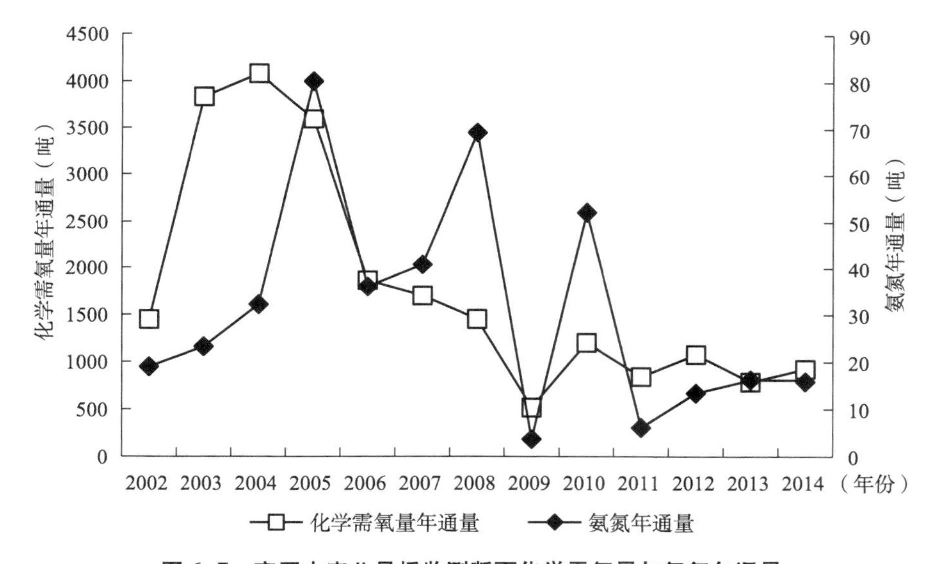

图 6-7 官厅水库八号桥监测断面化学需氧量与氨氮年通量

虽然官厅水库流域的非点源污染较为严重，点源污染得到了有效控制，但由图 6-8、图 6-9 可知，点源污染排放仍然是水质不达标的主要原因。化学需氧量通量随着流量的增大而增大，随流量的减小而减小，这个规律与水质—水量的一般逻辑关系基本上是一致的，即通量与流量关系密切，降雨量大时流量大，此时非点源污染物进入水体进而影响水质。但化学需氧量浓度却呈现相反的规律，流量大时浓度反而降低（此时非点源大量进入水体），此时水质不是最差的；流量小时（此时主要受点源污染影响）浓度反而升高，水质是最差的。因此，点源仍然是水质不达标的主要原因。

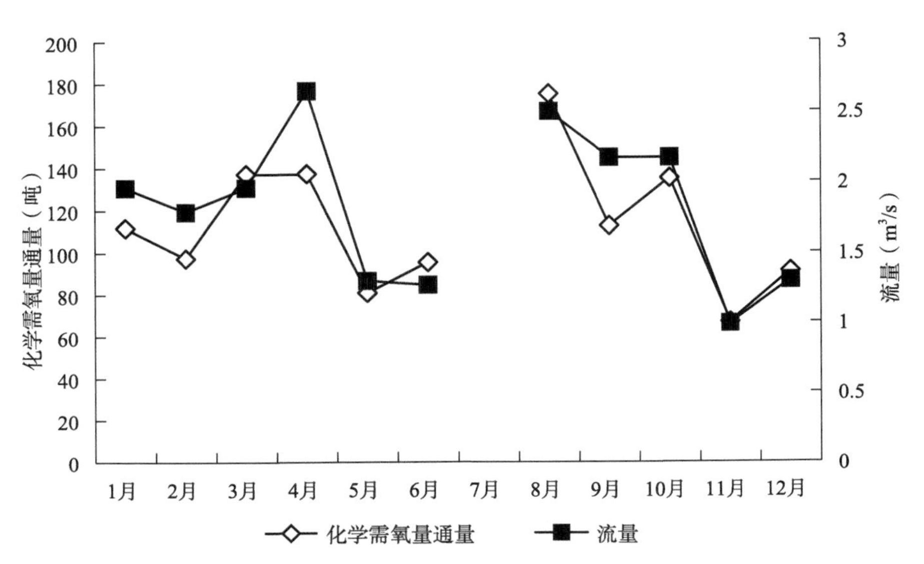

图 6-8　2014 年官厅水库八号桥监测断面月平均化学需氧量通量和流量

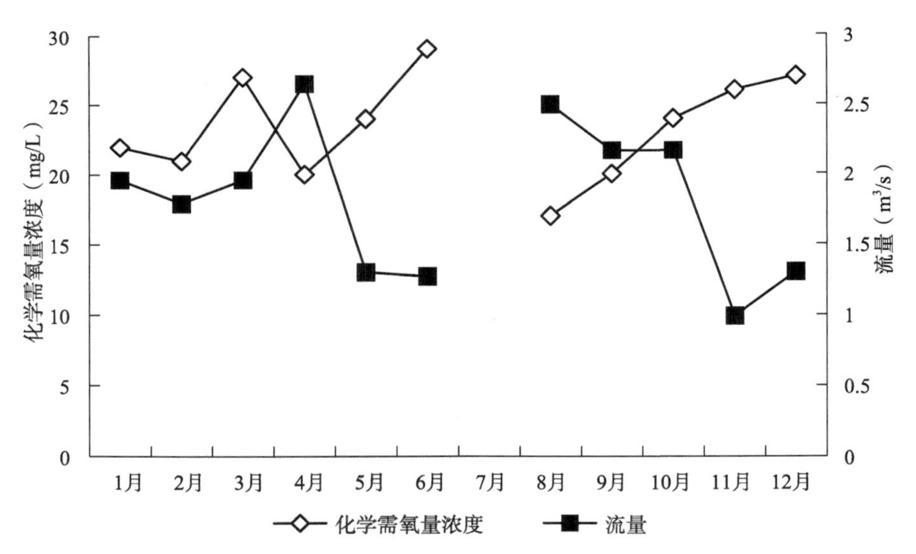

图 6-9　2014 年官厅水库八号桥监测断面月平均化学需氧量浓度和流量

四、政策框架体系评估

目前官厅水库形成以《水污染防治法》（2017）和《水法》（2016）为基础的法律法规体系，但至今有关水库区管理的法律法规还没有。1984 年由北京市、河北省、山西省共同签发的《官厅水系水源保护管理办法》也仅对官厅水系水源保护做了一些原则性规定，“水系保护工作由官厅水系水源保护领导小组统一领导，下设办公室负责日常管理工作”，并对水库周边保护区进行了划定。但这一办法制定的时间太早，至今仍未修订，且自身有很大缺陷，不足以实现流域的环境保护和污染防治。例如，该办法规定了当地人民政府对其进行监督实施，并规定当地生态环境部门对违反其规定的事项进行罚款和追责，可见领导小组没有监督、实施和执行该办法的权利。之后的官厅水库管理处也无权对流域内的水环境保护实施监督管理，导致管理者没有根本的、切实的管理权。

此外，这一由三个地方政府共同签发的文件在法律效力方面存在很大的缺陷。由于该办法既不是法律法规，也不是部门规章，法律效力的缺失导致其对地方水环境保护和水资源开发利用的约束力极其有限，不利于办法的有效实施。因此，缺失法律效力的办法、缺乏管理权的管理机构没有能力对流域的水环境和水资源进行实质性的管理。

即便是库区的管理，现状也令人担忧。按照该办法的规定，官厅水系流域划分三个级别保护区，一级保护区是官厅水库最高水位线（479m 高程）以内范围，二级保护区为官厅水库最高水位线以外 5 公里范围内，并明确了各级保护区内的禁止行为。近年来随着来水水量的不断减少，官厅水库一直以较低水位运行，库区周边的乡镇、村民围绕库区水土资源的开发利用活动不断增多。笔者现场调研的过程中，库区周边的滩地大多都被占用，水库滩地的种植和房地产开发几乎处于无序的状态，部分滩地和别墅群距离水库水面不足百米，所有的滩地种植都是直接从水库里取水浇灌，而有些别墅用地甚至接近了一级保护区（王晓东，2008）。在和官厅水库管理处相关领导的交谈过程中得知，虽然管理处是目前水库专门的管理机构，但对库区周边养殖、旅游以及房地产开发没有管理权限，仅负责水库水利工程的运行管理、水质监测、水文水资源资料收集与分析和防洪调度等工作，库区周边土地的规划、审批权都在怀来县地方政府，管理处无权过问，而且很多建设项目至今没有建设用地规划许可证和环评手续。[①]

① 中国企业网．多部门称无权管理，北京水源地水库畔现别墅项目［EB/OL］．http：//www.qiye.gov.cn/news/20140924_72165.html.

五、政策手段评估

（一）总量控制不合理

以官厅水库流域总量减排分配方案来说明规划实施的不合理性。官厅水库流域张家口市境内主要有永定河的两条支流桑干河和洋河。洋河主要流经重要工业区和主要居民生活区，在工业区和居民生活区上下游分别布设断面 S_1 和断面 S_2。工业区以机械、化工建材、纺织、皮革、造纸等为主，工业企业密集，水污染物排放量较大，进而导致洋河水污染严重，断面 S_2 水质劣于水环境功能要求。但桑干河流域内工业不发达、经济发展水平较低，水污染物排放量较小，对水质的影响较小，桑干河水质好于洋河水质。因此，官厅水库流域主要污染物总量控制的重点目标是减少洋河流域各个区县内工业企业和城镇生活的污染物排放量，而不是按照《张家口“十二五”主要污染物总量控制规划》的要求以几乎平均的方式来减少各个区县的污染物排放量。按照行政区分配排放总量的方法，“十二五”期间洋河、桑干河流域内各区县都要在2010年排放量的基础上减少相同的比例，对于洋河来说，减少11%~13%的排放量可能不足以改善水质，但对于已经满足水环境功能要求的桑干河来说，没有必要减少如此多的排放量（李涛，2018），如图6-10所示。

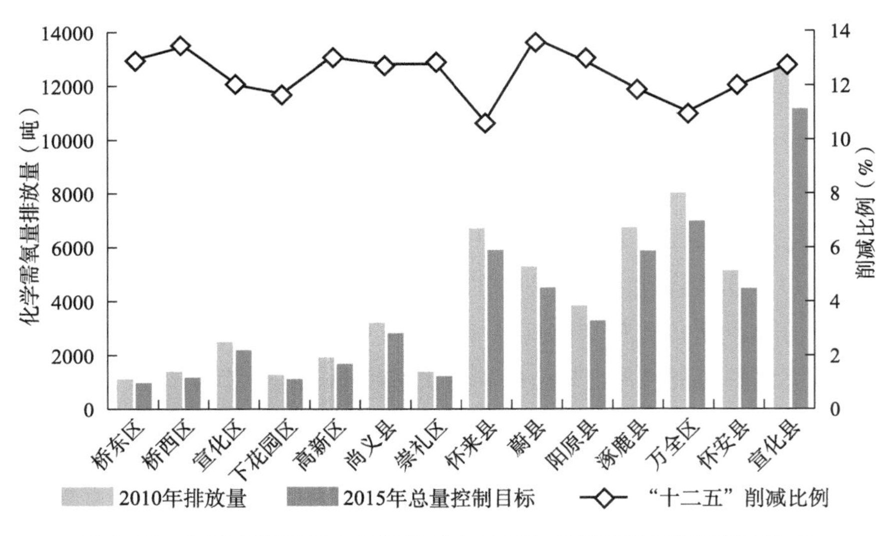

图6-10　官厅水库流域内各区县“十二五”总量控制目标与削减比例

（二）流域相关标准不协调

按照张家口生态环境部门提供的数据，流域内工业废水排放达标率已接近99%，城市污水集中处理率也接近90%，这样高比例的达标率和处理率并没有确保水质目标的实现。究其原因就是流域内现有的排放标准没有考虑水质的要求，没有与水环境质量相连接，达标排放的“合法”污水仍然是劣Ⅴ类水，在洋河、桑干河现状水质已经低于水质目标且上游没有清洁来水的情况下，这样的排放水不能改善目前官厅水库的水环境质量。

另外，流域内各个水域的水质目标之间也不协调。按照《河北省水功能区划》，官厅水库的水质规划目标是Ⅲ类水（这已经是对《规划》确定目标的人为降级，说明决策者已经认定Ⅱ类水目标的不可达，同时直接证明了《规划》确定的目标缺乏充分的论证），而上游地区洋河和桑干河的水质规划目标居然为Ⅳ类水，洋河的支流清水河的水质规划目标更是达到了Ⅴ类水。这就说明上游水质用途的确定根本没有考虑下游的使用，虽然按照美国的管理模式只要排放者按照标准（基于技术的或基于水质的排放限值）达标排放并随着污染物的逐步降解能够实现官厅水库饮用水源地的规划目标，但在我国现有的管理模式下，这样的目标很难实现。

此外，河流和湖库总磷浓度限值也存在不协调。根据前文分析，洋河、桑干河两条河流总磷呈逐渐改善趋势，2014年流域8个监测断面的总磷基本上保持在Ⅲ类水标准，但2002年水质标准中河流和湖库的水质标准存在差别，其中河流水质标准中关于总磷的浓度限值远高于湖库水质标准中关于总磷的浓度限值，河流水质标准中Ⅰ～Ⅴ类的总磷浓度限值分别为0.02mg/L、0.1mg/L、0.2mg/L、0.3mg/L、0.4mg/L，分别是湖库水质标准中总磷浓度限值的2倍、4倍、4倍、3倍和2倍，如图6-11所示。因此，如果按照我国现在的水质评价体系，要想实现官厅水库Ⅲ类水目标，两条河流的总磷浓度必须要达到Ⅰ类水质标准，而这也是几乎不可能实现的。

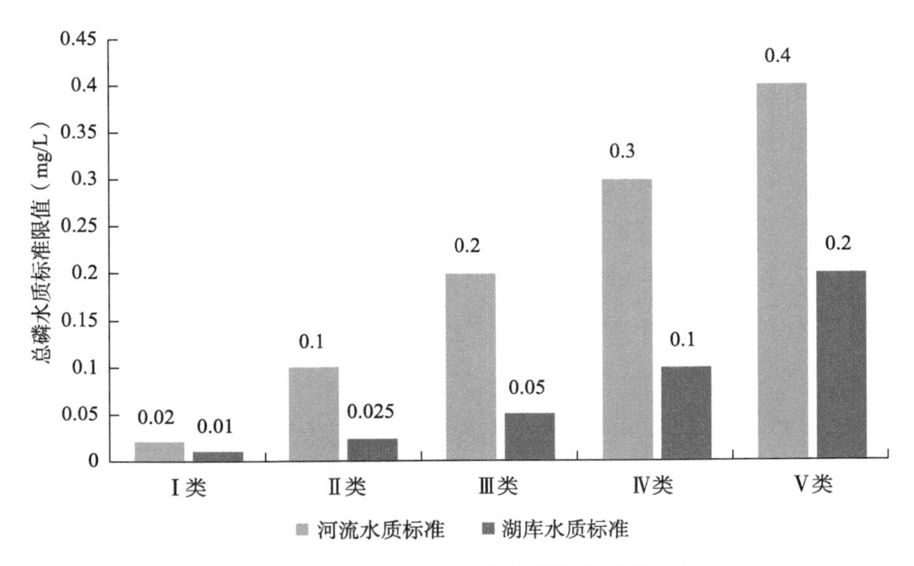

图 6-11　河流、湖库总磷水质标准限值对比

六、管理体制评估

官厅水库建成后，管理部门几经变革：1954 年由水利部负责管理；1971 年由北京市政府负责管理；1972 年成立官厅水库污染防治领导小组，1972—1980 年由该领导小组负责管理；1990 年以来由北京市水务局局属单位官厅水库管理处负责管理。官厅水库流域跨内蒙古自治区、山西省、河北省、北京市四地，但水库管理工作仅由官厅水库管理处负责，这样的管理体制无力承担流域内的跨界管理。根据《水法》（2016）规定，“国家对流域水资源实行流域管理和区域相结合的管理体制，且县级以上地方人民政府负责本行政区域内水资源开发、利用、节约和保护等工作”。因此，山西省、河北省水利部门负责流域上游地区的水资源开发利用，即使上游山西、河北地区水资源开发利用方式对下游地区产生不利影响，北京市水务局也无权介入上游地区的水资源管理工作。而上游地区在对其水资源进行管理和开发利用时也不会考虑下游的用水需求，从近年来官厅水库不断减小的来水量就可以看出这一矛盾，如图 6-12 所示。随着上游地区水利工程的大力修建，流域来水量逐年减少，尤其是 2009 年以来，桑干河阳原段已无水断流。

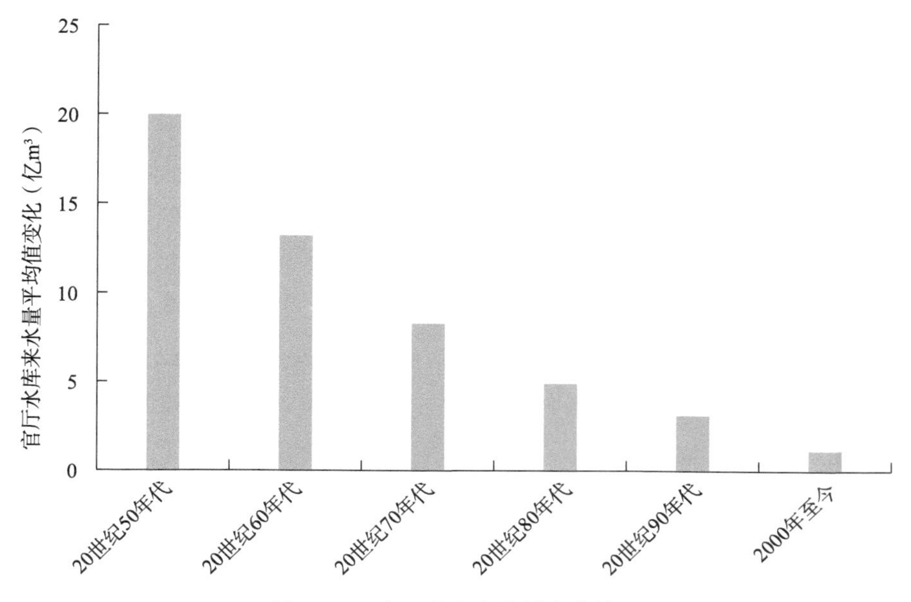

图 6-12　官厅水库来水量变化情况

同时，目前的监管体制也不完善。在笔者现场踏勘调研的过程中，八号桥断面设置了两个监测点位，其中之一就是生态环境部在此设置的永定河流入官厅水库的最后一个国控监测削减断面，也是张家口市环境监测站地表水常规监测断面。而另一个监测点位归属水利部，主要负责监测八号桥断面的水文数据，且水利部监测点位只位于生态环境部监测点位下游 10m 左右。这相差 10m 的两个监测点位却分属两个部门管理，张家口环保局也只能提供水质监测数据，对水文数据无权过问。这样的监管体制必然增加了协调成本，导致管理低效。

此外，官厅水库绝大部分水域面积都处在张家口怀来县境内，但由于其职责主要是保障北京市供水，水库的行政管理职能隶属于北京市水务局，而不是由水库所在地的行政区——河北省管理。不同地区、不同部门之间不存在任何行政上的隶属关系，也没有建立起流域上下游之间水资源合理利用的沟通和协调机制，缺乏明确的责任主体（冯彦，2005）。由此可见，目前的管理体制根本无力承担全流域的跨界管理。

七、管理机制评估

信息机制。充分、全面、完整的水环境信息是水环境保护工作科学决策

与管理的基础。官厅水库流域水质达标规划的信息主要包括水生态信息、水环境质量信息、水污染物排放信息、监测信息等。但在目前的官厅水库流域水质达标规划信息方面，存在着广泛的信息供给不足、信息不对称和供给成本高等特点。如生态环境部门只公布了水质类别数据，而具体的水质数据、污染物排放数据、监测频率等数据几乎没有公开，共享程度低。同时地方政府关于规划编制和实施的信息公开也普遍不足，公众难以参与其中，这必然不利于规划的科学决策。

资金机制。根据前文分析，点源污染仍然是流域水质不达标的主要成因，因此工业企业应当按照污染者付费原则支付全部成本，不应该享受国家财政补贴。但从规划资金安排来看，每年都有大量资金被补贴用于工业企业的污染治理设施，这与污染者付费原则相违背。同时当地政府污水排污费返还的做法也是不合逻辑的，工业企业之所以缴纳污水排污费，正是因为自身治理能力不足且污水排污费收费标准过低没有起到行为激励的作用，因此工业企业纷纷选择缴纳污水排污费。此时如果选择将排污费返还给不具有治理能力的企业，更是对污染者付费原则的违背。再者根据笔者对流域污水处理厂的调研可知，当地工业企业 1.45 元/吨的污水处理费远低于污水处理厂处理污水的治理成本 2.6 元/吨，这说明对工业企业征收的污水处理费未能包含全部治理成本，社会在为工业企业排污埋单。

八、小结

本章对官厅水库流域水质达标规划进行了评估，得到以下结论：第一，官厅水库流域城市化率不高，经济比较落后，人均地区生产总值在河北省处于中下游水平，有较强的发展冲动，同时流域内降雨量不高，水系比较简单。第二，采用目标—现状对比法将官厅水库水质水量现状和《规划》目标直接进行对比，表明官厅水库作为北京市饮用水源地功能的规划目标没有实现，水质、水量距离规划目标均有较大差距。第三，根据官方公布数据得到初步评估结果：流域内非点源污染严重且工业污染物排放控制效果显著，无论是减排量还是工业废水排放达标率均实现了规划目标。但入库八号桥断面主要污染物的通量数据显示，近年来主要污染物通量并没有呈逐渐递减的规律，且点源污染仍然是水质不达标的主要原因。

同时对流域水质达标规划存在的主要问题进行了分析。现有的政策框架体系缺乏法律效力，导致其对地方水环境保护和水资源开发利用的约束力极其有限。以行政区域为控制单元来进行总量指标的分配难以满足和实现流域内河流水质的目标要求；点源水污染物排放标准没有与水质达标直接连接，缺乏基于水质的排放标准；流域内各水环境功能区水质目标不协调，河流和湖库水质标准中总磷浓度限值也存在不协调；由官厅水库管理处负责管理的流域管理体制无力承担横跨四地的流域跨界管理；工业企业没有按照污染者付费原则支付全成本，政府和社会在为工业企业排污埋单。

通过官厅水库流域的案例分析，我们可以得到一些启示：流域水质达标规划必须要能够统筹水质、水量、水生态，任何单一要素或者分割管理都不能使官厅水库作为北京市饮用水源地的目标得以实现。作为饮用水源地，必须要有足够的水量和良好的水质，按照我国现行的管理模式，官厅水库即使能够实现水质的目标，只有 8000 万 m^3 的蓄水量也无法满足北京市饮用水数量上的要求，同时也会使张家口水污染治理的成本极高。

第七章
流域水质达标规划制度框架设计

根据前文所述我国流域水质达标规划制度缺位问题，本章在第二章建立的流域水质达标规划制度设计的理论框架和参考美国流域水质达标规划经验的基础上，明确流域水质达标规划的目标与定位。依据流域水质达标规划制度的设计原则，设计我国流域水质达标规划制度框架。明确各利益相关者的职责，建立符合外部性内部化以及机制设计要求的管理体制；基于我国流域水质达标规划管理现状，建立合适的流域水质达标规划制度管理机制。

一、流域水质达标规划制度目标与定位

水环境保护目标是水环境保护相关政策体系的价值和指向，代表着国家期望对社会生活做出什么样的改变。流域水质达标规划作为一种公共政策，其本质就是对权利的分配，也代表着对全社会期望实现的权利的优先性排序——经济利益、社会利益、环境利益到底哪一个在前，哪一个在后。水环境保护目标的确定影响着政策体系的方向和效果，同时也是其他政策手段、管理措施的设计依据，处于政策体系的最顶层。

水环境保护的最终目标是保障人体健康和水生态安全（美国《清洁水法》的表述为：恢复和保持国家水体化学、物理和生物的完整性），中间目标是所有水体水环境质量达标，直接目标是各类污染源排放得到有效控制。水是生命的起源，是人类及其他生物繁衍生存的基本条件，因此流域水质达标规划的目标必须也只能是保障人体健康和水生态安全。同时水也是经济社会发展

不可缺少和不可替代的重要资源和环境要素，人类的任何活动均不应破坏国家水体的完整性，因此流域水质达标规划制度应为经济社会发展和水环境管理划定红线，指明一个流域未来的发展方向。

美国《清洁水法》明确要求各州环保部门应为水质未能达到联邦环保署制定的水质标准的水体制定流域水质达标规划，使得该流域水质达标。因此，流域水质达标规划制度的本质目标是通过立法方式，要求水质未达标水体满足水环境质量标准要求，是中央政府监督地方政府履行实现水环境质量标准目标要求的法定规则，是统一、规范化的流域水质达标规划方案制定的法定准则。

（1）典型命令控制属性，是落实水环境质量标准的政策手段。水环境保护的最终目标是保障人体健康和水生态安全，如果水质标准能够反映最新的科学技术，水环境保护的最终目标也即实现所有水体水质达标。水环境质量标准是典型的命令控制型政策，流域水质达标规划制度是具体执行这一命令控制型目标的政策手段，很明显具有命令控制属性。命令控制型手段具有确定性和强制性的特点，因此流域水质达标规划应该是一个法律文件，统领其他政策手段，通过一系列政策手段来具体细化和落实水环境保护相关法律法规的要求，是国家和地方政府执行水环境保护相关法律法规的具体行动计划。

（2）中央政府监督地方政府履行实现水环境质量标准要求的法定规则。市场经济体制下特有的市场失灵的本质使社会资源难以得到最优配置，但地方政府在解决流域水污染外部性问题过程中出现的政府失灵也是市场经济体制下的特有产物，因此代表公民利益的中央政府必须对此负责。流域水质达标规划制度是在遵守现行水环境保护法律法规政策框架体系规定下的，赋予中央政府更多法律权利和责任，作为中央政府监督核查地方政府履行实现水环境质量标准要求的法定规则。

（3）统一、规范化的流域水质达标规划方案制定的法定准则。鉴于当前地方政府流域水质达标规划目标确定、管理方案制定、方案筛选等方面存在不合规和不科学的问题，流域水质达标规划制度从确保规划目标完全满足水环境质量标准要求，污染源排放控制措施符合排放管理政策法规要求，以及规划编制与实施具有科学性、可操作性等方面着手，提出统一、规范化的流域水质达标规划方案。

二、利益相关者分析

根据我国现行水环境管理体制，并从流域水质达标规划编制和实施过程角度出发，流域水质达标规划制度存在着三大类主要利益相关者，即各级政府、污染源、公众与社会团体。

（一）各级政府

中央政府是各项水环境保护法律法规的颁布机构，在水环境保护工作中起宏观调控作用，对地方政府水环境保护工作进行监督核查。生态环境部是根据十三届全国人大一次会议通过的国务院机构改革方案设立的代表国家整体利益、负责全国环境保护的最高管理者。根据《水污染防治法》（2017）和《生态环境部职能配置、内设机构和人员编制规定》，主要职能包括制定并监督流域生态环境规划，组织拟订各类生态环境基准、标准和技术规范；制定水环境质量标准和水污染物排放标准；制定水环境监测规范，组织监测网络、统一规划监测站点设置并统一发布全国水环境状况信息；建立重点流域水环境保护协调机制；公布有毒有害水污染物名录；负有水环境保护的监督管理职责、总量减排考核、排污许可证监督以及实行水环境保护目标责任制等。总体上，生态环境部负责环境保护法律法规制定、方针政策的决策部署以及全国水环境保护工作的技术指导，水环境保护的具体任务全部由地方政府负责，中央政府和地方政府之间在水环境保护中是委托—代理关系（韩冬梅，2012）。

省级地方政府一方面是中央政策的执行者，另一方面也是本省水环境保护地方法规、标准和技术规范的制定者。省级地方政府对本省的水环境质量负责，是省内未达标水体的流域水质达标规划的主要负责人。各省生态环境厅负责监督本省内市、县政府的水环境保护工作，负责本省重大生态环境问题协调与监督，负责国家主要水污染物减排目标的落实以及排污许可证制度的监督，收集和整理省内水环境质量、水污染排放监测数据，公布本省集中式生活饮用水水源水质状况报告、环境质量年报、环境统计年报、生态环境状况公报等水环境质量和水污染物排放相关信息。从职能关系来看，是协调中央政府和市、县政府之间水环境保护行动的中间机构。

市、县级地方政府生态环境局是水环境保护的基本单元，是省级水质达标规划的直接执行者，负责本行政区内水质达标规划的具体制定和落实。《环境保护法》（2014）明确规定："未达到国家环境质量标准的重点区域、流域的有关地方人民政府，应当制定限期达标规划，并采取措施按期达标。"①《水污染防治法》（2017）明确规定："有关市、县级人民政府应当按照水污染防治规划确定的水环境质量改善目标的要求，制定限期达标规划，采取措施按期达标；每年在向本级人民代表大会或者其常务委员会报告环境状况和环境保护目标完成情况时，应当报告水环境质量限期达标规划执行情况，并向社会公开。"②

（二）污染源

点源和非点源等水污染源是流域水质达标规划管理的主要对象。市场经济体制下水污染源尤其是工业企业点源行为动机十分明确，即追求自身利益最大化，故在缺少激励的情况下没有足够的污染治理动机。因此，执法者需要对不同的水污染问题设计合理的环境政策手段，主要包括命令控制型手段、经济刺激型手段、劝说鼓励型手段。无论采取哪种手段，目的都是实现水污染外部性的内部化，污染源会根据法律法规的规定和自身情况，选择费用效益最好的内部化方式。点源是流域水质达标规划管理的主体内容，排污许可证是点源排放管理的基础和核心的政策手段，是一个对点源全部排放控制要求的文件，核心内容是点源水污染物排放标准。水污染物排放标准应当依据污染者付费原则，确保水环境质量不退化。不同于点源，非点源污染的消除重点在于前端管理，即土地和地表径流的管理，以减少污染物的排放，而不是排放后的末端治理。从环境管理职责划分来讲，水污染源尤其是点源的主要职责是遵守国家和地方相关法律法规和各项政策，履行污染者付费原则并自证守法。但实际过程中，污染源总是具有逃避污染治理责任、隐藏违法信息、贿赂环境执法者以逃避处罚的动机。简单来讲，守法成本和违法收益是决定其行为的直接依据（韩冬梅，2012）。

（三）公众与社会团体

公众是流域水质达标规划的最终受体，有权了解其居住区域周边的水环境质量状况和各类水污染物质对其造成的影响。如居住在流域周边的渔民应该可以及时获知水质变化和对水体有直接影响的污染源排放信息。发生了水

① 《环境保护法》第二十八条。

② 《水污染防治法》第十七条、第十八条。

体污染事件，渔民可以及时获取信息、采取措施减少损失并获取赔偿。因此，信息公开是公众可以充分获取水环境信息和影响以及维护自身利益不受损害的主要途径，同时多样的信息反馈渠道和政府对公众反馈做出的及时回应也是非常重要的。对流域水质达标规划而言，公众参与能够增强规划的认同感和可实施性，是流域水质达标规划制定和实施的基础。

社会组织是水环境保护的重要参与方，其宣传水环境保护信息、对地方政府和污染源进行监督、为环境执法和环境守法提供证据等，是水环境信息获取的重要来源。美国非营利水环境保护团体是美国水环境保护社会监督的重要力量，不仅监督污染源排放，还可以起到监督地方环保部门的作用，极大地推动了水环境法令的执行（开根森，2007）。

三、管理体制设计

管理体制设计是为了纠正水污染外部性造成的管制失灵。美国流域水质达标规划制度在一定程度上为我们提供了可供借鉴的经验，虽然美国和我国政治体制、经济发展水平各不相同，但水环境管理和管理科学技术具有普适性，借鉴美国流域水质达标规划制度可以避免我们走不必要的弯路。美国流域水质达标规划由州政府制定、联邦环保署审批并监管州政府履行实现水环境质量目标要求的管理模式，为我国流域水质达标规划制度管理体制的设计提供了参考。同时，国内城市规划制度、土地利用总体规划制度也为流域水质达标规划制度管理体制的设计提供了现实经验。本部分将依据外部性理论和机制设计理论，同时借鉴美国流域水质达标规划制度和国内城市规划制度、土地利用总体规划制度的经验，建立流域水质达标规划制度管理体制。

（一）建立中央政府负更多责任的流域水质达标规划制度管理体制的必要性

首先，与目前由地方各级人民政府对各行政区域水环境质量负责的做法相比，将水环境管理责任上移，由中央政府在流域水质达标规划制度中发挥重要作用的做法是非常必要的。

中央政府立足于国家整体利益，具有实现水污染外部性内部化的最大动机。流域水质达标规划以流域为基本控制单元，一个完整的流域通常跨域多个行政区。地方政府在执行流域水质达标规划过程中兼有国家政策执行者和地方利益保护者的双重身份，地方利益与全局利益存在明显博弈关系，现行地方政府对本行政区域水环境质量负责的管理体制直接影响水环境保护效果。同时，随着市场经济体制下的分税制改革，中央政府拥有更多的财权来进行再分配，并对地方政府的政策执行状况进行一定的财政制衡形式的监督管理。

其次，有利于降低信息获取成本，进而提高规划执行的确定性。市场经济条件下存在着广泛的信息不对称，地方人民政府掌握更为详细的水环境质量和水污染源排放信息。同时地方人民政府既没有动力严格核查污染企业的排污信息，也没有动机向中央政府报告完整、准确、全面的环境质量和污染排放信息。因此，容易形成"中央政府—地方政府和污染源"的模式，进而阻碍规划的有效实施。如果将流域水质达标规划的监督、管理、审批转移到中央政府，就可以很大程度上提高流域水质达标规划的权威性和约束力（王军霞，2010）。

最后，提高资金投入，明确问责主体。由于水污染外部性的存在，对跨行政区的水污染问题，地方政府往往缺乏投资动力。同时不同地区间经济发展水平的不同将直接影响水污染防治的人力、技术和资金的投入水平。由中央政府统一划拨管理流域水质达标规划资金，克服地区缺乏投资动力和发展不平衡等问题。根据水污染外部性特征确定管理级别，中央政府需要在诸如城市污水处理厂建设等投资方面负更多责任，并对大型点源承担主要监管责任。中央主导、地方配套的资金投入会大大提高地方政府水环境治理投入的积极性。在问责处罚方面，明确中央政府对未能实现流域水质达标规划目标的地方政府进行问责和处罚，将在一定程度上倒逼地方政府有效执行中央政府政策目标的动力（何伟，2016）。

（二）经验可借鉴性分析

1. 美国经验分析

美国早在1972年《清洁水法》的303条款中就提出了受损水体水质达标规划，将水体点源和非点源污染纳入统一管理范围，对各州水质标准和受损水体水质达标规划的制定和实施也都做了相应规定，但是受损水体水质达标规划在20世纪七八十年代却被忽略。之后越发严重的非点源污染迫使联邦环保署重新关注水质达标规划，并为其制定指导方针及具体实施方法。1972年《清洁水法》要求地方对不能充分控制的地区进行识别，在考虑污染的严重程度及该水体用途等因素的基础上，对该水体评定等级并制定一个优先治理清单，清单包括受损水体名称、主要污染物、污染程度、污染范围等，并针对这些水体制定流域水质达标规划。1987年修订的《清洁水法》再一次明确，如果各州受损水体在实施基于技术和水质的控制措施后，仍未能满足相应的水质标准，那么联邦环保署就要求州政府对这类水体制定并实施水质达标规划。州必须确定每个受损水体达标时点源和非点源排放污染物的削减量。水质达标规划编制完成之后要提交联邦环保署审查和批准，并在提交时提供相应的管理文档和技术说明等一系列文件。联邦环保署可以批准或不批准州政府提交的水质达标规划，如果联邦环保署不批准州政府制定的水体清单和水质达标规划，则联邦环保署区域办公室就会制定水质达标规划并且发布公报、征求意见。如有必要，联邦环保署可直接做出修改，然后交给州政府。

我们可以发现美国在水质达标规划过程中，通过规划审批权设置的“强制合同”，明确了联邦环保署对州政府提交的水质达标规划进行最终审查和批准，以确保州内水体清单和水质达标规划的优先等级，重点问题重点管理，体现针对性和科学性。相对而言，我国《水污染防治法》（2017）只明确规定了国家确定的重点流域和其他跨省流域的水污染防治规划由国务院批准，并没有赋予中央政府、国务院生态环境主管部门对省内跨县流域以及市、县级限期达标规划的最终审批权和不执行规划的相应惩罚措施。政府具有审批性的管理行为包括审批、核准、审核、备案四种类型，其中审批作为最严格的行政管理手段，是审批主体（政府机关或授权单位）根据法律法规等政策体系的规定，判定审批客体的行为活动是否合规。而备案仅仅是向主管部门报告制定的或完成的事项，行政权威性较弱。美国流域水质达标规划制度的联邦环保署对州政府的监管模式是我们可以学习和借鉴的地方（宋国君，2020）。

2. 国内规划制度经验分析

与流域水质达标规划制度类似，国内城市规划、土地利用总体规划针对的也是稀缺性资源（即城市空间、土地资源等），在规划制定和实施过程中也涉及众多利益相关者，并与流域水质达标规划处于相同的制度环境，因此这两项规划可以对我国流域水质达标规划制度设计提供可参考的现实经验。

《中华人民共和国城乡规划法》（以下简称《城乡规划法》）（2019）和

《中华人民共和国土地管理法》（以下简称《土地管理法》）（2019）分别对城市规划和土地利用总体规划中关于利益相关者的权责进行了划分，并对其相应的管理体制机制进行了规定，强化了城市规划和土地利用总体规划的法律地位和作用。两部法律均在法律层面上明确了中央政府在规划制度运行过程中的权责，如《城乡规划法》（2019）明确规定："依法批准的城乡规划，未经法定程序不得修改；省、自治区人民政府组织编制省域城镇体系规划，报国务院审批；直辖市的城市总体规划由直辖市人民政府报国务院审批；省、自治区人民政府所在地的城市以及国务院确定的城市的总体规划，由省、自治区人民政府审查同意后，报国务院审批；其他城市的总体规划，由城市人民政府报省、自治区人民政府审批。"① 《土地管理法》（2019）明确规定："省、自治区、直辖市的土地利用总体规划，报国务院批准；省、自治区人民政府所在地的市、人口在一百万以上的城市以及国务院指定的城市的土地利用总体规划，经省、自治区人民政府审查同意后，报国务院批准；土地利用总体规划一经批准，必须严格执行。"② 两部法律还分别对城市规划和土地利用总体规划的监督机制和问责处罚机制进行了明确，如《城乡规划法》（2019）明确规定："对依法应当编制城乡规划而未组织编制，或者未按法定程序编制、审批、修改城乡规划的，由上级人民政府责令改正，通报批评。"③

（三）流域水质达标规划制度管理体制框架设计

根据外部性理论和机制设计理论，参考美国流域水质达标规划制度和国内城市规划、土地利用总体规划制度，对我国流域水质达标规划各级政府的权责划分、管理职能进行设计，权责划分清晰、管理职能明确可以提高水质达标规划的管理效率。

1. 政府部门的权责划分与管理职能

（1）中央政府权责划分与管理职能。生态环境部是流域水质达标规划制度运行和决策的最高管理机构，在流域水质达标规划中应负有更多职责，主要包括以下几点：

①流域水质达标规划相关政策规定。

目前，《水污染防治法》（2017）规定了流域水质达标规划的相关法律条

① 《城乡规划法》（2019）第七条、第十三条、第十四条。

② 《土地管理法》（2019）第二十条。

③ 《城乡规划法》（2019）第五十八条。

文，并没有细化流域水质达标规划的具体框架，如受损水体的鉴别与优先性排序、水质达标规划的制定与实施、第三方评估、信息公开与公众参与等。同时，站在管理的角度，考虑到各环境要素的联系实际上并不多，并且各环境要素在科学、技术和管理等方面差别很大，因此建议尽快出台专门针对流域水质达标规划管理的《水质达标规划管理条例》，完善流域水质达标规划制度的实施细则和办法。

②流域水质达标规划编制技术导则的起草和公布实施。

如前所述，目前国内已有多个编制技术指南公布实施，但相对于科学指导地方政府制定实现水环境质量标准目标的水质达标规划要求仍略显粗泛。建议生态环境部制定指导地方政府或流域机构科学识别流域水环境问题、准确识别水污染物排放与水质之间响应关系的流域水质达标规划编制技术导则，确保流域水质达标目标和期限、管理方案制定和筛选的科学性和有效性，并向社会公布实施；及时跟进国内外水环境治理领域先进的流域模型和环保技术，对流域水质达标规划编制技术导则进行定期评估和修订。

③建立国家水环境质量和水污染源排放信息数据库。

生态环境部充分利用现有水质、水量、水生态的监测管理能力和在线监测数据信息，对各流域水环境质量和水污染源排放数据进行收集和处理，建立国家水环境质量和水污染源排放信息数据库，并对海量数据进行统计。同时借鉴美国的形式和制定方法，在分析我国不同流域水环境质量和各行业水污染源排放状况的基础上，根据目前先进的科学方法制定适合我国国情和水情的水质基准并计算水污染物限值，及时对我国水环境质量标准和水污染物排放标准进行评估和修订并明确反退化原则，提升我国水环境标准体系的科学性和可操作性。

④组织实施流域水质达标规划专项资金管理政策。

流域水污染外部性的存在决定了中央政府财政投入的必要性，中央政府的财政投入也是提高地方政府水环境治理投入积极性的有效激励。通过建立流域水质达标规划专项资金管理政策，中央政府可以对地方政府实施必要的奖惩“激励合同”，对流域水质达标规划制定和实施效果较好的地方政府通过财政转移支付的方式正向激励治理积极性，同时对未按照法定要求制定、制定不合理、实施效果欠佳的地方政府暂停财政转移支付。

⑤建立流域水质达标规划管理委员会。

由中央政府授权，在生态环境部水生态环境司建立流域水质达标规划管理委员会。该委员会可由生态环境部分管领导、各职能部门代表、规划专家、高等院校和科研院所代表、非政府组织以及来自法律、管理、经济、工程等相关领域的专业人士组成，同时权责应有法律保障，以提高其权威性。委员会负责对地方政府提交的受损水体清单和流域水质达标规划方案进行审批，将审批通过或不通过的结果向全社会公布，并在公示期内征求社会公众意见。委员会通过招投标方式负责组织第三方机构对省政府提交的流域水质达标规划实施效果进行评估，并将评估结果提交生态环境部作为问责和处罚的依据，如可以对实施效果较差地方政府实施挂牌督办、取消规划环评和建设项目环评审批。

⑥负责组织为地方流域水质达标规划相关人员提供技术援助和培训。

流域水质达标规划的编制、实施和评估，涉及环境科学、环境工程、环境管理、环境经济学等相关领域的专业知识，对负责流域水质达标规划的相关人员有较高的要求。美国联邦环保署和区域办事处可为州制定流域水质达标规划提供各种技术援助和建议，环保署与其下设的暴露评估建模中心联合提供模型方面的培训和援助，环保署还为水体系统用户提供培训和技术援助。生态环境部应通过多种形式为地方水质达标规划人员提供技术援助和培训考核，并对考核通过人员颁发流域水质达标规划从业资格证书。

（2）省级地方政府权责划分与管理职能。省生态环境厅接受生态环境部的委托，对本省水环境质量负责，并对本省受损水体清单的确定、优先性排序以及省内流域水质达标规划负责。

①制定水质达标规划制度的地方性法规。

省政府既可以直接执行国家层面的《水质达标规划管理条例》要求，也可以结合本省水环境质量状况和水污染实际情况制定适合本省的地方性法规。但必须严于国家的要求，而不能低于国家的要求。

②向生态环境部提交受损水体清单。

借鉴美国经验，省政府对本省内水环境质量和受损水体清单完全负责。各省审阅各流域水质管理局提交的受损水体清单，每两年向生态环境部提交一次受损水体清单报告，描述受损水体情况。省生态环境厅在编制清单时应提供关于制定清单方法的说明、用于识别受损水体的数据和信息的说明。同时省生态环境厅在考虑影响程度和水体指定用途的情况下制定优先顺序，确定具有高优先级的受损水体水质达标规划目标水体清单，随受损水体清单一同上缴。

③审阅流域管理机构水质达标规划文本，签字并上缴生态环境部。

借鉴美国经验，打破行政界限的分割，在省内设置流域水质管理局，以流域为单位进行水质达标规划的编制。省生态环境厅负责对流域水质管理局递交上来的流域水质达标规划进行初步审阅，对不合规的地方提出修改意见；在审阅同意的基础上，由省长签字并上缴生态环境部审批。

④审批市、县内水体水质达标规划。

对于水污染环境外部性范围较小的市、县内水体水质达标规划，省生态环境厅接受生态环境部委托对这类水质达标规划进行最终审批，并将审批通过或不通过的结果向全社会公布，并在公示期内征求社会公众意见。

⑤负责对地方政府主要负责人和直接责任人问责和处罚。

省级政府负责对因未能提交受损水体清单和受损水体水质达标规划或者在提交受损水体清单过程中弄虚作假、流域水质达标规划实施过程中执行不力的地方政府负责人和直接责任人进行问责和处罚，并将处罚结果向全社会公开。

（3）流域管理机构权责划分与管理职能。流域水质管理局接受省生态环境厅的委托，对本流域水环境质量和受损水体清单完全负责。流域水质管理局是流域水质达标规划的主要实施主体，是流域水质达标规划制度的主要守法者，主要职责是履行流域水质达标规划制度的法定要求，并采用管理方案和措施确保流域水质满足水环境质量标准要求。流域水质管理局不受地方政府的管制，直接向省生态环境厅汇报，可以直接管理到地方政府，市、县级地方政府是流域水质达标规划具体执行的基本单元。

①识别受损水体，向省生态环境厅提交受损水体清单。

流域水质管理局识别需进行流域水质达标规划的受损水体，并向省生态环境厅提交受损水体清单，供省生态环境厅审阅。在清单的提交中要注意，如果某一水体未被列入清单，流域水质管理局必须表明，根据当前的证据说明控制是可行的、具有针对性的，足以实现水质达标。如果控制尚未实施，流域水质管理局必须提供一个及时执行的时间表。受损水体清单应更新以反映最新的监测和评估数据，并在识别受损水体清单时应查明清单中每个区段的受损原因。受损水体清单上缴给省生态环境厅的同时，也要上缴足够的支持文件。

②编制、修订和执行流域水质达标规划。

流域水质管理局在遵守国家和省级政府有关流域水质达标规划管理法律

法规和技术导则的基础上，应征求市县级地方政府、企事业单位、专家学者、行业协会、社会公众、非政府组织的意见，组织编制、修订和执行有一定时间期限的流域水质达标规划。规划编制完成后，按照生态环境部规定的时间期限要求，在加盖流域内各市市长签字的基础上向省生态环境厅上缴流域水质达标规划文本以及审批支撑材料。

③编制流域水质达标规划社会经济影响分析报告。

流域水质管理局以确保水质达标为目标编制流域水质达标规划，并在此基础上组织编写流域水质达标规划实施的社会经济影响分析报告，重点是规划的成本—效益分析报告，从而对流域水质达标规划的经济可行性和公平性进行论证。

④采用多种形式促进受损水体清单和流域水质达标规划的公众参与。

在正式的受损水体清单和流域水质达标规划签字并上缴省生态环境厅之前，流域水质管理局组织多种形式促进公众参与，将受损水体清单识别流程、水质达标规划编制过程和内容、相应的社会经济影响分析报告向行业协会组织、社会公众、企事业单位、非政府组织、专家学者等不同类型的利益相关者全面公开，并对公众提出的问题和意见及时反馈，最终保障流域内所有利益相关者的利益诉求得到实现。

2. 流域水质达标规划制度框架运行程序

流域水质达标规划制度框架运行程序将更加明确规划涉及的利益相关者的职能划分和规划制度的运转机制。

（1）流域水质达标规划的制定与上缴。

流域水质达标规划应该包含所有会影响水质状况的污染源。现有做法可能使流域水质达标规划更多关注物理和化学指标表达的污染水体。对于污染源对水生态系统、舒适性、景观福利等方面造成的影响，如栖息地恢复和河道改良，在实施流域水质达标规划时也应该将其考虑在内。

流域水质达标规划的使用要基于水质的方法，重点关注优先解决的问题和区域，注重流域整体性和成本有效性。流域水质达标规划包含的要素如下：水质达标规划中受损水体的鉴别；确定需要实施水质达标规划水体的优先顺序；制定受损水体水质达标规划；实施控制措施；评价基于水质的控制措施等方面。另外，建立合作关系、公众参与、信息公开、促进技术进步和支持创新也是非常重要的方面。流域水质达标规划整体框架如图 7-1所示。

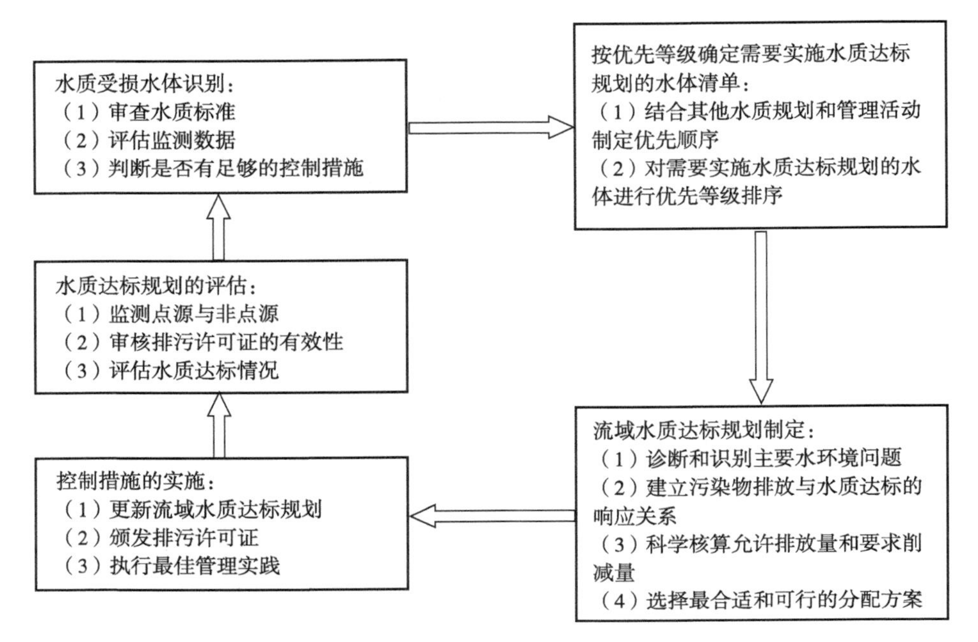

图 7-1　流域水质达标规划整体框架

①地表水环境质量标准、水体指定用途或经修订后一经公布实施，中央政府便要求地方政府立即识别受损水体。水质标准是识别受损水体的基础，也是评价水体状态和实施所需控制措施的准绳。在识别受损水体过程中，要注意生物学标准应与物理和化学标准联合起来使用，确定水体是否达标或满足某种指定用途，因为水生态系统的生物学标准与水体指定用途联系更紧密。所有的物理、化学标准和部分生物学标准的制度应考虑数量、频率和持续时间，同时用已有的监测数据衡量水质是否达标。基于技术的排放标准是应用最广泛的水污染控制措施。省生态环境部门和地方政府可以制定超出基于技术控制的可行规定。例如，在颁发的许可证中设计更为严格的排放标准。

各流域水质管理局要优先对那些新的点源或非点源实施合适的控制措施，保证水体的现有用途。通过识别受损水体和受威胁的良好水体，各流域水质管理局在水质管理中将采取更为积极主动的污染预防方法。

②在鉴别需要采用额外控制措施的水体后，各省生态环境厅需要对受损水体清单进行优先排序。优先排序可以由各省生态环境厅自行定义，各省在

其排序的复杂程度和设计上可以有所不同。

受损水体优先排序必须重点考虑水体的受污染程度和水体用途。各省生态环境厅应该制定多年计划，确定优先顺序，通过优先治理最有价值和受损水体及社会公众反映最强烈的水质问题，获得环境利益的最大化。确定受损水体水质达标规划优先顺序是对省内水体相关价值和有益性的评估，在评估中还应考虑以下因素：对人体健康和水生生物的风险；社会公众感兴趣和支持程度；特殊水体的娱乐、经济和美学价值；特殊水体作为水生栖息地的脆弱性和易损性；计划是否有迫切的程序需求，如许可证需要更换或者修订，或是非点源负荷需要最佳管理实践；在制定污染排放清单的过程中新发现的水体污染问题；等等。

各省要上交其优先顺序供生态环境部审查。为有效地对所有鉴别水体制定和实施水质达标规划，各省应制定多年度时间表，制定中要考虑到目标水体水质达标规划和解决所有仍需制定水质达标规划水体的长期规划。各省每两年进行水体评估并向生态环境部提交报告，各省生态环境厅需定期更新水体清单数据库。

③在地表水环境质量标准要求以及国家和地方政府流域水质达标规划管理法规和编制技术导则的基础上，流域水质管理局必须制定针对单项未达标水污染物的达标规划，根据季节变化和安全临界为该水体确立一个日最大污染负荷。如果存在营养物、沉积物、细菌、重金属等多个污染物未达标，则需要同时制定多个水污染物的水质达标规划。

流域水质管理局是流域水质达标规划的制定者，负责编制、修订和执行该流域未达标水污染物的达标规划，流域所处地方政府管理部门参与协作，并提供流域水环境信息和污染源排放基础信息，在符合法律规定和政府、企事业单位、污染源、社会公众、非政府组织等达成共识的基础上，重点问题重点管理，确定科学的、有针对性的、可执行的排放控制管理方案。

流域水质达标规划编制完成以后，编制一份通俗易懂的流域水质达标规划简本或一个常见问题答案清单，向全社会公开，征集公众对流域水质达标规划的意见和评论。形成最终规划文本后流域水质管理局须组织规划的公众听证会，经公众听证会审议通过的规划文本由流域所在行政区各市市长签字

后上缴省生态环境厅审阅；省生态环境厅对流域水质管理局提交的流域水质达标规划进行初步审阅同意后，由省长对规划文本进行签字，继续上缴国务院生态环境部进行最终审批。

（2）流域水质达标规划的审批、公开与问责处罚。

生态环境部和省政府应在流域水质达标规划的制定程序上达成协定，这一程序应符合生态环境部编制技术导则或规范，如果与导则或规范不同，则必须在技术上证明其合理性。

生态环境部流域水质达标规划管理委员会负责审批各省提交的受损水体清单和流域水质达标规划，有权决定规划审批是否通过，并将审批结果和原因在官方网站、多媒体、新闻、电视等多种渠道向社会公众公开，并继续为社会公众保留表达意见的机会，委员会将对公众意见酌情采纳。

如果受损水体清单和流域水质达标规划审批通过，生态环境部就要求地方政府负责实施，并通过招投标的方式委托第三方评估机构对流域水质达标规划执行情况、实施效果和效率进行年度考核以及中期和终期评估。对在规划期末水环境质量仍不达标的或在规划执行过程中出现不合规行为的地方政府，生态环境部将对全社会进行公开，并对地方政府进行问责和处罚。

如果地方政府提交的流域水质达标规划审批不通过，委员会则要求省政府重新修订流域水质达标规划，并在规定的期限内再次上缴生态环境部进行审批。如果再一次上缴的流域水质达标规划仍未能审批通过，生态环境部将会委托委员会制定流域水质达标规划并且发布公众公告，征求意见。如无疑问，生态环境部审批通过并要求地方政府按照要求实施。为了减轻中央政府的工作任务，中央政府可以将部分审批工作授权下放。依据环境外部性理论，外部性越大的水环境问题应该由越高级别管理机构负责。因此，本书提出流域水质达标规划的审批机构设置方案。对于跨省或省内地市级以上城市的流域，由生态环境部审批；对于跨省县级以上城市的流域，可委托生态环境部区域环保督查局负责审批；对于省内县级内部的流域水质达标规划，可授权省生态环境厅进行审批。流域水质达标规划审批程序如图 7-2 所示。

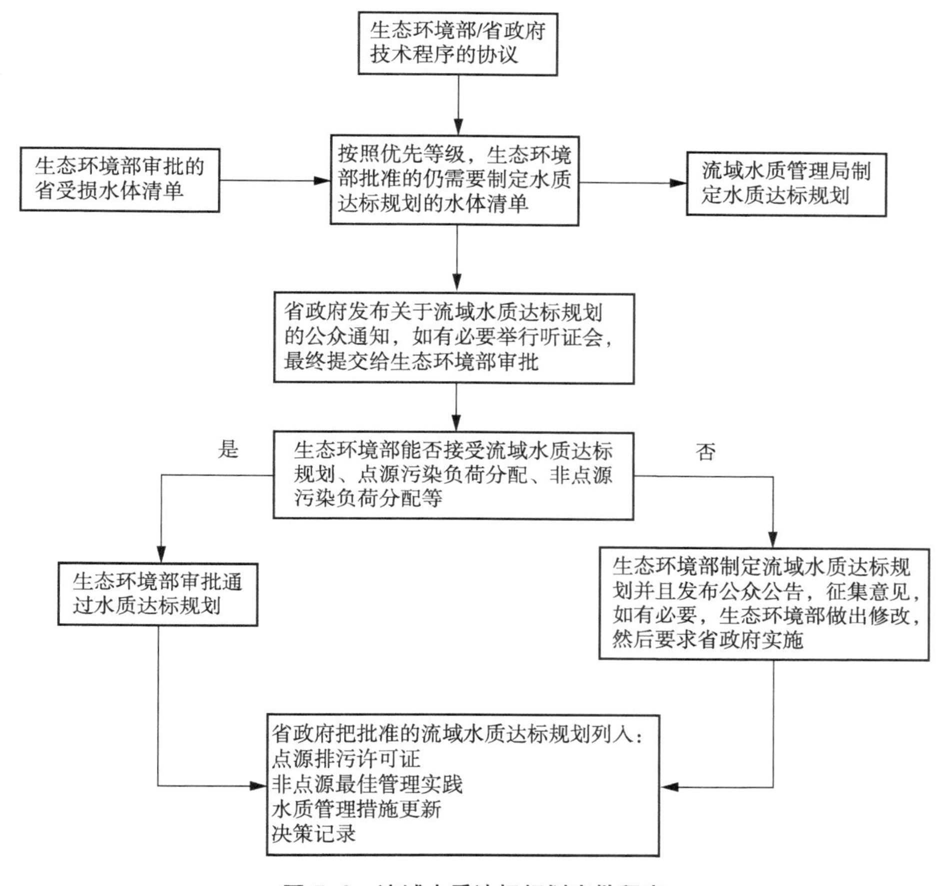

图 7-2　流域水质达标规划审批程序

3. 流域水质达标规划上缴程序要求

流域水质达标规划为不同利益相关者提供信息平台和决策平台，为地方政府、社会公众、企事业单位、污染源提供表达各自利益诉求的机会，进而明确各利益相关者的权利、责任和义务。流域水质达标规划文本的上缴，意味着流域内所有利益相关者为实现水环境质量目标达成共识，同时也是中央政府监督地方政府实现水环境质量标准目标的具体形式。借鉴美国流域水质达标规划、水源保护州实施计划中上缴程序的要求，设计我国流域水质达标规划上缴时限、上缴内容和形式等内容。

（1）规划上缴时限。自生态环境部审批通过需要制定流域水质达标规划的受损水体清单后，并在生态环境部指令发出后的两年时间内制定和上缴流域水质达标规划。且应在上缴后的3个月内获得批准，除非不同意省政府上缴的规划文本。如果生态环境部不批准某一流域水质达标规划，必须向该省省长递交一份书面说明，表明没有获得批准的原因。在省长收到生态环境部书面说明后3个月内，省长或省长委托人须向生态环境部提交一份修正计划，其做出的修改应当以生态环境部的建议为基础。如果对第二次上缴的流域水质达标规划仍不批准，且省政府不同意更正其问题，那么生态环境部在否决之日起3个月内，制定执行水质标准所需的流域水质达标规划。

（2）规划上缴内容和形式。除了上缴流域水质达标规划文本，省政府还必须向生态环境部提交规划编制过程中应用到的技术和管理程序（即如何应用背景资料、如何促进公众参与、使用哪些模型及如何使用、额外的模拟过程）以及符合规划审批要求的内容。除了规划文本的纸质版和电子版上缴外，还需要地方政府负责人签字，签字负责人应为省长或市长、县长。

4. 流域水质达标规划审批要求

流域水质达标规划的审批除了需要设置合适的审批机构外，还需要明确审批过程中的具体要求。流域水质达标规划的审批要求是生态环境部及其授权机构核查地方政府在规划文本制定过程中，如何实现公众广泛参与、是否准确识别水质问题和确定潜在污染源、是否选择和应用合适的方法建立污染负荷与水质变化之间的关系、流域水质目标是否可达、政策手段是否合理等方面的重要依据。流域水质达标规划审批要求如图7-3所示。

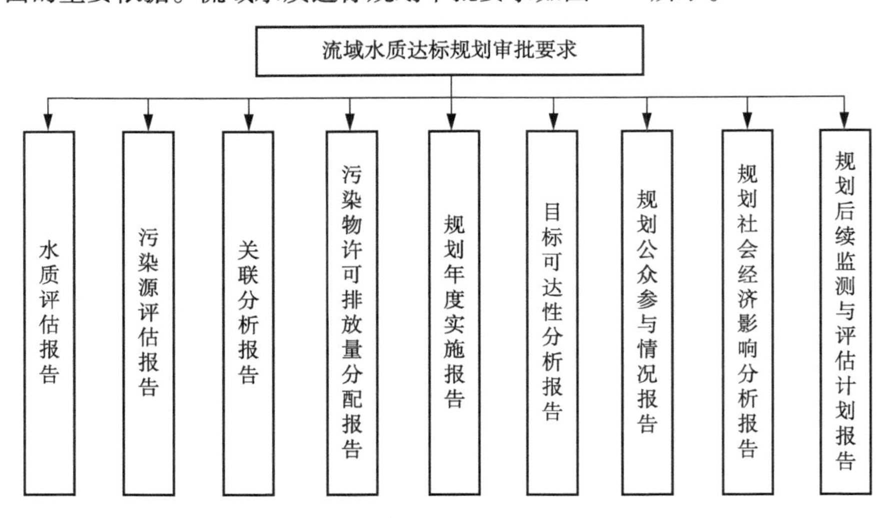

图7-3 流域水质达标规划审批要求

（1）水质评估报告。主要包括流域现有监测方案、水质实时监测数据、现有水质数据在空间和时间上的分布、违反的水质标准、受关注的污染物及污染重点时段和地理位置等。

（2）污染源评估报告。污染源评估报告是准确识别造成水体污染的重要污染源以及其污染物贡献和所影响区域的重要内容，主要包括点源和非点源的污染物排放统计报告，目的是更好地表征重要污染源，确定其位置、行为、强度和影响。随着我国排污许可证制度的逐渐完善，点源所遵守的所有要求都会被包含在排污许可证之中，这有助于我们明确点源水污染物排放信息。

（3）污染物排放与水质响应关联分析报告。污染物排放与水质响应的关联分析是流域水质达标规划建立污染源和水体反应之间影响关系的重要步骤。对于水污染问题十分严重、利益相关者反映强烈的流域，需要建立精确的、定量化的关联分析；对于水污染问题不太严重的流域，可以使用定性的联系方法。关联分析报告中需要包括规划制定方法过程中的方案因素和技术因素、水质模型种类和参数、模拟过程、模拟效果检验等内容。

（4）污染物许可排放量分配报告。污染物许可排放量分配分析主要是对流域水质达标规划中污染源的组合应用负荷削减法来确定水质达标的不同方案，之后选择最终方案确定点源的许可废水负荷分配（WLA）和非点源的负荷分配（LA）。分配方案过程中需要考虑污染源分配的公平性和可行性、污染源的位置和相对大小、正在实施的和计划的管理方案或措施、利益相关者的优先权等。

（5）规划年度实施报告。流域水质达标规划年度实施报告是将最终目标转变为年度计划和特定任务，以及任务的负责机构和组织者。根据年度实施报告，可以对总体规划进行合理调整。

（6）规划目标可达性分析报告。根据确定的流域水质细化管理目标和指标体系来指导管理方案的完善和实施。目标可达性分析报告主要核查是否有足够的人力、物力和资金来保障规划实施，分析各类管理方案的经济和技术可行性并综合评估规划管理方案是否能够在规定时间内真正实现规划目标。

（7）规划公众参与情况报告。规划公众参与情况报告主要是流域水质达标规划制定和实施过程中如何确保公众的广泛代表性、通过何种方式为公众提供参与机会、公众反映信息是否得到及时反馈、公众如何获取规划相关信息等内容。

（8）规划社会经济影响分析报告。规划社会经济影响分析报告主要目的是评价管理方案的成本有效性，对管理方案进行优先性排序以及在总体上评价流域水质达标规划的费用效益，最终确保规划社会经济环境总收益大于总成本并体现社会公平。

（9）规划后续监测与评估计划报告。为了改善受损水体，必须评价采取措施的有效性，进行适当的监测和评估工作。规划后续的监测和评估方案能够分析水质变化趋势、记录流域内管理活动和污染源变化、评估特定管理活动和实施区域、跟踪点源守法和执法情况。

四、管理机制设计

（一）信息机制设计

信息是流域水质达标规划的保障机制，规划制定需要信息，规划实施效果评估需要信息，规划问责与处罚也需要信息，信息机制是其他各环境管理环节的基础。作为一项公共政策，流域水质达标规划实质上是信息交流平台，主要内容包括信息收集、信息处理、信息储存、信息利用、信息传递和信息公开等，目的是促进不同利益相关者之间的信息传递和共享，以解决规划过程中信息不对称问题。

1. 信息收集和储存

流域水质达标规划所需信息内容和种类较多，集中了受体状况、生态状况、水环境质量、水污染源排放、水环境管理、技术进步与经济发展、公众环境诉求、公众对水污染治理的支付意愿等一系列信息，同时涉及发改、生态环境、农业、住建、水利、工业企业等多个部门，需要整合确保信息收集的全面性。更为重要的是水污染源排放和控制信息主要来自企业申报、政府监督性监测，这部分信息的获取并不容易。本书主要针对水环境信息整合和水污染源排放信息收集这两部分具体设计。

（1）整合水环境质量信息。

根据水环境保护信息的类型，目前流域水质达标规划中受体状况信息较少，水污染对人体健康的影响信息，如发病率、死亡率、期望寿命等，由卫生部门掌握，但基本上不对外公布。研究人员对一些案例地区水污染导致的相关疾病做过调查，但全国层面的研究极少。水环境质量信息来源主要是地方政府不同部门的监测数据，此外，科研机构和高等院校、第三方环境监测机构也是主要的信息来源，但这部分数据比较分散。这在一定程度上加大了水环境管理成本、降低了环境管理效率。规划编制机构与科研单位为获取全面、准确的信息将付出大量人力、物力，造成时间与经费的浪费。

美国联邦环保署在其内部设置环境信息办公室，主要职能就是收集、分析、储存和发布环境信息，保证环境信息质量以及信息传递和公开过程中的效率，降低管理者和公众信息获取成本。其中环保署水环境办公室出台《水环境办公室信息管理指南》和《信息收集规范指南》等，对信息的收集规定具体的责任和义务。水环境信息管理系统主要包括水与生物监测数据的存储和检索系统（Storage and Retrieval System for Water and Biological Monitoring Data，STORET）和安全饮用水信息系统（Safe Drinking Water Information System，SDWIS)，通过信息平台构建，对已有机构进行整合，使不同层次、不同部门、不同研究机构间的数据得到合理利用和整合。各监测机构按照统一规范严格执行数据质控措施，提供科学可靠的水环境信息。每一份水环境信息报告都包含如下信息：该样本在什么地方获取（如经纬度、水文单元编码）、样本在什么时候采集，采样媒介（如水、沉积物、水生生物）以及负责监测的组织的名字。另外，还包括收集这些数据的原因、取样和分析方法、用来分析样本的实验室、分析数据时的质量检验以及负责数据的人员情况等信息。环境管理人员、研究机构、社会公众通过对这些数据进行统一分析，对水环境的现状与变化趋势进行评估与预测。

建议生态环境部整合不同部门掌握的水环境信息，保障信息收集工作的效果和效率，保障信息的准确性、全面性和完整性。可以设置专门的信息管理部门与信息平台整合不同层级、不同部门、不同来源的水环境信息，为制定流域水质达标规划提供依据，方便信息的统一分析。通过合理规划，解决现有流域水质达标规划编制和实施过程中水环境信息重复收集以及部分重要信息收集缺位问题，同时保障水环境信息收集工作的成本有效性。

（2）建立和健全点源排污许可证守法系统。

随着排污许可证制度的逐渐完善，建立点源排污许可证守法系统。排污许可证要求点源将企业的原材料、生产工艺、产品、主要污染物排放种类和排放量、排放标准、监测方案和守法情况都在系统中公开，这是针对现有点源获取水污染物排放数据和水污染控制技术最直接、最有效的信息来源。美国排放限值导则管理要求能够提供所有工业行业内水污染源的具体排放信息，并根据水污染源类型进行抽样调查确保收集信息更加全面。我国在短时间内

很难实现水污染源排放信息的全面收集，但为保证能够反映合理的技术水平，至少确保收集不同行业内85%以上工业企业的生产工艺、污染控制技术和水污染物排放数据。在排污许可证制度逐渐建立和完善之后，可以通过排污许可证守法系统收集污染源排放信息（张震，2016）。目前需要通过基层的环境执法机构进行全面的收集和提供，能够在短时间内掌握任何行业内具体点源的排放情况。排污许可证守法系统能够实现对污染源数据的批量处理，包括数据有效率状况、缺失数据补充、排放浓度的达标率、排放浓度和排放量的统计性描述等，这些信息能够揭示污染源对于治污设施的实际管理水平和管理水平的提升空间，以及对排放标准浓度限值设定是否合适和是否需要改进，提出实证依据。

2. 信息传递和公开

信息传递和公开是确保流域水质达标规划制度顺利运行的最重要的约束机制。根据前文设计的流域水质达标规划制度决策程序，规划信息传递和公开主要集中于规划编制和实施过程中的信息公开和公众参与、编制完成后的公众听证会、规划上缴与审批过程中的信息传递和公开、规划审批结果公示等四个阶段性环节（宋国君，2020）。

（1）编制和实施过程中的信息公开和公众参与。

建立一个流域水质达标规划的第一步是与流域内的利益相关者进行会谈，以明确他们关心的问题。这些问题将有助于进一步明确规划目标和确认所需数据。流域水质达标规划中，利益相关者在早期便参与到流域水质达标规划的制定过程中，往往会使各利益相关者的信息得到更好整合，分配过程和结果得到更多支持并被更好地接受，在随后的公开评论阶段可以减少新问题的出现。流域水质达标规划应使所有利益相关者有机会同时参与同一过程，以流域水质达标规划作为其讨论和参与的目标和联络点，这有助于提高利益相关者的参与意识，避免在规划制定后期加入的利益相关者提供了新的信息和数据，从而必须修订以前的决策和分析所造成的延误。利益相关者是数据的重要来源（如志愿者监测数据、关键流域特征的知识、设施排放数据等），并能提供关键污染源存在的位置信息。利益相关者也将参与流域水质达标规划的实施阶段，因为许多利益相关者也是关键的实施合作伙伴，他们将通过升级处理工艺、实施最佳管理实践来执行污染负荷削减，并获得实施活动必要的资助。

（2）编制完成后的公众听证会。

公众听证会制度是流域水质达标规划编制完成后公众参与形式和内容的集中表现，是所有利益相关者对流域水质达标规划管理方案达成一致的重要环节。公众听证会制度主要包括听证会的组织机构、会议安排、会议形式和要点，以及会议内容的反馈形式。参加公众听证会的人员除生态环境部门行政管理人员外，还应包括规划师、专家学者、非政府组织、企事业单位、行业协会、重点污染源负责人、社会公众等。听证会需要在召开前 1 个月以多种形式提前告知利益相关者会议时间和地点；流域水质管理局在听证会现场展示规划文本内容甚至计算过程，重点突出需要讨论、协商的规划内容要点，接受现场人员审查；规划内容汇报结束之后，各利益相关者对规划内容进行评论，整个听证会现场实现网络同步直播，供全体社会公众了解；听证会结束后，在地方政府网站上将留给社会公众 10 天的时间对规划内容发表意见。此外，在流域水质达标规划执行的中期和终期阶段，也会组织开展听证会接受公众审查。

（3）规划上缴与审批过程中的信息传递和公开。

在公众听证会审议通过后，流域水质达标规划文本由流域所在行政区各市市长签字后上缴省生态环境厅审阅，省长审阅通过后签字并上缴生态环境部审批。这一过程中，规划编制机构必须将与流域水质达标规划相关的水质评估报告、污染源评估报告、污染物排放与水质响应关联分析报告、污染物许可排放量分配报告、规划年度实施报告、规划目标可达性分析报告、规划公众参与情况报告、规划社会经济影响分析报告、规划后续监测和评估计划报告等内容以及规划所需的配套信息、数据收集的时间表、额外的模拟过程等内容，随规划文本纸质版和电子版一同上缴生态环境部，供生态环境部审查。

（4）规划审批结果公示。

中央政府对流域水质达标规划审批结果向全社会公开是保障规划制度权威性的有效手段。内容主要包括审批通告、审批结果公开内容和形式、审批结果反馈等。审批结果公开需要在召开前 1 个月以多种形式提前发出通知，确定具体的时间；审批结果公开内容包括流域水质达标规划全文以及通俗易懂的简本、规划是否通过审批、审批通过或不通过的原因以及建议规划重新修订的意见等，公开形式包括生态环境部政府网站、微信公众号、宣传册、新闻媒体等多种形式。审批结果公示后 10 日内，允许广大社会公众对其发表

评论并提供反馈意见，生态环境部负责对公众反馈意见酌情采纳并及时回应。

（二）资金机制设计

1. 基本原则

资金机制设计的目标是保障流域水质达标规划的资金供需平衡、有效使用、中央政府对地方政府的激励作用以及体现污染者付费原则。

（1）资金供需平衡原则。稳定而又充分的资金来源是流域水质达标规划有效制定和实施的重要保障。流域水质达标规划需要明确资金需求方有哪些，需求资金有多少，与资金需求相对应的资金供给方有哪些，资金来源是否能够保证流域水质达标规划中各管理方案的正常执行，资金来源是否稳定，保障资金来源的措施是什么。

（2）资金有效使用原则。综合考虑流域重点污染区段、污染物去除效果、管理方案费用效益分析以及公众接受度等指标，对流域水质达标规划管理方案进行优先性筛选，重点确保公众反映较为强烈的重污染区段、边际减排成本较低的管理方案优先落实。

（3）资金激励性原则。目前我国中央政府对地方政府的资金激励方式主要是财政转移支付，“以奖代补”“三奖一补”等财政转移支付政策由于缺乏科学、客观的地方政府环境管理绩效评估标准、指标体系，容易对下级政府的财政行为造成负向激励，滋生“坐、等、靠”等机会主义倾向。流域水质达标规划资金直接关系到不同利益相关者的切身利益，资金分配方式和使用方向决定了对利益相关者的激励程度，资金机制的设计需要充分发挥资金对规划管理方案的激励作用。

（4）污染者付费原则。污染者付费原则是市场经济体制国家排污者治理污染的费用负担原则，要求在污染者明确的情况下，通过全成本付费促使污染者实现环境外部性内部化目标。政府对此不应当给予补贴，这也是从污染控制角度规定的企业行为原则。该原则符合环境风险最小化，也是促使社会公平的重要方式。

2. 完善不同层级政府对流域水质达标规划的投入规模与结构

增加中央政府对水污染治理的资金投入规模，确保专项资金拨付的长期性和稳定性，尤其是加强在城市污水处理厂建设上的作用。对于具有跨区域、跨代际外部性较为明显的天然林保护、水土流失治理、河流湖泊生态修复等生态保护工程以及城市污水处理厂建设，应当由中央政府主导建设，发挥中央财政在公共物品供给方面的引擎和杠杆作用。同时中央政府应当设立水污染治理研究专项资金支持项目，积极开展大点源治理技术升级以及地表无序径流、农业非点源污染等模型的技术研发，为水污染严重流域提供达标管理技术支持。对于经济发展滞后或状况不好的地方政府而言，中央财政的转移支付或专项资金可以起到激励和约束的作用。对属于地方公共物品范畴的排水管网建设等内容，在目前的政府财政支出体制下主要由地方政府投资。

3. 细化资金安排和严格资金管理

细化资金安排。在流域水质达标规划文本中详细阐述规划资金的需求方和供给方以及供需是否平衡，避免地方政府对规划管理方案所需资金的虚报或瞒报。针对具体规划管理方案，明确不同污染源不同管理方案的成本构成、费用需求、资金来源等内容。明确不同层级政府的财政支持范围和理由阐述，政府财政转移支付符合政府财政支出原则。

严格资金管理。明确资金使用范围和额度、严格监督资金使用效果。财政支出和额度应当根据流域水质达标规划目标确定，直接投资建设的水环境保护工程项目应当以招投标方式进行，通过招投标控制工程建设和管理费用。地方政府对企业或个人的补贴需要明确补贴范围、补贴方式和补贴标准，对符合何种条件的企业补贴，补贴标准是什么，是按照工程量还是污染削减效果。管理机构对水环境保护资金的使用情况和使用效果进行监督，保证资金分配过程和结果的公开、透明，对资金的使用情况和使用效果进行严格监管，并对资金使用的合规性、时效性、效益进行评估，严格资金管理。

4. 严格遵守污染者付费原则

基于污染者付费原则，污染者需要承担环境外部性内部化标准的责任，内部化的程度一般用排放标准（或排放限值）来表达，除法规规定的核查检查外，所有污染控制的费用都需要由污染者负担，政府不能用财政资金支付企业的污染防治。美国的水污染防治政策接受了污染者付费原则，基本上是通过排污许可证的形式体现，规定了企业治理污染的水平，企业排污者必须自己承担污染治理的责任，并规定在例行的排污许可证管理行动外，企业超标排放的额外监督管理支出也要由企业排污者支付，而不是由政府财政支付，进一步拓展了污染者付费原则的边界。要求企业承担污染治理责任不一定要向企业征收环境税，企业只要满足排污许可证中基于水环境质量不退化的排放标准要求就是履行了污染者付费原则。因此，在水污染严重流域，地方政府可以制定基于水质的排放标准，严格遵守污染者付费原则，确保污染者基于全成本付费。

（三）评估机制设计

从评估主体的角度来看，流域水质达标规划评估主要分为：自上而下的评估，即上级政府对下级政府流域水质达标规划的评估；自下而上的评估，即社会公众对流域水质达标规划的评估；第三方评估，即由第三方专业评估人员利用各种社会研究方法和技术，系统地收集与流域水质达标规划实施的相关信息，根据规划目标和要求，对利益相关者的任务完成情况及采取的管理方案进行评估，并根据评估结果给出有价值的建议。目前，我国的流域水质达标规划评估主要是自上而下或政府体系内部的评估，自下而上或者由第三方发起的评估较少，无法保证评估内容的全面性和评估过程的合理性。因此流域水质达标规划的评估机制应当由第三方专业评估单位进行，以保证规划评估的科学性和公正性。评估单位将规划评估结果提供给实施部门和流域水质达标规划管理委员会，为其修改规划提供建议。规划评估机制设计的目标：一是希望能够证实实施管理措施或方案能够实现水质和环境目标；二是希望能够持续提高和改善规划效率和质量。

借鉴美国流域水质达标规划经验，采用逻辑模型建立评估框架。通常，流域水质达标规划中需要评估三个主要部分，用以论述工作进展，促进规划实施。这三个部分是输入、输出和结果。当评估这三个部分时，应回溯工作开始阶段，了解最开始的预期结果和目标，确认详细的输入以满足结果要求。输入：主要包括时间、技术专家、组织机构、管理、利益相关者参与等。评估问题示例：实施机构是否可以使不同的机构协调合作、规划政策手段是否合理、已有的管理措施成果、利益相关者是否广泛参与、人力与财力是否充足等。输出：主要执行排污许可证、开展最佳管理实践、编制规划宣传手册等。评估问题示例：收支是否平衡、是否需要更多技术援助、是否需要执行新的管理措施、是否按照进度执行、是否在规定期限内完成规划任务等。结果：主要包括流域公众的环保意识改变，水质、自然环境条件改善等，可分为短期结果、中期结果和长期结果。评估问题示例：是否提高了公众水环境保护意识、是否改变了公众生活方式、是否实现总量减排目标和水质目标等。逻辑模型可直观表示流域水质达标规划实施方案图，表示实施方案输入条件、输出和预期结果，如图 7-4 所示。

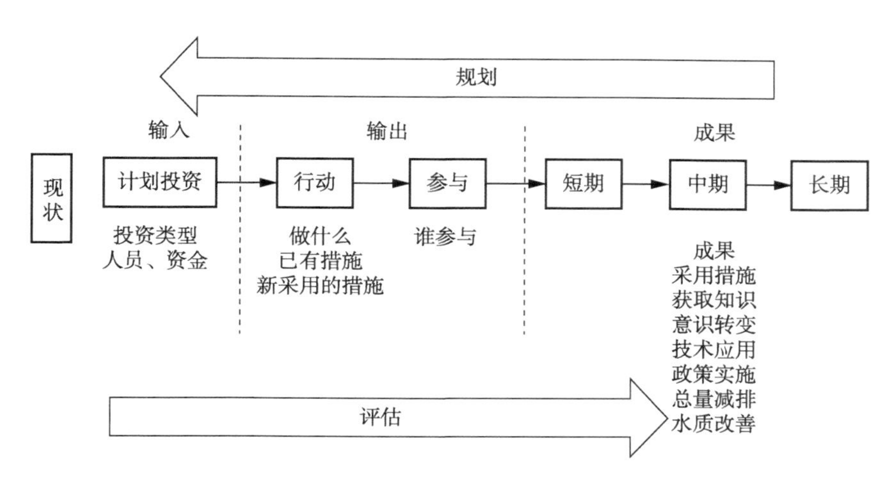

图 7-4 流域水质达标规划评估逻辑模型

采用逻辑模型的优点：首先，模型能够把相关信息整合到一起，将复杂方案变成一张简单的图。当对利益相关者进行问卷调查、访谈或讨论交流时，比较简单且通俗易懂。其次，逻辑模型能表征输入、输出和结果的联系，容易找到流域水质达标规划过程中存在的问题和差距。最后，逻辑模型提供评估表格，说明何时评价和评价什么。逻辑模型的基本结构包括说明状态和问题情况，记录输入和资源需求，列出预期输出，概括最后的方案结果。从输入到输出结果，每个步骤间都有响应关系，这种关系可以称作“如果……那么……”关系。例如，如果将河道缓冲带建设和资金投入作为输入项，那么可以得到需要的输出结果。建立逻辑模型有助于不断修正变量，让规划者和公众了解规划如何进行和为什么这样进行。图 7-5 是关于水质改善的逻辑模型。

评估流域水质达标规划可以选择许多方法和工具，如历史资料调查法、关注特定群体法、直接监测法、利益相关者访谈法等。在实施规划前，决定采取何种方法非常重要。识别这些方法有助于收集直接相关的信息。如果想获得前后对比情况，应该收集历史资料与最后结果对比，每个指标的选择均应有相应的评估方法。评估通常以定量指标为主，结合定性指标。定量指标受主观因素影响较小、精确度高，如水质改善、污染排放控制方面都要有相关的科学监测数据。定性指标或半定量指标以人的主观感受和判断为主，直接针对目标群体，可以直接反映规划的最终效果，如公众满意度。

建议建立中央政府委托的流域水质达标规划第三方评估机制，采用政府采购或公开招投标形式委托科研院所、高等院校或具有相关资质的规划评估机构对流域水质达标规划的执行和实施情况进行年度评估、中期评估和终期评估，并将评估结果向所在省人民代表大会或者其常务委员会以及生态环境部报告，并向社会公开。

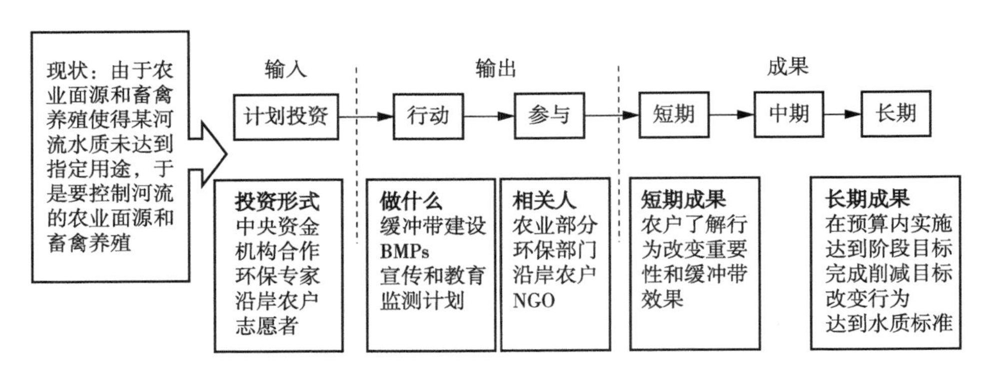

图 7-5 水质改善的逻辑模型案例

（四）问责处罚机制设计

1. 基本原则

（1）足够的威慑性原则。问责处罚机制的设计不是为了实施问责和处罚，而是为了预防和制止违法行为的发生，并对已经发生的违法行为严厉处罚以保证其今后不再重犯并震慑潜在违法者。因此，足够的威慑性是问责处罚机制的基本要求。问责处罚应覆盖流域水质达标规划编制、实施、评估等所有可能出现违法行为的环节，从涉及的所有利益相关者到利益相关者在规划正常执行过程中所有的可能行为都要考虑到。

（2）确定性原则。问责主要是指上级政府对下级政府的问责。流域水质达标规划中的问责主要是政府部门内部、立法机构或公民对流域水质达标规划管理机构编制、实施等方面合规性的问责。根据《行政机关公务员处分条例》（2007）、《环境保护违法违纪行为处分暂行规定》（2005），可以对流域水质达标规划中的直接责任人视违法行为种类和情节轻重给予警告、记过、记大过、降级、撤职、开除等处分。处罚主要是政府依法对违法者的处罚，包括处罚标准的确定性和处罚执行的确定性。处罚标准的确定性要求对处罚种类、额度、范围和期限等有明确的要求，必须有详细的相关规定。处罚执行的确定性要求处罚必须有确定的法律依据和严格设计的相应配套措施，“有法可依，有法必依”，处罚决议一经做出就必须严格执行，同时将处罚结果向全社会公开。

（3）系统性原则。问责处罚需要针对流域水质达标规划制度的所有环节进行设计，并保证所有环节都能得到切实的执行。从问责处罚对象上看，问责处罚需要涉及流域水质达标规划管理中的所有利益相关者。具体的问责处罚主客体对象包括国家生态环境部、省生态环境厅、流域水质管理局、市县生态环境局、排污单位等。考虑到利益相关者的职责范围和利益相关者之间的关系、相互作用，问责和处罚包括：国家生态环境部对省生态环境厅和跨省流域水质管理局的处罚、省生态环境厅对省内流域水质管理局和市县生态环境局的处罚、地方政府对排污单位的处罚等。依据流域水质达标规划执行程序的阶段性特征，分为规划编制阶段和执行实施阶段的问责和处罚。

2. 问责处罚机制设计

问责处罚的设计主要依据现有法律法规，包括《环境保护法》（2014）、《水污染防治法》（2017）、《中华人民共和国行政处罚法》（2017）、《环境行政处罚办法》（2018）等。现有水环境管理法律法规主要是对污染源责任主体违法排放行为的问责处罚规定，对执法部门违规的问责处罚规定不多，对流域水质达标规划的违规行为问责处罚规定并未涉及。因此，本书对于流域水质达标规划制度问责处罚机制的设计主要基于以上法律法规规定的内容和程序，同时在不违反现有法律法规要求的基础上，对流域水质达标规划制度的问责处罚机制进行合理性建议和完善。

（1）问责处罚手段设计。

①行政手段。目前国内现有与流域水质达标规划制度相关的环境问责行政处罚手段主要包括水环境保护目标责任制和考核评价、行政约谈、通报批评、行政问责处分、区域限批、挂牌督办等。《环境保护法》（2014）确立了环境保护目标责任制的立法依据，但较少涉及中央政府对地方政府进行法律规制和约束的规定。因此，可以建立中央政府对地方政府的目标责任制，具体表现为流域水质达标规划文本的省长签字和市长签字。《环境保护约谈暂行办法》（2014）是目前行政约谈制度实施的基本依据，生态环境部可以对未落实国家环保规划或未完成环保目标任务的行政区域进行约谈，这为规划文本

地方政府负责人签字之后的问责处罚手段提供了依据，即中央政府可以对未落实国家流域水质达标规划或未完成流域水质达标规划目标任务的地方政府进行行政约谈。通报批评缺乏一定的法律依据，但对违法者的批评以书面形式公之于众更容易引起社会公众舆论监督和公众参与方式的拓展，可以作为中央政府对地方政府进行问责处罚的可选措施。《环境保护法》（2014）是目前行政处分制度实施的基本依据，“对直接负责的主管人员和其他直接责任人员给予记过、记大过或者降级处分；造成严重后果的，给予撤职或者开除处分，其主要负责人应当引咎辞职”等规定，可以作为中央政府对地方政府进行问责处罚的主要手段。《环境保护法》（2014）将区域限批纳入立法层面，对环评的暂停审批由单个新建源扩展到同类源的整个流域或区域，将直接影响地方政府的社会经济发展，市场经济体制下区域限批并不适用于中央政府对地方政府的监督管理。《环境违法案件挂牌督办管理办法》（2009）为挂牌督办的实施提供基本依据，目的是尽快遏制住环境违法问题，其管理程序可以为流域水质达标规划制度的问责处罚机制设计提供参考。

②经济手段。扣缴生态补偿金目的是通过政府间转移支付的方式，从负向激励角度加强市县级政府环境治理能力，目前尚缺乏一定的法律依据。但部分地方政府颁布出台了相关办法，如《河南省水环境生态补偿暂行办法》，以扣缴水环境生态补偿金为形式的经济惩罚手段可以为流域水质达标规划制度的问责处罚机制提供参考。美国《清洁水法》和《安全饮用水法》中，也都明确规定对未能上缴合规的水源评价计划、水源保护计划和 TMDL 计划，联邦环保署将会停止对州政府州饮用水循环基金和州清洁水循环基金的拨款。我国目前已经建立了比较规范的财政转移支付制度，包括专项转移支付、税收返还、退耕还林还草转移支付等，不断促进了不同地区间基本公共服务的均等化和资源的合理配置。因此，在流域水质达标规划问责处罚经济手段设计部分，可以借鉴美国经验和我国扣缴生态补偿金的做法，对流域水质达标规划编制不合规、实施效果不佳、在规定期限内水质不达标的地区将暂停或扣除转移支付资金作为经济惩罚手段。

③强制执行。流域水质达标规划的强制执行手段是指如果地方政府在规定的时间期限内提交的流域水质达标规划审批不通过，生态环境部将会直接接管该流域实现水环境质量标准目标的责任，包括制定更为严格的流域水质达标规划，采取更为严格的水污染物排放标准以及其他促使水环境质量尽快达标的管理方案和措施。

（2）规划编制阶段的问责处罚机制设计。

如果地方政府在生态环境部指令发出后两年内上缴的流域水质达标规划没有获得审批通过，则会在审批结果公开后 1 个月内公开向地方政府下达问责处罚通知单，生态环境部将会组织区域环保督查局对流域水质达标规划文本的省长、市长、县长等签署人员进行行政约谈和通报批评，并责令其在收到生态环境部书面说明后 3 个月内再次上缴一份以生态环境部的建议为基础的修正计划。如果第二次上缴的流域水质达标规划仍没有获得审批通过，生态环境部将对地方政府主要负责人实施行政问责，包括警告、记过、记大过、降级等，同时实施生态环境部制定的执行水质标准的流域水质达标规划，生态环境部直接接管地方政府的流域水质达标规划管理工作。

（3）规划执行阶段的问责处罚机制设计。

规划执行阶段的问责处罚机制设计的主要依据是第三方专业评估单位的评估报告，关键是明确责任主体、责任内容和责任标准。其中，责任主体需要明确到某一管理方案或措施、某个点源的直接责任人。责任内容以评估报告为依据，主要包括问题识别是否清晰、政策手段是否合理、执行能力与决策是否匹配、利益相关者是否广泛参与、是否完成总量减排目标和水质目标等，涵盖规划的效果、效率、回应性、公平性等。在流域水质达标规划执行过程中，生态环境部根据第三方评估机构对流域水质达标规划执行的评估结果，对规划文本签署负责人和具体管理方案的直接责任人进行问责和处罚，对规划管理机构相关工作人员执行环保法律法规、依法审批环评报告、核发管理排污许可证等行为进行问责和处罚，视情节严重对规划文本负责人和具体管理方案直接责任人进行行政约谈、通报批评或辅以行政处分，对社会公众反映强烈的点源污染问题“挂牌督办”，对水环境质量在规定期限内无法实现水质达标的流域或区域暂停拨付或扣除中央财政转移支付资金和专项管理资金。

五、我国流域水质达标规划制度改革预期效果

流域水质达标规划制度根据当前的制度环境设计，较现有的水环境保护政策框架体系更具优越性，解决了流域水质达标规划制度缺位问题。新设计的流域水质达标规划制度是针对单项未达标水污染物水体制定的控制措施，综合社会、经济影响，以及各利益相关者共同参与，依法依规制定以点源和

非点源排放控制方案为主的行动方案。因此，在实际运行中还需要与现有政策框架体系相互配合、相互协调，如环境影响评价制度、排污许可证制度、排放标准制度等。新设计的流域水质达标规划制度与现有政策框架体系在管理体制、管理机制方面有较大区别，改革要点见表 7-1。

表 7-1　流域水质达标规划制度改革要点

对比项目		现有政策框架体系	流域水质达标规划制度
管理体制	政策框架体系	制度缺位	制度保障、有充分立法依据
	规划体系	自上而下、层级分明规划体系	流域机构编制，责任签署（市县级政府、省级政府），规划审批、评估与问责处罚（中央政府）的单项未达标水污染物水质达标规划
	规划制定	主体单一	利益相关者广泛参与、共同编制
	规划审批	同级政府审批	生态环境部及其授权机构审批
	规划执行	被动执行、可操作性弱	利益相关者主动执行、可操作性强
	规划导则	缺乏科学性	详细的规划编制技术导则
管理机制	信息机制	信息机制不完善	信息全面、真实，信息公开
	资金机制	未能履行污染者付费原则	严格遵守污染者付费原则
	评估机制	自我评估、内部评估	第三方专业评估
	问责处罚机制	无问责处罚	明确中央对地方的问责与处罚

从表 7-1 改革要点中可以看出流域水质达标规划制度的优越性。在管理体制方面，流域水质达标规划制度将改变现有的规划制度缺位问题，为流域水质达标规划提供制度保障并具有充分的立法依据；改变现有的自上而下的国家、重点流域、小流域、省、市县等层级分明的流域水质达标规划体系，建立自下而上的流域机构编制，地方政府责任签署，生态环境部及其授权部门负责审批、评估、问责处罚的单项未达标水污染物水质达标规划行动方案，加强流域水质达标规划目标的约束力；改变现有流域水质达标规划编制主体单一的状况，建立各级地方政府、污染源、公众与社会团体等利益相关者共同参与的多主体综合决策；改革现有流域水质达标规划同级政府审批的弊端，建立由生态环境部及其授权机构对流域水质达标规划进行审批的模式，实现最高管理机构对流域水质达标规划的审批进而确保规划执行的权威性；改革现有流域水质达标规划中利益相关者被动参与、被动执行、缺乏合作与协调的模式，积极促进利益相关者广泛参与，加强公众和污染源对规划的理解和信任，与利益相关者建立合作关系，提高规划管理方案实施过程中的被认知

度，推动利益相关者主动执行规划方案；建立能够科学识别流域水环境问题、准确识别水污染物排放与水质之间响应关系的流域水质达标规划编制技术导则，同时及时跟进国内外水环境治理先进技术和模型应用，对点源水污染物排放标准和流域水质达标规划编制导则进行定期评估和修订，保障现有规划编制的规范性与科学性。

在管理机制方面，健全信息收集、信息处理、信息储存、信息利用、信息传递和信息评估机制等，建立流域水质达标规划的公众听证会制度；确保规划资金的供需平衡、有效使用和激励性，完善不同层级政府对流域水质达标规划的投入规模与结构，细化资金安排和严格资金管理，确保遵守污染者付费原则并基于全成本付费；改革现有流域水质达标规划地方政府自我评估、内部评估的状况，实施由第三方专业单位进行评估的规划评估机制，以保证规划评估的科学性和公正性；建立中央政府对地方政府在规划编制和执行阶段的问责处罚机制。

总之，实施设计的流域水质达标规划制度之后，现有制度缺位问题得以解决，流域水质达标规划制度能够体现其作为命令控制型政策手段应有的强制性和权威性，中央政府被赋予更多的责任和更大的权力，管理体制符合水污染外部性内部化以及机制设计理论的要求，合适的管理机制保障流域水质达标规划制度顺利实施，确保流域水质达标规划成为地方政府落实水环境质量标准的制度化、规范化、常态化政策手段，最终实现水质改善，人体健康和水生态安全得以保证。

六、小结

本章根据流域水质达标规划制度设计的理论框架，在参考美国流域水质达标规划制度、我国城市规划制度和土地利用总体规划制度的基础上，对我国流域水质达标规划制度框架进行了设计。首先，明确了流域水质达标规划制度的目标与定位，即具体执行水环境质量标准的命令控制型政策手段，也是中央政府监督地方政府履行实现水环境质量标准要求的法定规则。其次，明确了中央政府负更多责任的管理体制的必要性，对各级政府的权责划分、管理职能进行了设计，并对流域水质达标规划制定与上缴、审批程序及要求、公开及问责处罚进行了设计。为确保流域水质达标规划制度规定的各利益相关者的责任能够落实、权利能够维护，建立了相应的管理机制以保障其顺利实施。

第八章

流域水质达标规划编制技术导则设计

一、规划编制应遵循的基本原则

（一）法律原则

流域水质达标规划是水环境保护法律法规的具体落实方案，是地方政府执行法律法规的具体计划。首先，流域水质达标规划是落实法律法规的要求，如水环境质量限期达标。其次，流域水质达标规划采取的管理方案和排放管理手段应当有法律依据。法律法规规定了水环境保护的要求与措施，如工业点源需要实现连续达标排放、污水处理费应覆盖污水处理和污泥处置成本、受损水体的达标时间表等。最后，流域水质达标规划依据法律法规编制并接受上级政府审批，理应属于法律文件，具有强制性和权威性。一旦流域水质达标规划被审批通过，就必须要按照规划方案执行，除非按照法定程序进行修改或调整，否则必须在规定时间内实现水质达标。

（二）经济效率原则

经济效率原则是指流域水质达标规划管理方案实施带来的效益应当大于流域水质达标规划管理方案实施付出的费用。流域水质达标规划的目的是保障人体健康和水生态安全，给人们提供更有保障的健康、更舒适的生活和更美好的景观。水环境质量改善带来的健康、舒适和景观福利就是流域水质达标规划带来的效益，但效益的获得基于污水处理厂建设、工业点源治理工艺改进、生态环境部门监督执法等费用。考虑到效益往往很难计算，经济效率原则也可以体现为成本有效性分析。管理方案的筛选和排序必须考虑污染治理措施的边际治理成本和减排效益。经济效率原则是流域水质达标规划必须遵守的原则，用以提高水环境治理的投资效率。

（三）公平原则

公平原则是指流域水质达标规划实现水环境的代内和代际公平。流域水环境问题的本质是外部性问题，水污染源排放污染物导致社会公众的健康、舒适性等社会福利受损，但公众却无法得到应有的赔偿；流域水环境保护保障了社会公众的各种环境福利，却无法因治理行动得到应有的补偿；偷排漏排导致有毒有害物质大量进入水体，当代人消耗了后代人良好的水环境资源，而后代人却没有机会为自己的权利声张；水质污染严重导致国家财政大量投入，工业企业违背污染者付费原则而没有得到应有的制裁，人民利益和社会福利受损。流域水质达标规划通过明确利益相关者的行为规则，实现权利与义务对等，实现代内公平。同时流域水质达标规划还要限制当代人对良好水环境资源的使用，为后代人保留可接受的水环境质量，实现代际公平。公平原则是流域水质达标规划的基本原则，一般通过公众参与和信息公开来实现。

（四）可实施原则

可实施原则是保证规划效果实现的前提，是流域水质达标规划的重要原则。可实施原则是指流域水质达标规划中设计的管理方案和控制措施要得到利益相关者的认可，相关行动能够得到基本落实并有明确的时限要求，政策手段能够发挥效果，规划具有良好的可操作性。首先，规划制定和实施过程要所有利益相关者参与，规划结果是政府、污染源、社会公众和第三方机构、非政府组织等共同协商的结果。其次，规划的目标是可达的，行动方案和规划项目要科学、具体，预算要准确到一定程度，同时规划能够依据实际进展情况进行适当调整和修订。

二、流域水质达标规划编制的一般模式

许多水体污染都涉及广大区域，由多个点源和多种污染物（具有潜在的协同或者拮抗作用）或是非点源引起的。因此，应基于流域制定水质达标规划，以便有效管理地表水质。流域水质达标规划由流域机构或地方政府生态环境部门牵头组织编制，社会公众、污染源、非政府组织等利益相关者共同参与，在法律原则、经济效率原则、公平原则和可实施原则的基础上，集规

划编制、提交、审批与执行等环节为一体的确保流域水环境质量在规定时限内达标的一揽子行动计划，其中规划编制包括流域水环境质量评估、污染负荷评估、水质达标规划目标确定、规划管理方案设计与筛选、规划费用效益分析等方面。流域水质达标规划的一般模式如图 8-1 所示。

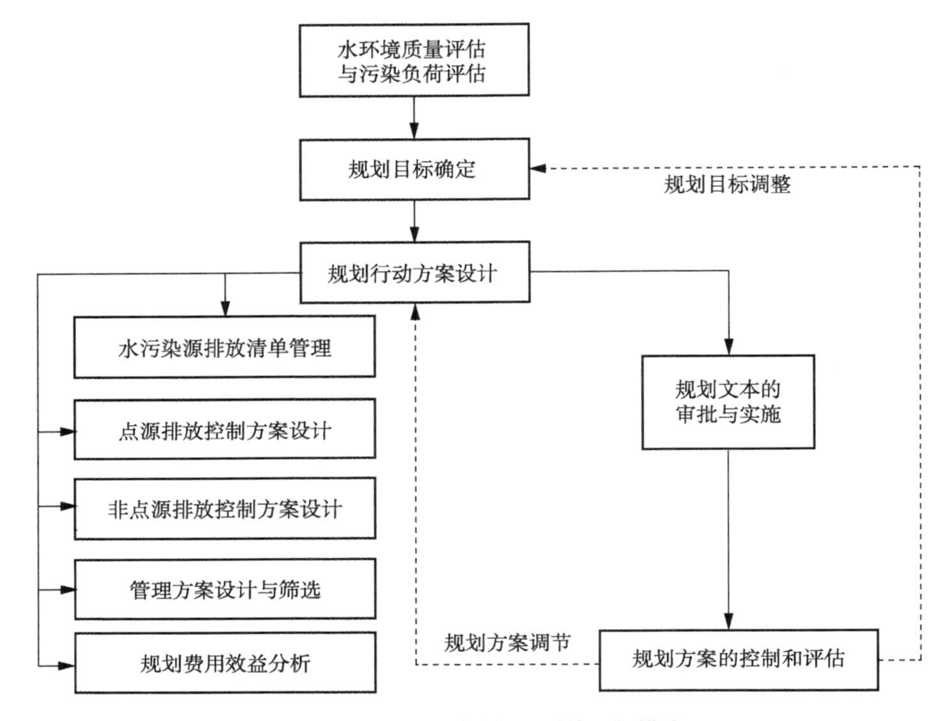

图 8-1　流域水质达标规划的一般模式

（一）流域水环境质量评估模式

流域水环境质量评估与问题诊断是水质达标规划制定的基础，也是对受损水体问题的分析、排序和整合，为规划提供了基线。只有清楚地了解流域各个监测断面水环境的质量状况，才能更好地认识流域内已知的污染情况，识别污染可能产生的原因和重点污染源，确定污染负荷的数量，形成有效的管理策略以实现流域目标。

1. 确定数据满足流域分析需求

收集并组织数据是编制成功的流域水质达标规划的重要前提。流域中有效的数据种类之多和数量之大，使得分析和决定数据的有效性变得十分困难，为完成流域水质达标规划，同时要注意到不要使有限的资源浪费在无用的数据和信息上。例如，如果流域内首要问题是威胁人类健康和娱乐环境的细菌水平过高的话，就应关注类似畜禽养殖、野生动物数量和分布、化粪池系统等方面细菌污染源的数据和信息。另外，由于细菌通常不与其他水质指标相关，就无须收集其他水质数据。

数据种类通常包括地理与自然特征、土地利用和人口属性、水质与水文状况、污染源等，来源包括生态环境部门、水利部门、住建部门、国土资源部门、农业部门等。数据收集是没有止境的，需要在保证数据不断更新的同时满足流域分析的需要。已有数据收集完成之后，需要判断是否能够正确识别污染源和污染原因、数据的质量如何。数据评价主要是识别数据存在的主要缺口，确定数据的质量。例如，社会公众的目标之一是恢复生物多样性，而数据仅有流量和水质数据，则还应该进行生物评估来得到水体生物学的基本信息和栖息地数据（信息型数据缺口）；收集到的数据也有可能不是所需要的季节或水文条件下的数据，如春季融雪期间或农作物刚收割完的那段时间（时间型数据缺口）；从支流汇入干流处收集的数据可能将支流子流域视作一个污染源，但还不足以明确建立污染源，这样无法得到修复点上下游相比较的数据，很难评估水质改善效果（空间型数据缺口）。同时在收集数据的基础上还要确定数据的适用性，包括准确度（衡量结果与真实值的接近程度）、精确度（对同样的特性多重测量结果间的一致性）、代表性（采样结果能够可靠反映流域情况的程度）、偏差（某参数的观测值和已知浓度间的差异）、兼容性（单一或多重数据库等不同来源数据的相似性）等。

收集到流域现有数据、评估其质量和可靠性、识别数据缺口以后，将可用的资源和任务进行比较：是否可以识别并且量化流域的水质问题、能否量化污染负荷、能否将水质受损情况与流域内明确的污染源或污染源地区联系起来、是否收集到足够的信息来选择并定位管理方案或措施以降低污染物负荷。如果确定仍需要收集更多的数据来完成流域特征分析，就需要制定新的监测计划，目的是发现水质问题、确定关键区域、评估是否达标、确定污染物的迁移转化规律、分析污染物变化趋势、监测管理行为的成效、评估规划实施效果、进行污染物负荷分配等。监测计划通常包括生物（如底栖动物、鱼类、藻类）、物理（如栖息地评估、地质评估）、化学（如溶解氧、重金属、硝酸盐、电导率）、水文等不同类型数据。

2. 水质评估

水环境质量评估有助于确定水体是否能够达到水质标准、水体受损发生在何时（是否受季节性变化影响）、水体受损发生在何处、水体受损发生在何种情况下（如流量、气候等）、是否存在多种污染物不达标情况（如营养物和细菌）等。理想的水质评估应遵循“水环境质量状况—变化趋势—因果关系”的“三维分析模式”，如图 8-2 所示。

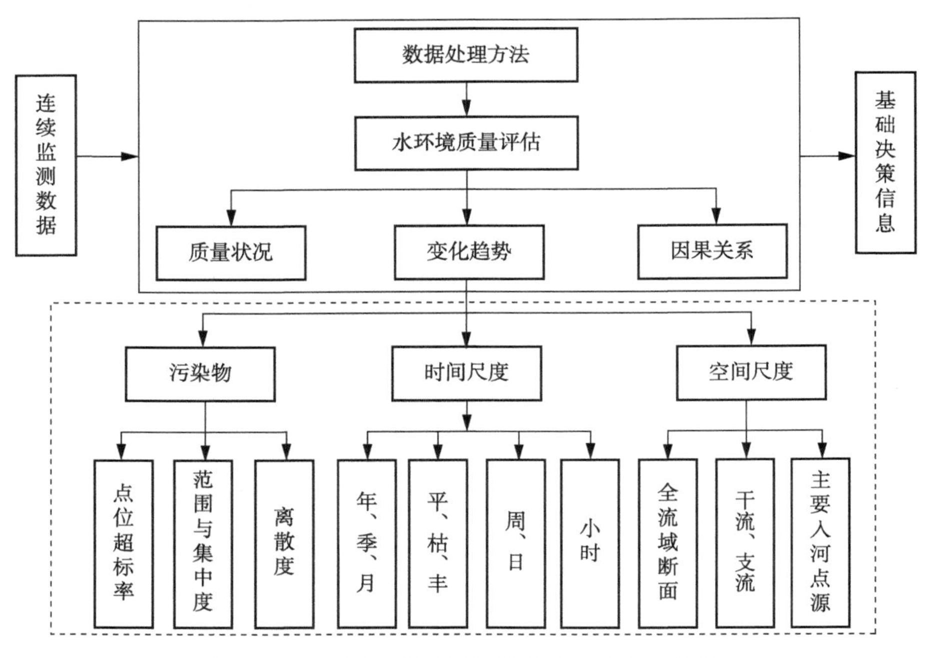

图 8-2　流域水环境质量评估的“三维分析模式”

（1）“质量状况”部分主要依据国家地表水环境质量标准规定的指标和浓度限值对获得的污染物监测数据进行处理分析，判别主要污染物的数据有效率、超标率、统计范围（如最大值、最小值）、集中度（如平均值、中值）、离散度（标准差、偏差）等，同时考虑社会公众的受影响程度和生物指标，体现保障人体健康和水生态安全的政策目标。

浓度极值、均值、概率分布和超标率。浓度极值表示记录期间内的最低数值和最高数值。均值即所有数值的加和除以样本数，受溢出样本的严重影响（如极高或极低的数值），一个溢出数据可使均值严重偏高或偏低。现行的采用均值的水质评价结果有可能掩盖大量有效数据，无法反映水质的真实情况。中值即第 50 个百分位的数据点，中值比平均值更能抵抗溢出样本的影响。浓度标准差能够反映污染物监测浓度的离散程度，判断监测数据的合理性。超标率可以反映某个监测点位每一次水质浓度的超标情况，更能够反映水质的波动情况。建议采用浓度值和超标率相结合的方法，分析流域或某个特定地点水质受损的程度，清晰地表明超标的频率和大小，判断水质是否存在统计意义上的改善或恶化趋势。这里提出的浓度值和超标率是某个监测点位污染物浓度与水质标准的对比，而不是所有监测点位浓度值的加权平均之后再与水质标准进行对比，以真实反映水质超标状况。

（2）“变化趋势”部分主要对水污染物的时间趋势、空间趋势等规律进行分析，识别超标的重点时段和重点区域。对时间尺度的评估目的是考察同一河流、断面和特定污染物在不同时间尺度上的变化趋势，如水质可能明显表现为枯水期较差而丰水期较好。水体水质的时间特征往往与污染源的排放特点和水体水量变化相关，了解水体水质在不同时间尺度上的变化趋势和污染物排放的时间特征，可以帮助识别流域中潜在的污染源、季节变化及水质趋势的降低或改善情况，有利于确定流域水质达标规划的重点管理时段，提高管理效率，实现管理投入的成本收益最大化。水质评估的时间尺度包括年、季、枯水期、丰水期、平水期等长期趋势分析以及月、周、日、小时等短期变化分析。在不同的时间尺度上的管理和规划取决于管理和规划对象的不同，如对流域整体水质的规划目标可以按月或周划分，但对污染源的管理则必须精确到日时间尺度。

对空间尺度评估的目的是考察不同区域或控制断面的水质特征，判断影响流域水质的主要河流、主要断面，进而识别“热点”和潜在污染源位置，从而判定主要的管理和规划对象，并制定相应的目标和行动。数据充足的情况下，空间尺度的评估可用于评估特定污染源的潜在影响，如评估特定污染源上下游站点的观测值变化，可揭示污染源对河流状态的影响。在某管理措施的上游和下游且在其能提供相关数据时进行类似的数据分析，来评估管理措施的污染负荷削减效果。对于存在多个监测断面的大型流域，利用 GIS 可以有效表现并评价水质的空间变化，在 GIS 中展示全流域各个监测断面的水质状况也可识别出相应的流域状态或可能引起空间变化的污染源，如土地利用和点源的分布。

除时间和空间趋势以外，评估数据的相互关系和趋势同样是有用的，包括：评估流量和水质的关系、记录相关污染物之间的关系、评估河流状况与其他流域因素的关系（如土地利用、污染源活动）。流量与水质的关系可以说明河流主要的污染源类型，有助于识别受损区域周边的关键状况。如由径流驱动的非点源通常在降雨等高流量下对水质产生重大影响。而点源向受纳水

体的排放通常是恒定的，在低流量下对水质产生主要影响，当然这是在点源受到严格管控的条件下。流量持续时间曲线是评估流量问题关键状况和污染源类型的有用工具。基于流量记录的数据，流量按照大小分级，然后计算每个流量的百分比频率，代表小于某流量的百分数。例如，百分数为 0 的流量代表所记录的最低流量，百分数为 100 的为记录的最高流量。流量曲线上加上相应的污染浓度的点，来评估水质与流量的关系。需要区分出配对的流量和水质，标出流量和浓度数据，作为流量百分数的函数。流量曲线的一种变化形式是负荷曲线，标出监测的污染负荷，作为流量百分数的函数。将同一天监测的水质和流量配对，将污染浓度乘以流量和适当的保留因子计算负荷，按照流量百分数标出负荷和流量。流量曲线方法不能识别特定污染源（如污水处理厂还是农业面源），但可提供关于污染源类型或问题发生的条件等有用信息。

（3）“因果分析”部分主要是基于“质量状况”和“变化趋势”两部分的评估结果，运用浓度超标率、平均值与中值、标准差等指标识别水污染的主要原因。

（二）流域污染负荷评估模式

污染负荷估算有很多种方法，如监测法、经验值估算法、流域模型分析法。但考虑到污染负荷评估的准确性和全面性，建议借鉴美国水环境管理经验，采用监测法来估算流域污染负荷，污染负荷评估按照水质—通量—污染物入河量—污染物排放量的思路进行分析。

排放量是指排污主体排放到水环境中的污染物数量，某个行政区域的污染物排放量是指统计范围内的排污主体通过排污口排放到水环境中的污染物数量。排污口污染物排放量的监测和评估是整个分析过程的基础和关键，也是获得流域水污染物排放信息最重要的一个环节。该环节的重点是水污染物排放量数据的全面性、准确性，主要依靠排污许可证来实现。但排放量并不等于入河量，由于污染物在流出过程中会有储留、渗透、降解等，入河量一般小于排放量。通量是指单位时间内通过目标河流某一断面的某种污染物的量，通量一般由污染物水质浓度和流量的乘积得到，通量只能估算监测点上游的总负荷，不能给出某一特定污染源或地区的贡献负荷，但通量分析仍是水质波动分析的有效手段。

污染源主要包括工业源、生活源以及各种非点源。如果某两个监测断面之间没有取水量，也没有非点源进入（如枯水期），那么通过上下游这两个监测断面的通量值，同时考虑污染物降解量，就可以计算得到污染物入河量。得到的污染物入河量可以与生态环境部门统计核算的污染物排放量进行对比，发现点源排放统计中存在的问题，从而使水质监测数据和污染物排放数据相互验证。如果某两个监测断面之间没有工业源和生活源排放，也没有取水量，那么可以通过上下游两个监测断面的通量值，大致估算非点源污染物排放的一般情况。

在实际水环境管理工作中，有可能会出现实测的通量值或入河量远大于排污许可证申报的污染物排放量（即使考虑了水环境本底值），这种现象可能是由于：主要污染源并没有纳入污染物排放量环境统计范围之内，或者非点源才是控制的重点，也有可能是排污许可证申报的点源排放量数据存在较大偏差。有时候也会出现实测的通量值及入河量小于排污许可证申报的污染物排放量，这说明除了排放过程中的水体自净作用之外，也有可能存在很大一部分污染物并没有直接排入水环境中。在地表无序径流和地下渗透过程中，很多污染物被土壤或其他生物暂时吸附，这并不意味着污染物实现了自我降解和减量。这种情况很容易导致在丰水期大多数污染物被降雨径流重新带入水环境中，使河流中污染物浓度瞬时增大。

如前文所述，通量分析最大的缺陷是只能估算污染负荷的总和。例如，可以利用统计负荷估算方法直接估算某区域内或流域内的污染负荷，却不能估算单一污染源的负荷以及预测负荷变化趋势。如果全流域有一个强大的数据库，那么对于一些重点区域的污染负荷（如上游和下游的一些可疑的污染源）则可采用估算法分析不同污染源的污染贡献率以及引起的污染影响。但是这需要在编制流域水质达标规划时，确保能够掌握未来的污染源特征信息或者是把监测方案纳入规划的实施计划中，以进一步完善污染源负荷预测。在理想的情况下，如果可以获取连续的水量、水质监测数据，就可以评估流域污染的季节性变化。当有流量数据，部分监测断面没有水质数据的情况下，可以通过已获取的水质和流量数据建立一个回归方程来代表污染物负荷和流量大小之间的关系，以此来估算那些没有水质数据的监测断面的污染物浓度和负荷。但是，许多污染物负荷（如泥沙和沉积物）受雨水等影响，测值往往会跨越几个数量级，这种情况下可以对回归方程取对数后再进行分析，其目的是使产生的无偏估计尽可能小。

（三）规划目标确定模式

在流域水质达标规划中，规划目标是所有利益相关者共同参与决定，建立在相互理解和合作的基础之上。规划目标一般通过建立科学合理的指标体系来体现。在利益相关者共同参与下初步确定流域水环境保护总体目标时，需要回答这样的问题：流域水质达标规划最终需要什么样的结果？同时，识别能够用于反映流域水环境保护目标进度的环境指标。一旦确定导致流域污染问题的污染源，则需要细化污染源保护和管理目标。此外，科学合理的规划指标体系对量化评估流域水质达标规划实施效果具有重要意义。

流域水质达标规划目标体系包括最终目标、直接目标、间接目标和管理目标，各级目标之间存在因果关系，最终目标的实现理应是直接目标改变的结果。对于水环境保护而言，最终目标是保障人体健康和水生态安全，进而要求恢复和保持国家水体的化学、物理和生物的完整性；直接目标是所有地表水体水环境质量达到水质标准的要求，水体指定用途是水质标准体系的核心；间接目标是各类点源水污染物排放得到有效控制，总量减排达到要求；管理目标是促进点源连续达标排放（李涛，2020）。

1. 最终目标判定依据

当前水质监测信息仅能提供部分水质和污染源排放信息，并没有提供水污染最终影响的信息——人体健康和水生态状况。同时科学监测受监测点数量和监测频率的影响，代表性并不充分。问卷调查作为一种信息获取的方法，可以直接针对人体健康、水生态状况、水质、污染源排污行为、环境管理等主题，同时也可以弥补监测断面空白的区域。因此，在流域水质达标规划中定期对水生态状况、水污染对人体健康等监测空白领域开展问卷调查，将调查结论与水体指定用途对应，可在一定程度上补充和替代监测数据，同时问卷调查方式更加注重利益相关者的广泛参与，可以提升沿岸社会公众对规划的认同感和接受度，便于规划措施的顺利落实。

2. 水质达标判定依据

虽然《地表水环境质量标准》（GB 3838—2002）明确规定了采用单因子评价法对水质进行评估，但《地表水环境质量评价办法（试行）》（2011）规定采用多次监测数据的算术平均值。国内现行流域水质达标规划中规划目标经常设定为污染物浓度年均值、水功能区水质达标率、优良水体比例、黑臭水体比例、劣V类水体断面控制比例等。实际上，对于流域水质达标规划而言，以上指标未能充分利用水质监测数据且时间尺度过大，存在掩盖大量有效数据的嫌疑，缺乏管理意义。建议建立适宜于我国国情和水情的水质标准体系，采用基准和标准并行的方式，将水体指定用途作为标准所应实现的目标。同时完善目前的地表水水质评价要求、水体指定用途和标准适用性的评价，取消年均值、水质达标率、优良水体比例等规划目标要求，借鉴美国经验采用将水质浓度和超标率相结合的方法，基于长期数据来说明水质是否存在统计意义上的改善或恶化趋势。

3. 总量减排判定依据

根据美国经验，当流域水体受损时，需要制定日最大污染负荷管理计划，对排入水体特定污染物的排放量进行规定，并通过一定程序将其分配到具体污染源。总量减排涵盖四方面内容：一是污染控制目标；二是污染物种类；三是空间范围（即受污染水体流域控制单元）；四是时间范围（如丰水期或枯水期）。我国流域水质达标规划中的总量减排缺乏管理意义，并没有明确控制目标为水体排放污染物的入河量，目前生态环境部门往往通过监测统计某一区域规模以上污染源排放量推算出入河量，对入河量缺乏实际监测手段。此外，对空间范围和时间范围也比较粗糙，某市化学需氧量排放量 5 年削减 10%的规定与水质达标缺乏直接响应关系，也无法保障人体健康和水生态安全。同时总量减排只适用于具有环境容量的常规污染物，并不适用于重金属等累积性的有毒有害物质，此类污染物必须基于最严格的排放限值（李涛，2020）。

另外，按照行政边界来分配总量减排指标缺乏理论依据，这和流域水污染外部性内部化的作用范围不一致，总量减排的分配必须明确到具体的河段。以年为尺度的总量减排目标数据代表性差，管理响应滞后，无法满足全时限排放控制的要求。我国流域水质达标规划中总量减排目标应从年时间尺度转变为月或周，并严格控制枯水期污染物入河量，更好地体现入河量和水质目标之间的关联。同时考虑到监测和管理能力，总量减排重点应是规模以上大型点源，这些外部关系简单、环境效应大的大型点源是最优先解决的问题（李涛，2020）。

4. 点源连续达标判定依据

点源是流域水质达标规划管理的主体内容，其管理目标是实现点源连续稳定达标排放。水污染物排放具有一定的统计学规律，每一种污染物在不同的生产工艺和治理水平下都具有不同的排放统计规律。但目前我国对水污染物排放标准的要求规定，任何情况下企业均应遵守污染物排放控制要求，且在任何时候都不能超过排放标准规定的限值。这种管理虽然看似严格，但是忽视了水污染物排放的统计学规律，目前统一以最大值来规定排放限值要求并不符合科学依据。点源达标判据的不明确直接导致执法的随意，造成管理的混乱。由于紊乱值或者测度不准确，会存在短时间超标的情况，而少部分的超标或者瞬时值是符合统计规律的，在实际超标判定中需要考虑这些因素。美国联邦环保署在计算排放限值时，将模板技术设备在良好设计和允许状态下的平均水平作为行业企业可以达到的水平，这个水平被称为长期均值。联邦环保署同时认可工业企业在污染物排放过程中存在内在的不稳定性，于是围绕长期均值设定了一定的容忍限度，选择在99%置信区间确定最大日均值，选择95%置信区间确定最大月均值。这是符合统计学规律的，由于水污染物排放大多符合对数正态分布，日均值的波动范围将大于月均值，日均值有较高的概率出现高值，因此日均值更大，而经过平均之后的月均值比日均值更接近长期均值，因此数值更小。因此，建议我国将这种统计规律应用到点源的日常管理中，生态环境部门对水污染物排放限值的达标判据也区分日最大值和月最大值，将某种技术水平下99%都能达到的排放水平界定为日最大值，95%都能达到的排放水平界定为月最大值。

5. 达标期限的确定

《环境保护法》（2014）明确规定："未达到国家环境质量标准的重点区域、流域的有关地方人民政府，应当制定限期达标规划，并采取措施按期达标。"《水污染防治法》（2017）也明确规定："有关市、县级人民政府应当按照水污染防治规划确定的水环境质量改善目标的要求，制定限期达标规划，采取措施按期达标。"但对于流域水质达标规划的期限，法律并未进行细化规定。尽管流域水质达标规划在实施过程中存在很大的不确定性，导致其并非总能在规定的时间期限内实现规划目标，但作为具体执行水环境质量标准这一命令控制型目标的政策手段，必须要求设定明确的达标期限。《环境保护法》（2014）明确规定："县级以上人民政府应当将环境保护工作纳入国民经济和社会发展规划，并与主体功能区规划、土地利用总体规划和城乡规划等相衔接。"因此，考虑到与国民经济和社会发展规划、主体功能区规划、土地利用总体规划和城乡规划等的衔接，流域水质达标规划期限应为 5 年，这也符合我国目前的管理模式。但对于水污染形势严峻的流域，其规划期限可以适当延长，但地方政府必须要做出合理性说明。

（四）规划管理方案设计与筛选模式

根据前文所知，为了便于评估污染程度和流域水质达标规划完成进度，需要建立相关的指标体系。指标体系建立之后，通过建立污染物负荷量和水质之间的逻辑响应关系，推算实现规划水质目标流域内污染源需要完成的削减量。当以上内容完成之后，就需要识别和设计适当的管理方案以实现流域保护目标。流域水质达标规划管理方案须详细列出为治理现有水污染源而进行的合理的污染控制战略和排放控制措施，以逐年朝着水质达标的方向进展。管理方案设计的核心是为现有污染源建立"合理可行、成本有效的治理技术"标准，并且以一定幅度逐年减少排放量，保证在最后期限内使水质达标。依据水污染源类型不同，主要分为点源和非点源排放管理方案，本书主要针对点源排放管理方案进行设计。

1. 污染源排放清单管理

污染源排放清单管理是流域水质达标规划中各种管理方案进行良好设计的前提。只有全面掌握水污染源各种污染物产生量、排放量、入河量，才能准确识别针对单个水污染物的不同污染源的减排贡献率，确定不同管理方案对水质达标目标的贡献程度。

（1）排放清单信息收集内容。

污染源排放清单信息收集内容主要包括：营业执照、组织机构代码、投产时间、环评报告及审批材料、排污许可证、污染工艺治理流程、生产运行台账、产品销售信息、水平衡图、用水量和排水量、产污和治污设施建设成本和运行成本、各种监测报告等。根据水环境质量评估和污染负荷评估要求，通过对流域内每一个污染源排放清单调查数据的收集、分析和处理，建立各类污染源年、季、月、周甚至是日时间尺度的污染源排放清单。水污染源排放清单编制格式见表 8-1。

表 8-1 水污染源排放清单编制格式

类型	污染源	污染物	产生量（吨/日）		管理方案	排放量（吨/日）		成本信息（万元/吨）	
			基期	目标		基期	目标	建设成本	运行成本
点源	工业点源	化学需氧量			方案 1				
	污水处理厂	化学需氧量			方案 2				
	垃圾处理厂	总氮			方案 1				
	规模化畜禽养殖场	总氮			方案 2				
		总磷			方案 1				
		总磷			方案 2				
非点源	农业面源								
	农村生活面源								
	地表无序径流								
	大气沉降								
	畜禽养殖面源								

（2）现有污染源排放清单问题分析。

笔者以参与的GC、T、GT三大流域水质达标规划编制为例，构建三大流域水污染源排放清单。各类污染源排放信息的收集渠道包括生态环境部门的环境统计数据，农业部门的化肥施用量、水产养殖量、畜禽养殖量，生态环境部门和水利部门的水质浓度和流量等。然后通过化肥施用量结合相关研究提供的化肥流失系数核算化肥施用量，并进一步根据其他研究得到的入河系数核算农业面源入河量，通过水产养殖量和畜禽养殖量核算污染物产生量、排放量和入河量。除此之外，点源的其他信息，如污染防治设施的建设和运行情况、自行监测方案等项目内容几乎空白。企业自行公开的产排污信息量极少，几乎无法对流域水质达标规划编制提供有价值的信息。非点源的排污情况更多的是依靠系数来进行估算，也难以反映真实的入河情况。

三大流域各污染源污染负荷占比差异明显：①在化学需氧量方面：GC流域各污染源占比从高到低依次为水产养殖26%、工业废水20%、上游来水20%、农村生活16%、种植业12%、城镇生活4%、畜禽养殖1%；T流域依次为城镇生活37%、农村生活26%、种植业21%、水产养殖8%、上游来水4%、畜禽养殖2%、工业废水1%；GT流域依次为城镇生活30%、农村生活30%、工业废水23%、畜禽养殖16%。②在总氮方面：GC流域各污染源占比从高到低依次为水产养殖41%、农村生活37%、上游来水5%、城镇生活5%、畜禽养殖1%、种植业1%；T流域依次为种植业35%、城镇生活30%、农村生活23%、畜禽养殖10%、水产养殖1%、上游来水1%；GT流域依次为种植业32%、农村生活27%、城镇生活26%、畜禽养殖14%、水产养殖1%。③在总磷方面：GC流域各污染源占比从高到低依次为水产养殖54%、农村生活20%、种植业12%、上游来水7%、畜禽养殖4%、城镇生活3%；T流域依次为种植业61%、城镇生活17%、畜禽养殖12%、农村生活8%、水产养殖1%、上游来水1%；GT流域依次为畜禽养殖52%、城镇生活18%、种植业16%、农村生活12%、水产养殖2%，如图8-3所示。

综合分析三大流域污染负荷构成、点源和非点源污染物排放量占比情况，我们得到的初步结论是：三大流域各类污染物排放量及其主要来源均有所不同，非点源污染均比点源污染严重。具体来看，在化学需氧量方面，GC、T、GT流域点源和非点源比例分别为24%：76%、38%：62%、53%和47%；在总氮方面，GC、T、GT流域点源和非点源比例分别为5%：95%、30%：70%、26%：74%；在总磷方面，GC、T、GT流域点源和非点源比例分别为

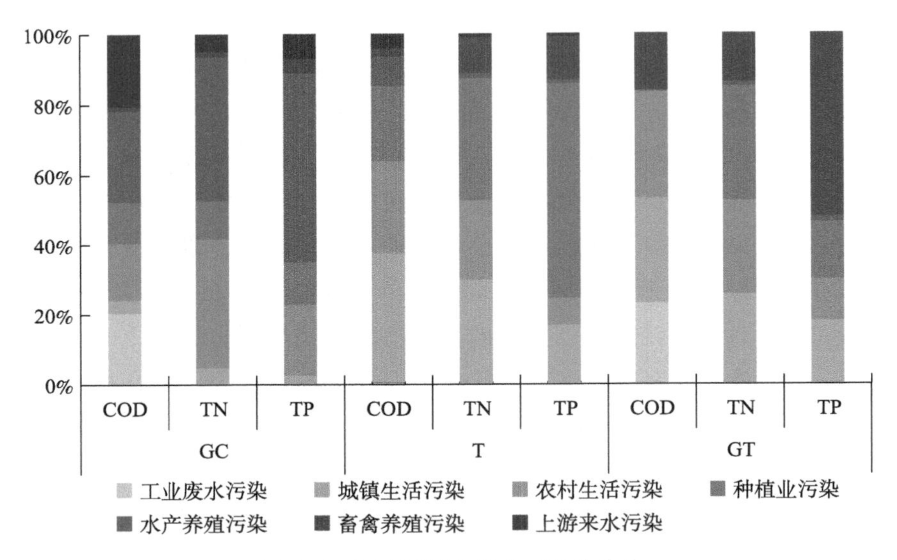

图 8-3　三大流域水污染源排放清单

3%：97%、17%：83%、18%：82%。以此为依据，可以推断非点源是三大流域水体污染的主要原因，这也从三大流域实施方案中非点源项目立项数量远多于点源可以看出。但如前文所述，目前与点源排放信息相关的政策和数据众多，不同来源途径的统计数据彼此之间缺乏良好衔接，且各套数据由于统计口径与方法不同存在着一定程度的差异，无法形成一套准确的点源污染排放数据。以 GC 流域为例，生态环境部门提供了规模以上企业污染源普查数据和排污申报数据，工业废水、化学需氧量、氨氮最高排放比能够达到 100 倍以上（14 号企业），最低排放比为 1.5 倍（19 号企业），19 个企业排放比平均值为 40 倍左右，如图 8-4 所示。污染源普查是环境管理人员根据企业环境影响评价报告、用水量和排水量、生产工艺类别、污染治理设施处理效率等进行现场核查和逻辑判断得出的企业污染物排放结论，具有较好的完整性、整体性和逻辑性。由此可以看出，尽管点源排放信息数多，但大部分排放数据缺乏考量依据，并且与点源真实排放情况（以污染源普查数据为准）差距较大。因此虽然通过 GC、T、GT 流域污染负荷构成看出非点源污染比点源污染严重，但因为点源真实排放情况难以核实以及非点源实际入河量难以确定，我们得到的水污染源排放清单和污染负荷构成与真实情况有一定的差距。

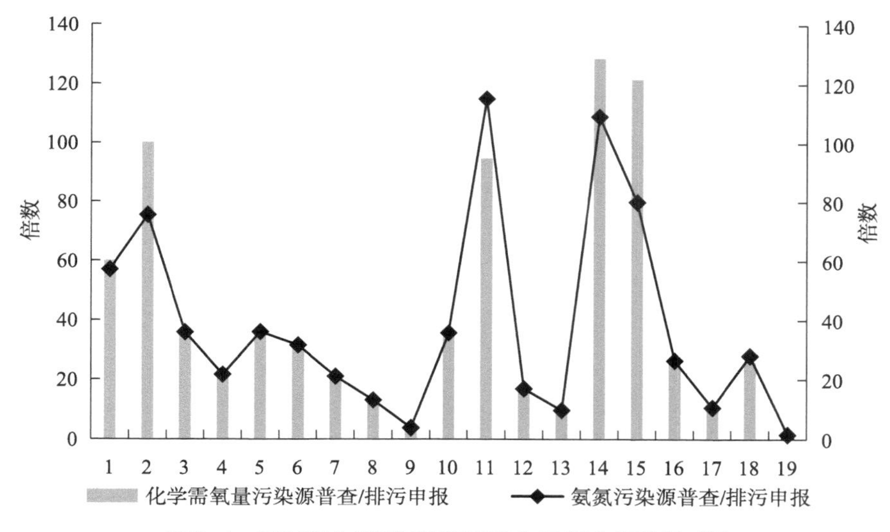

图 8-4　GC 流域点源污染源普查与排污申报数据对比

另外，需要注意的是，以上数据均为年污染物排放量，根本无法支持基于日时间尺度的污染物排放清单构建。除了部分国控点源提供连续在线监测数据支持日时间尺度的连续排放清单外，其他点源、非点源均无法得知。这是方向性问题，不容置疑，同时也是我国精细化环境管理水平提升的巨大空间。

2. 点源排放控制管理方案设计

点源排放控制是流域水质达标规划管理方案设计的重中之重。排放标准是针对点源普遍采用的最基本的控制形式，连续稳定达标排放是点源排放控制管理方案设计的控制目标。点源排放控制管理方案设计包括达标排放现状分析、最佳排放控制技术的筛选、达标排放目标标准的制定、排污许可证实施、排污信息公开等一般内容和程序，如图 8-5 所示。

（1）现有达标排放现状分析与排放限值导则制定。

点源达标排放现状分析是基于现有排放信息清单，将点源水污染物排放的监测数据和法定排放标准进行比较，考察一段时期内所有点源水污染物的达标率状况，为之后的连续达标标准的制定提供参考。

在达标排放现状分析的基础上，制定适合我国点源水污染物排放的排放限值导则。排放限值导则是基于技术的排放标准制定的依据，根据水污染物排放去向、生产设施设计时间、产品和工序对污染源进行细致的划分，保证新源、现有源的不同阶段适用不同的标准，排入天然水体的和污水处理厂的源适用不同标准。水污染物排放标准的制定需要基于技术、水质和社会经济的考虑，促进工业行业生产工艺和污染处理技术进步的同时保障地表水质达标。但实际上我国水污染物排放标准不仅没有有效促进技术进步，也没有缓解水环境的恶化。排放标准的制定和执行既脱离了水环境质量，又脱离了技术水平的更新，在经济效率上更加模糊不清。

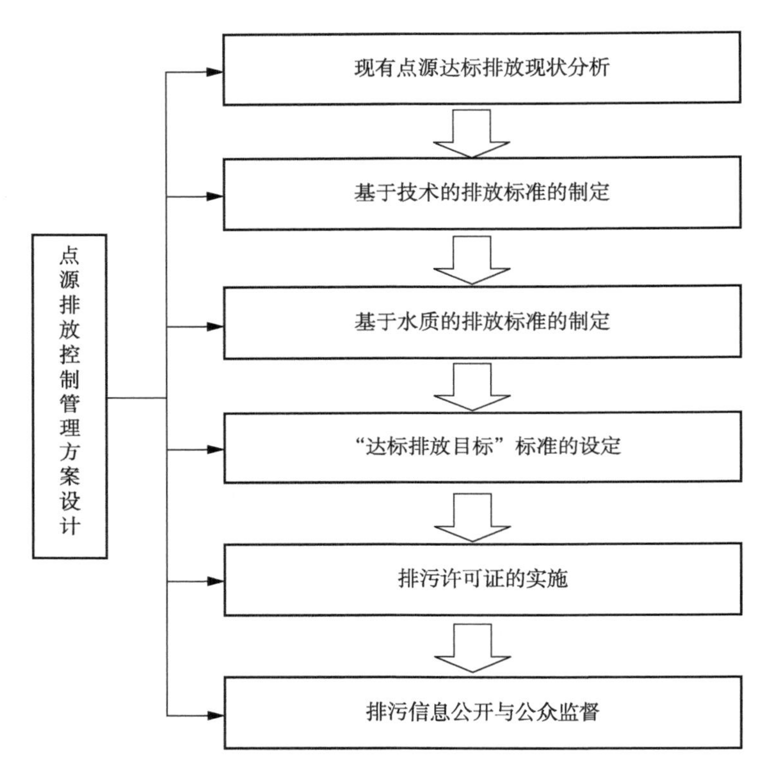

图 8-5　点源排放控制管理方案设计

技术进步是解决水污染问题的根本力量，排放标准必须与现有技术水平相适应，低于现有水平则严重制约水污染控制技术的发展，高于现有水平则受制于技术成本不可操作性而形同虚设。随着环保技术进步，旧产品、工艺和设备逐渐被淘汰，而新产品、工艺和设备逐渐被采用，因此，定期有计划地制定、修订排放标准是必然选择。从我国水污染物排放标准修订间隔年限来看，平均年限为 12 年，而如此之长的修订间隔仍然存在 44%的标准落后于原有的一级标准水平，甚至部分标准还低于原有二级标准的水平，仍有 37%的排放标准基本一致或变化不大，有 20%的排放标准严格或明显严格（基于

《污水综合排放标准》的修订)，如图 8-6 所示。这说明水污染物排放标准基本上是停滞不前的，没有真实反映实际的技术进步水平和社会发展变化，甚至无法适应目前我国水环境逐渐恶化的情形。但基于已经出台的对应工业行业水污染物排放标准来看，我国普遍严格于美国、欧盟等发达国家和地区，柠檬酸工业五日生化需氧量指标现行标准是 40mg/L，而美国是 55mg/L，我国新建标准 20mg/L 也严格于欧盟标准。综合来看，基于已经出台的对应工业行业水污染物排放标准更新中，100%行业均严格于发达国家的技术水平标准，基于《污水综合排放标准》的修订中，71%的行业高于发达国家的排放限值水平（张震，2015）。由此可以看出，我国水污染物排放标准几十年间均处于国际水平，这与实际的社会发展和技术现状是不吻合的，也从侧面验证了我国水污染物排放标准制定和管理的低效率。如果存在技术落后或经济成本无法承受的情况，一味严格要求所带来的后果是排放标准缺乏技术支持和适用性，导致环境保护技术市场和研发的混乱，甚至对工业企业偷排漏排产生激励。

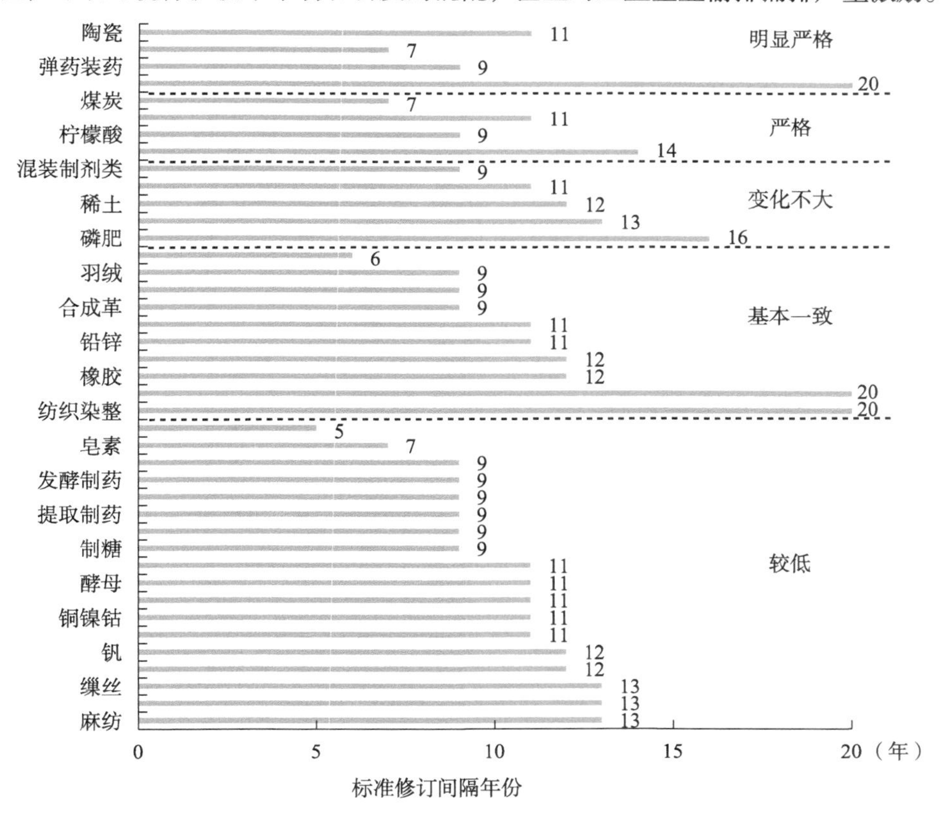

图 8-6　基于已有排放标准修订的严格程度与修订间隔

目前我国工业行业技术数据库、水环境质量评估方法、标准修订社会经济影响评估仍不完善，类似美国的每两年对排放标准进行审查和修订很难做到，建议国家生态环境部以5~7年为周期对排放标准进行定期规划和审核，不断严格污染控制技术标准，为工业企业和技术研发单位提供技术创新和技术扩散的正向激励，不断促进环境保护技术进步直至“零排放”。

（2）基于水质的排放标准的制定。

我国现有水污染物排放标准在某些区域或流域是无法实现水质达标的，缺乏基于水质的排放标准。以H流域为例，进一步验证排放标准和水质之间的脱钩关系。该流域水质达标规划的目标是恢复饮用水源地功能和生态属性，即能够达到饮用水水源地二级保护区、水产养殖等要求。点源X地处该流域某断面上游不远处，且排污口直接排入河流。该点源2015年之前执行的是《污水综合排放标准》，2015年之后执行最新的工业行业水污染物排放标准，同时在标准中规定了水污染物特别排放限值的要求。根据该点源废水排污口流量数据，排污口平均流量可以达到下游断面枯水期和丰水期水量的82%和36%左右，可见该点源废水排放直接影响H流域水环境质量。从该点源COD日均值连续监测数据可以看出，如果基于最新标准要求60mg/L，该点源达标率为86.6%；如果基于水污染物特别排放限值要求50mg/L，该点源达标率为81.1%；如果基于地表水Ⅳ类水标准要求30mg/L，该点源达标率为29.1%；如果基于地表水Ⅲ类水标准要求20mg/L，该点源达标率仅为16.2%，如图8-7所示。如果不考虑稀释和混合的情况下，该点源达标排放无法保证水环境质量保护目标。因此，需要进一步采取措施控制该点源水污染物排放。

建议在流域水质达标规划中，如果基于技术的排放标准无法实现水质达标，就要基于流域层面制定水质的排放标准。从流域角度，明确总量减排要求的污染物以日为时间尺度，而非不具有管理意义的年时间尺度。制定基于水质的排放标准，需要考虑人体健康和水生态特殊要求，根据地表水质标准要求，通过水质模型推算点源需要执行的排放标准。如果存在许可证修订的情况，需要审核最终的排放标准是否宽松于之前的标准，如果更为宽松需要做出明确说明。基于水质的排放标准制定依赖于健全的水环境质量标准，水环境质量标准需要包括污染物限值、水体指定用途描述以及流域水质达标规划。水污染物排放限值应当参照环境科学和毒理学的最新研究进展，将水污染物限值设置在合理的范围之内。

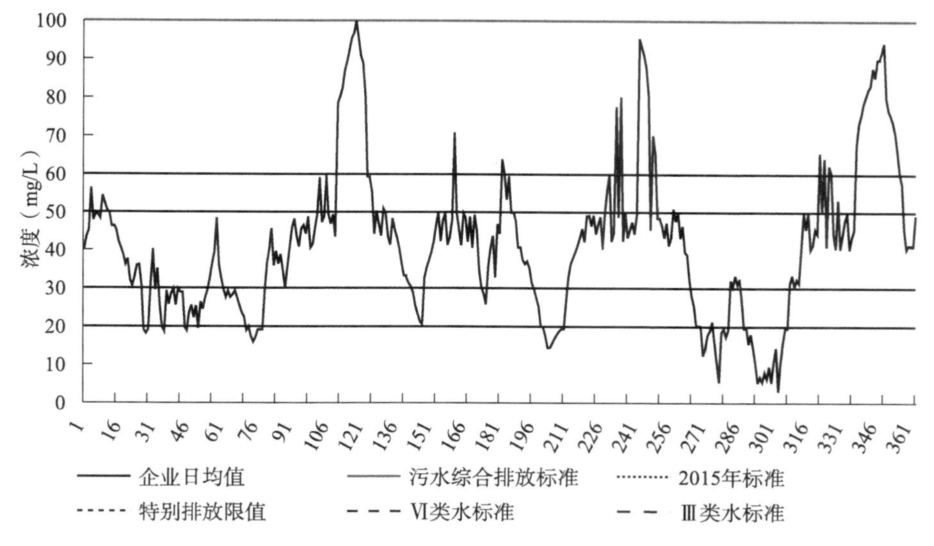

图 8-7 案例点源排污口 COD 日均值连续监测数据

点源水污染物排放监测数据类型主要分为“日”时间尺度和“小时”时间尺度，从实际可操作性上来看，任何一次都不准超标的达标判据并不科学，没有将影响污染治理设施非正常运行的其他干扰因素考虑在内，不具有可操作性和管理意义。由于水污染物排放具有一定的统计规律，仍有可能存在2%~3%的超标情况或概率，但这些超标情况的出现并不影响达标。因此，将水污染物排放浓度超标状况控制在一定的百分比范围内（如99%分位数确定为日最大值，95%分位数确定为月最大值），允许一定的超标情况出现，建立“日”时间尺度的水污染物达标排放管理更具管理意义。

（五）规划费用效益分析模式

费用效益分析在评价和对比政策手段的效率、效果过程当中具有重要作用。费用效益分析最初在美国水利建设项目中展开实践，后不断应用于公共政策管理领域。美国经济学家哈曼德第一个把费用效益分析的方法用于污染控制，他分析了水污染控制的费用和效益（周颖，2004）。未来资源研究所（RFF）出版的《环境保护的费用—效益分析》（克尼斯，1989）一书中明确提出了水污染物控制措施成本和效益估算的货币化分析方法和技术，该方法有重要的理论价值和研究启发。在国家公共政策与管理领域，美国一系列法规和规定都对环境政策的费用和效益评估进行了规定。美国联邦环保署也制定了用于环境保护规划和环境行动的费用—效益分析手册，并且开始大量资助环境影响经济评价的基础研究和应用研究。费用效益分析的应用范围已经超出了对开发项目的评价范围，扩展到对发展计划和重大政策的评价。

美国1969年国家环境政策法案规定在对环境政策产生的环境影响分析中考虑费用效益；19世纪70年代美国总统福特和卡特颁布了要求对行政执行成本进行评估的命令；1980年美国综合环境反应、补偿和责任法案（CERCLA）要求自然资源的投资者在进行自然资源开采的过程中需要对其造成的损失和恢复进行评估；1981年里根政府颁布了EO12291号行政命令要求内阁部门对管理政策进行影响分析；1993年克林顿政府颁布了EO12866号行政命令要求在环境政策中把费用效益分析作为一个设计和应用工具；2012年奥巴马政府颁布13610号行政命令进一步强化了行政规制要进行定量和定性费用效益分析的必要性。美国的环境法律也把费用效益分析纳入要求。《石油污染法》（1990）、《清洁水法》、《清洁空气法修正案》（1990）、《安全饮水法》（1996）都要求将费用效益分析纳入分析框架。美国联邦环境署在2000年发布了对自1972年以来水污染控制项目的效益评估报告（EPA，2000）；同年发布了对美国《清洁水法》实施以来的成本估计（EPA，2000）；联邦环境署对环境行政成本的估计进行了案例研究（EPA，2007）。联邦环境署用环境费用效益分析方法对2002年《清洁空气法》实施的效果进行了评估。2002年《清洁空气法》实施的成本是309亿元，而由此带来的效益却高达1189亿元，将近成本的4倍。这一结果不仅准确地表明了这一法规执行的效益，增强了政府继续实施这一法规的决心，也使民众对此有了客观直接的了解，从而支持政府的法律法规实施（赵雪涛，2012）。

费用效益分析是流域水质达标规划制度的重要内容，需要综合考虑不同类型污染源治理成本与所带来的水环境质量改善的经济价值。其本身容易被理解和运用，但对于评价某一流域水质达标规划制度或规划本身层面的费用和效益而言，确实是一项异常庞大的系统工程，需要综合多个学科背景的专业知识。同时，在流域水质达标规划制度费用效益分析过程中，要求所有成本和效益都100%实现定量化分析几乎是不可能的，即使能够实现，交易成本也极高。因此，本书仅在综合和应用已有研究成果的基础上提出流域水质达标规划费用效益分析的一般程序或模式，旨在为环境管理人员提供分析框架。

1. 流域水质达标规划费用效益分析的一般程序

流域水质达标规划费用效益分析主要包括规划中各管理方案或措施的成本核算、主要污染物排放量下降测算、主要水污染物浓度降低程度测算、水环境质量改善效果评估、改善效果的定量化评估、费用和效益对比分析等几个步骤，如图 8-8 所示。第一，通过将流域水质达标规划最终目标细化为具体的管理目标，具体的管理目标对应不同的水污染源排放管理方案或措施，识别出各管理方案或措施对应的主要水污染物减排量和资金需求、建设成本、运行成本、行政成本等费用信息；第二，根据主要水污染物减排量核算主要水污染物浓度降低程度；第三，根据环境影响经济评价的方法和程序，识别水环境质量改善带来的人类健康、社会福利、生态系统等方面的影响以及由此引发的社会经济变化；第四，根据环境价值评估方法对水环境质量改善带来的效益进行定量化评估，评估的基础是人们对于水环境质量改善的支付意愿，一般根据水环境资源与市场的关联程度主要分为直接市场评估法、揭示偏好法和意愿调查价值评估法等。第五，对整个流域水质达标规划实施期间的各管理方案的成本信息和核算得到的效益进行加总并对比，如果总效益大于总费用，则说明规划是有效的；反之，如果总效益小于总费用，则说明规划是无效的，需要对流域水质达标规划目标或管理方案进行调整或重新设计。

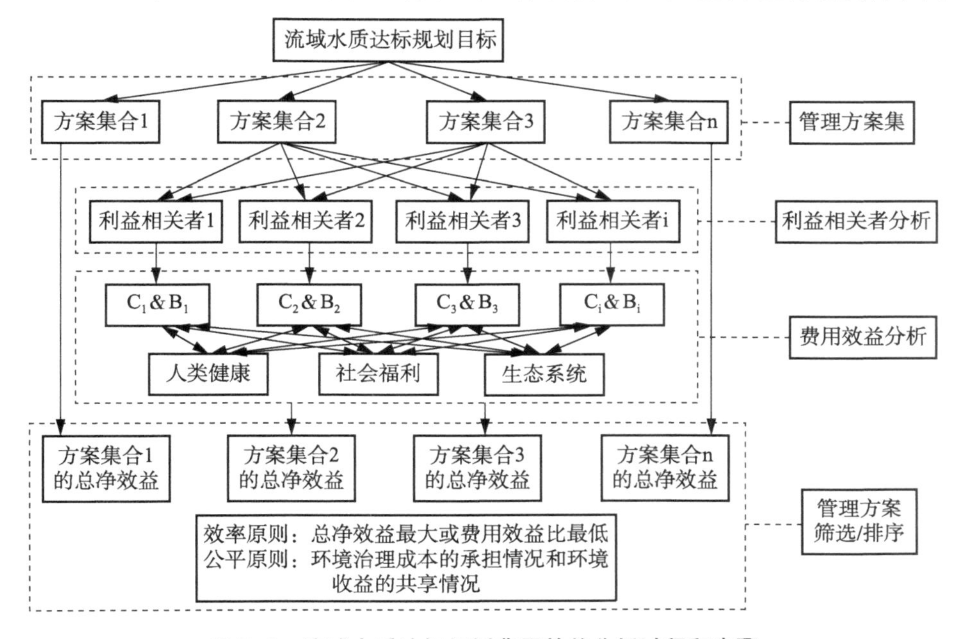

图 8-8 流域水质达标规划费用效益分析过程和步骤

2. 费用分析

流域水质达标规划费用（或成本）分析的对象主要是工业企业的守法成本和地方政府的执法成本。工业企业守法成本主要包括用于污染治理的固定资产投入、安装、场地占用等建设成本和运行成本。地方政府执法成本主要是地方政府在流域水质达标规划管理监督过程中的投入。

守法成本包括建设成本和运行成本。建设成本包括污染治理设备的购买费用、运费、安装费用等，在核算污染治理设备建设成本时需要考虑其使用年限和设备贴现率折旧，将一次性投入的污染治理设施总费用分摊到每一年的费用支出，一般将贴现率限定为3%~7%。运行成本是指污染治理设施运行过程中所需成本，主要包括污染治理设施正常运行状况下的水、电、燃气、药剂等费用以及设施管理人员的工资、设备零件更换和设备故障维修费用等。计算单位污染物治理成本时，根据年水污染物减排量，用污染处理的年总成本除以减排量得到，年总成本即为建设成本每年的折旧额加上年运行成本。成本分析遵循的原则是成本有效性原则，定义为每减少 1 吨水污染物的排放所花费的成本，成本有效性原则可以为不同管理方案提供对比筛选的依据。根据经济学的等边际原则，如果两个污染源的边际治理成本有所不同，就可以通过重新分配污染减排量，让边际治理成本低的污染源更多地削减污染物，以此来降低总的治理成本。同时，对于单个污染源来说，估算其污染控制的环境效益比较困难，因此可以采用污染控制措施的成本有效性分析来替代成本（或费用）效益分析。但由于成本有效性分析只能在同种水污染物控制措施之间进行比较，因此也有一定的局限性。

执法成本主要是指地方政府在流域水质达标规划管理监督过程中的投入，包括点源污染排放监督性监测成本、水环境质量监测成本、规划实施效果评估监测成本、环境管理成本等。可以根据地方政府统计年鉴和现场调研，获得地方政府或流域机构用于流域水质达标规划管理的行政人员数量、办公经费及工资、规划宣传支出等方面的数据，基于以上数据估算规划执法成本。

成本分析表面上看比较简单，但实际过程中要收集到全面的成本信息并不容易。任何污染源管理方案或措施的成本信息并不是一目了然的，需要对各类污染源管理方案或措施实施过程中每一环节的成本信息进行收集和对比。本书仅提出成本核算的一般框架，对于具体到某一个管理方案或措施的成本分析，需要咨询专业环境管理人员和成本核算人员意见，最终形成规范化的成本核算技术导则。

3. 效益分析

流域水质达标规划的效益分析就是对水环境质量改善带来的人类健康、社会福利、生态系统价值、全球系统价值等方面的影响进行定量化评估，以利于规划管理者做出决策。这部分是实施费用效益分析的关键，通常也是整个分析过程中难度最大的一部分。尽管有一些方法可供参考，但与成本分析相比，效益分析的评价方法尚未完善。应具体分析与评价水环境质量改善可能带来的多方面的影响，如对人体疾病和死亡的影响、对农作物产量的影响、对渔业资源和水资源的影响、对美学价值恢复和舒适性价值提升的影响等。对诸如某流域水污染物排放量、水污染物浓度和相关损害之间的关系予以量化，从而对各项减排措施所降低的损害进行评价。然后，将各项降低的损害转化为货币形式，在费用效益分析中同相关费用进行比较。目前生态系统价值和全球系统价值方面的评价不太成熟。

建立“剂量—反应”关系。水环境质量的改善，在多大程度上有助于维护人类健康和社会福利水平，需要通过“剂量—反应”关系加以量化。“剂量—反应”关系的目的在于建立环境损害（如发病率或死亡率的上升、农作物产量的下降）和造成损害的原因（水质恶化）之间的联系，该参数的获得参见国内外各类环境科学类教科书及文献。“剂量—反应”模型通常包括发病率/死亡率和水污染物浓度之间的线性模型和对数线性模型等。

环境价值的货币化。环境价值的货币化通常需要用到下列评估方法，陈述偏好法、旅行成本法、人力资本法、防护费用法、隐藏价格法等。根据水污染导致的不同方面的影响，选择不同的方法（见表 8-2）。陈述偏好法，向流域周边社会公众询问他们的偏好，用于对环境影响进行判断和分析的方法。可以分为 CV 方法（Contingent Value）、CM 方法（Choice Modeling）。CV 方法直接向社会公众询问他们关于水环境质量改善的的支付意愿（WTP）或忍受水污染的受偿意愿（WTA），进而估算水环境的价值。CM 方法认为，水环境资源物品的价值包含在物品的各类属性之中，需要通过向社会公众调查了解其关于不同组合方案的偏好来估算价值。旅行成本法通过观察当事人的旅游行为及其支付意愿来判断其对某环境物品的偏好。所包括的基本属性有旅游地点、旅游时间、住宿、门票、旅游人次等要素。运用计量经济学模型建立旅游支付意愿同以上基本要素之间的量化关系，从而揭示环境价值。隐藏价格法潜在的假设是，一个产品的价格是多种属性的函数关系，通常隐藏价格法可以分解不同属性的价格。这样通过搜集一个流域或地区所有房产的价格以及各属性特征数据，可以分解得到房地产价格同各地水环境质量间的量化关系，从而间接揭示水环境价值。

表 8-2　水污染评估方法选择

水污染引发的经济损失		方法选择	主要参量
工业	水短缺	机会成本法	当地水资源的影子价格，水资源短缺量
	增加治理费	影子工程法	远处调水工程的建设和运行成本
		防护费用法	增加工业用水治理设施的投入和运行费用
农业	农田污染	生产率变动法	水污染导致的农田产量下降（减产量×单价）
	土壤盐渍	市场价值法	每亩农田投入增加（多投入化肥、劳动力）
渔业		市场价值法	水污染导致的产量变化、单价
人类健康		人力资本法	发病率/死亡率、医疗费/护工费、人均收入
房产		隐藏价格法	水污染导致的房价变化
景观		陈述偏好法	支付意愿
舒适性		旅行成本法	旅行费用支出

4. 不确定性分析

费用效益分析具有严格的方法和规范的程序，往往需要高质量的数据以及严格的货币化评价方法。但我国目前不具备这样的基础条件，尤其是在法律、政策和规划实施层面，我国更多关注投入和效果，而不仅仅是以经济指标衡量的收入。在数据支撑方面，我国在费用层面的统计更为规范和严格，而对于效益来说往往难以找到可靠的令人信服的统计方法和数据，分析过程和方法存在较大的不确定性，可能会存在未被量化的环境社会效益估算的分析和讨论。如果开展货币化定量评估不可行，规划或项目的环境影响可以实物形式进行评估，并列出具体影响。最终费用效益分析的结论需要经过同行专家的认可和评估，同行评估有助于增强研究的可靠性。建议对规划的费用效益评估结果展开同行评议并将评议结果进行公开。如果假定和估计都是透明的，且评价涵盖了各个部分，那么费用效益分析就能够为不同利益相关者构建可靠的信息交流和讨论平台。但费用效益分析往往不可能涵盖所有的影响，因为分析者能够分析的范围与全面分析管理方案或措施的各种影响之间总有缺口存在，同时在费用效益分析的成本和准确性之间也存在着平衡关系。但不管怎样，费用效益分析法仍然可以作为改进政策和决策的有效工具。

三、小结

本章对流域水质达标规划编制技术导则进行初步设计，明确了规划编制过程中应遵循的法律原则、经济效率原则、公平原则、可实施原则等，简要提出了流域水质达标规划编制的一般模式，用以指导地方政府或流域机构编制流域水质达标规划。其中水环境质量评估要能够全面反映水质的质量状况—变化趋势—因果关系，水质评估的时间尺度包括长期趋势分析和短期变化分析，对污染源的管理则要求精确到日时间尺度，空间尺度包括影响流域水质的主要河流、主要断面以及“热点”区域。污染负荷评估模式借鉴美国水环境管理经验，采用监测法来估算流域污染负荷，按照水质—通量—污染物入河量—污染物排放量的思路进行分析。规划目标的确定模式需要明确最终目标、直接目标、间接目标和管理目标等指标体系，最终目标可以把问卷调查作为信息获取的方法，水质达标判定依据建议取消污染物浓度年均值、水功能区水质达标率、优良水体比例、黑臭水体比例、劣Ⅴ类水体断面控制比例等规定，采用将水质浓度和超标率相结合的方法，基于长期数据来说明水质是否存在统计意义上的改善或恶化趋势。总量减排要明确水污染控制目标、水污染物种类、空间范围和尽量小尺度的时间范围，从年时间尺度转变为月或周，并严格控制枯水期污染物入河量，更好地体现入河量和水质目标之间的关联。点源达标判定依据遵循统计学规律，在实际超标判定中区分日最大值和月最大值，将某种技术水平下99%都能达到的排放水平界定为日最大值，95%都能达到的排放水平界定为月最大值。点源排放控制管理方案设计的核心是确保点源连续稳定达标排放，包括达标排放现状分析、最佳排放控制技术的筛选、达标排放目标标准的制定、排污许可证实施、排污信息公开等。费用效益分析是流域水质达标规划编制的关键，包括费用分析和效益分析，用以确定规划是否有效，进而提高水环境治理的效率。

第九章

主要结论和政策建议

本章在前文分析论证的基础上，对本书的主要研究结论进行了归纳总结；针对我国流域水质达标规划制度的完善提出了几点政策建议。对本书的创新性进行了简要总结，此外，受笔者研究能力和研究时间的限制，本书尚存在一些不足之处及有待进一步研究的问题，在此也进行了归纳。

一、主要结论

（一）现有流域水质达标规划执行情况不理想

笔者通过生态环境部门、水利部门、国土资源部门、海洋部门等不同来源途径的数据对我国水环境质量状况进行了全面评估。虽然从生态环境部门公布的国控断面数据来看，我国十大水系和七大重点流域的干流水质逐年好转且改善明显，但是从省界断面来看，七大流域的水质状况却在恶化，尤其是北方河流，支流污染问题严重；国控重点湖库和近岸海域水质没有明显改善迹象；全国地下水的污染形势也异常严峻。通过对不同部门数据的相互印证和对比，没有确切的证据表明我国的水环境质量得到了明显改善。

笔者通过国家统计数据和水平衡模型估算数据对我国点源主要污染物排放控制情况进行了评估。虽然从生态环境部门统计数据来看，我国点源污染排放基本得到了有效控制，工业废水达标排放率、城市生活污水集中处理率和工业用水重复利用率均稳步上升，但生态环境部门官方统计数据与实际状况存在偏差，基于2015年水平衡模型估算的数据来看，我国工业和生活无处理排放量分别达到128.6亿吨和72.8亿吨。如果考虑这些无处理排放量，

2015年我国工业源化学需氧量和氨氮排放量约为880.9万吨和54.6万吨，分别是当年统计的工业源排放量的3倍和2.5倍，工业废水达标排放率实际应为58.7%，远低于国家公布的统计数据96.6%；2015年我国城镇生活源化学需氧量和氨氮排放量约为1182.4万吨和176.6万吨，分别是当年统计的生活源排放量的1.4倍和1.3倍，城市生活污水集中处理率实际应为77.8%，也低于国家公布的统计数据88.4%。从统计数据和基于水平衡模型估算的数据来看，也没有明显的证据证明点源污染物排放得到了有效控制。

官厅水库流域案例分析结果显示没有实现预期的规划目标，且流域污染负荷评估的结果显示点源已经得到了较好的控制。但通过对官厅水库流域污染物排放量—通量的逻辑关系分析表明点源污染排放并没有得到有效控制，这仍然是水质不达标的主要原因。

（二）我国流域水质达标规划制度缺位，缺乏制度保障

流域水质达标规划制度是落实水环境质量标准目标的法定手段，确保未达标水污染物在规定的期限内达标。尽管国内各地方政府制定出台了“水污染防治规划”“水污染防治行动计划实施方案/细则”“碧水工程行动计划”“清洁水体行动计划”“流域水体达标方案”等，但以上“规划”“计划”“方案”仅仅是应急性情况下的行政命令政策，并不是常规化的水环境质量标准执行的政策手段，也并未上升到一定的法律高度，因此并不是真正意义上的确保未达标水污染物在规定期限内达标的流域水质达标规划，存在制度缺位。

当前我国没有能够覆盖水质、水量、水生态全要素的法律法规和流域水质达标规划，现有与水环境保护相关的法律法规也是基于不同部门分别制定的，水环境保护的目标被分散于各个法律和规划之中，在一定程度上制约了流域水环境保护工作。同时我国流域水质达标规划并没有专门的法律法规，只是以相关法律条文为依据。我们的规划大多只是科研院所或政府部门等编制出来的“报告”或者“文本”，并没有通过广泛的公众参与使其反映所有相关者的利益诉求，也不是一个立法的过程，没有上升到法的高度，不能为我国经济社会发展和水环境管理划定红线。权威性的丧失导致其地位不高，无法统领总量控制、排放标准等相关政策手段，进而无法统领我国水环境保护工作。

由于没有专门的环境规划立法，缺乏有关规划编制与实施的法律保障，没有将流域水质达标规划的编制、审批、实施、评估、问责和处罚、公众参与等程序和内容以法定形式规范化和常态化，丧失了命令控制型手段的基本属性。中央政府缺乏对地方政府流域水质达标规划的审批与核查，导致规划制定不规范，地方政府能否实现规划目标、编制内容是否合规不得而知。现行法律规定地方各级人民政府对本行政区域的水环境质量负责，但市场经济体制下地方政府追求自身利益最大化的“理性经济人”特征导致其未能正确履行自身作为代理人的责任。法律层面保障规划执行的环境保护目标责任制也并未形成常态化和法定化，并不能胜任市场经济所要求的政府环境保护干预模式。总体而言，我国流域水质达标规划缺乏制度保障。

（三）规划科学性、可操作性不足，在编制和实施方面存在诸多问题

水环境保护工作的最终目标是保障人体健康和水生态安全，作为水环境保护工作的基础和核心，流域水质达标规划的编制和实施必须以此为目标。但我国流域水质达标规划在编制和实施方面的许多内容和政策安排（水质标准、排放标准、总量控制等）都不是基于这一目标建立起来的，导致规划的科学性和可操作性不足，无法保证这一目标的实现。

第一，我国至今还没有一部根据自身水域特点和水生态特性建立的水环境质量标准，以美国水质基准为依据制定出来的现行水质标准无论从结构、形式还是到内容都存在着一些根本性的缺陷，无法反映环境毒理学和环境科学的基本原理。地表水环境质量标准是约束地方政府进行水环境质量管理的法定标尺，但现实情况下我国地表水环境质量标准仅用于评价地表水环境状况，按照我国现行的水质评价方法无法全面、准确地反映我国真实的水环境状况。水质标准存在的一系列问题导致我们国家的流域水质达标规划和管理工作发生偏差。

第二，污染负荷估算是流域水环境问题分析的基础，同时流域水质达标规划的制定、实施和评估也需要建立在准确、可靠的污染负荷分析与评估之上，其中重点是点源污染负荷的估算。但目前我国关于点源污染负荷分析与评估的政策手段和数据很多，各政策手段之间并没有很好衔接，相互之间缺乏协调和整合，且政策执行成本较高，现行的排放数据根本无法准确反映点源的污染负荷情况，缺乏准确、可靠的信息来源，使流域水质达标规划的制定、实施和评估困难重重。同时，在污染负荷评估阶段，没有建立起规范的入河排污口监测体系，也没有做到通量这一层面，无法对点源排放状况进行核查，也无法判断非点源污染的排放情况。

第三，排污许可证和总量控制是规划能够良好实施的主要政策手段。但

我国排污许可证制度刚刚开始，法规正在建设中，距离美国的排污许可证管理还有较大差距。水污染物排放标准是排污许可证制度的核心内容，但我国根据经济和技术条件建立起来的水污染物排放标准缺乏排放限值导则的设计以及与水质目标的直接联系，也缺乏监测方案和达标判据的详细规定，无法判断点源是否“连续达标排放”，难以达到保护水质的目标。以水环境容量为依据进行计算，以年为时间尺度、行政区域为单位，以化学需氧量和氨氮两种主要污染物为依据进行统计和分配的总量控制不合理且缺乏科学意义，现行以总量控制为主的规划目标体系无法保障规划的实施，从而确保水质达标。

第四，充分、稳定的资金来源是流域水质达标规划有效实施的主要保障，资金机制得以合理实施的基本原则是污染者付费原则。但作为我国规划中的主要资金来源，污水排污费和污水处理费并没有体现这一原则，污染者付费原则的缺失导致工业企业排放污染物产生的外部成本最终要由社会和环境承担，造成了环境污染和公共利益的“双败”。

第五，缺乏权威的实施机构和具体而详细的实施计划导致规划实施不利。在我国规划的编制和实施过程当中，主要依靠的仍然是地方政府和生态环境部门，生态环境部门在项目的审批、经费的划拨与建设方面都没有决定性的权力，不享有对其他成员的命令权，权威性的缺乏使其很难协调整个流域的污染问题。同时在规划中缺乏具体的实施计划，没有明确各项措施的实施单位、资金来源、责任主体、达标时间计划表、验收指标等，导致规划的实施缺乏可操作性。

（四）设计流域水质达标规划制度框架与编制技术导则

明确流域水质达标规划制度各级政府的权责划分和管理职能。生态环境部是流域水质达标规划制度运行和决策的最高管理机构，在流域水质达标规划制度运行过程中负有相关法律法规制定、编制技术导则的起草和公布实施、建立国家水环境质量和水污染源排放信息数据库、组织实施规划专项资金管理、建立流域水质达标规划管理委员会、为规划相关人员提供技术援助和培训等责任。省生态环境厅对本省受损水体清单的制定、优先性排序以及省内流域水质达标规划负责，具体职责包括制定水质达标规划地方性法规、向生态环境部提交受损水体清单、审阅流域管理机构水质达标规划文本并签字上缴生态环境部、审批市县内水体水质达标规划、负责对地方政府主要负责人和直接责任人问责和处罚。流域水质管理局是流域水质达标规划的主要实施主体，具体职责包括识别受损水体并向省生态环境厅提交受损水体清单、编制修订和执行流域水质达标规划、编制流域水质达标规划社会经济影响分析报告、采用多种形式促进受损水体清单和流域水质达标规划的公众参与等。市县级地方政府是流域水质达标规划具体执行的基本单元。

明确流域水质达标规划制度框架运行程序。地方政府识别受损水体并对受损水体清单进行优先性排序，各省每两年进行水体评估并向生态环境部提交报告，各省生态环境厅定期更新其水体清单数据库。流域水质管理局制定针对单项未达标水污染物的达标规划，根据季节变化和安全临界为该水体确立一个日最大污染负荷。规划编制完成以后，向全社会公开，形成最终规划文本后须组织规划的公众听证会，经公众听证会审议通过的规划文本由流域所在行政区各市市长、省长签字后上缴国务院生态环境部进行最终审批。生态环境部有权决定规划审批是否通过，并将审批结果和原因向社会公众公开。如果规划审批未被通过，生态环境部将会直接接管该流域实现水环境质量标准目标的责任，为其制定更为严格的流域水质达标规划。

明确流域水质达标规划制度运行的管理机制。健全信息收集、信息处理、信息储存、信息利用、信息传递和信息评估机制等，建立流域水质达标规划的公众听证会制度；确保规划资金的供需平衡、有效使用和激励性，完善不同层级政府对流域水质达标规划的投入规模与结构，细化资金安排和严格资金管理，确保遵守污染者付费原则并基于全成本付费。改革现有流域水质达标规划地方政府自我评估、内部评估的状况，实施由第三方专业评估单位进行评估的规划评估机制以保证规划评估的科学性和公正性。建立中央政府对地方政府在规划编制和执行阶段的问责处罚机制。

初步设计流域水质达标规划编制技术导则。流域水质达标规划编制必须遵循法律原则、经济效率原则、公平原则、可实施原则，真正落实到污染源的减排。流域水质达标规划是落实法律法规的基本要求，守法是规划编制的基本原则；经济效率原则有利于规划管理方案的筛选和排序；流域水质达标规划要保障社会公众的各种环境福利，确保代际公平和代内公平；规划中的管理方案需要得到利益相关者的认可，规划结果是所有利益相关者共同协商的结果。水环境质量评估要能够全面反映水质的质量状况—变化趋势—因果关系；污染负荷评估按照水质—通量—污染物入河量—污染物排放量的思路进行分析；规划目标形成规划指标体系，最终目标判定依据通过问卷调查的方法来获取，水质达标判定依据建议采用将水质浓度和超标率相结合的方法，基于长期数据来说明水质是否存在统计意义上的改善或恶化趋势，总量减排要明确水污染控制目标、水污染物种类、空间范围和尽量小尺度的时间范围，点源达标判定依据遵循统计学规律，在实际超标判定中区分日最大值和月最大值；点源排放控制管理方案设计的核心是确保点源连续稳定达标排放；费用效益分析用以确定规划是否有效进而提高水环境治理的效率。

二、政策建议

根据前文分析，以“保障人体健康和水生态安全”这一目标为导向，提出了我国流域水质达标规划制度改革的几点政策建议和技术路线图，如图 9-1 所示。

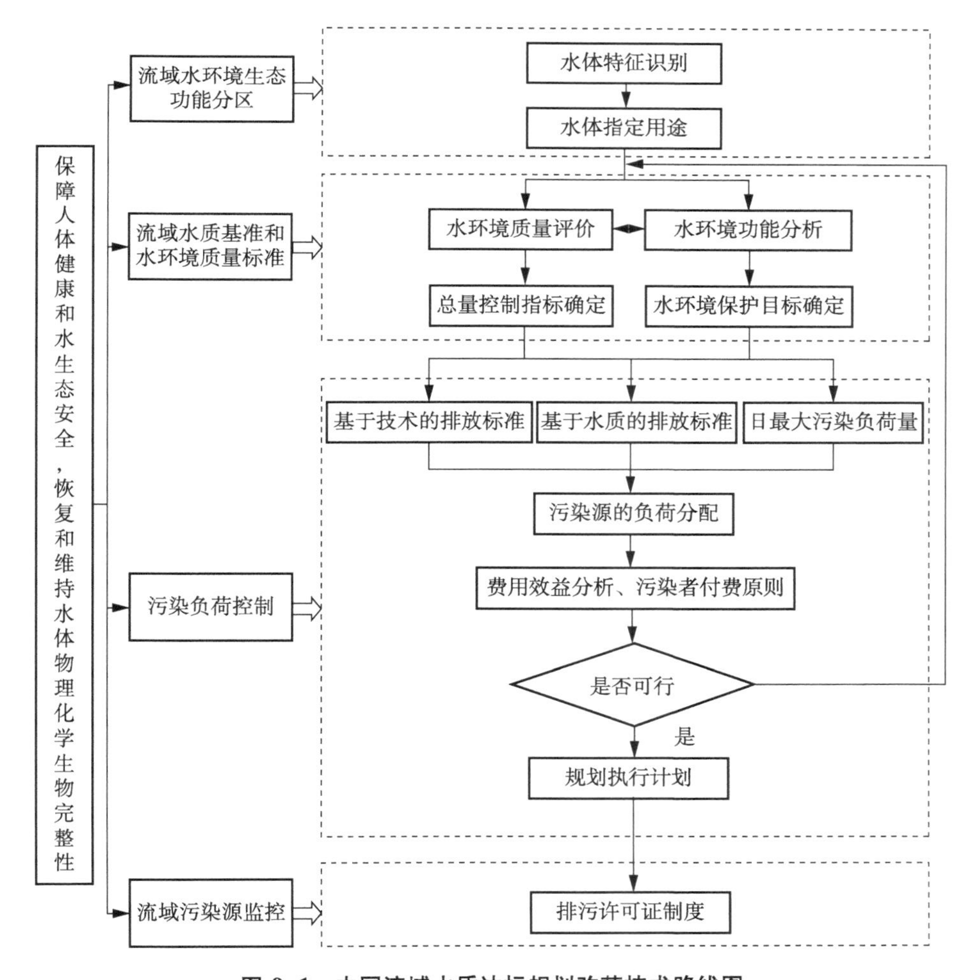

图 9-1　中国流域水质达标规划改革技术路线图

（一）建立明确的水环境保护目标

水环境保护的最终目标是保障人体健康和水生态安全（借鉴美国《清洁水法》的规定：恢复和保持国家水体化学、物理和生物的完整性），直接目标是所有水体水质达标，任何活动都不能破坏国家水体的完整性。因此在我国现有法律法规中明确这一目标，保证这一目标的法律地位。

在《水污染防治法》中明确我国水环境保护的最终目标。《水污染防治法》是我国水环境保护和水污染防治的总纲领，在法律中肯定了水质达标对人体健康和水生态安全的重要性，即确立了恢复和维持地表水环境质量在我国水环境保护政策中的指导地位，指明了我国水环境保护工作的方向。在具体的表述上，改变现有《水污染防治法》“为了保护和改善环境，防治水污染，保护水生态，保障饮用水安全，维护公众健康，推进生态文明建设，促进经济社会可持续发展”的说法，明确提出“保障人体健康和水生态安全”，这意味着法律的实施不仅要改善水环境质量，而且要改善到能够保障人体健康和水生态安全的程度。

明确的水环境保护目标是建立和制定其他政策手段、管理制度的基础。在流域水质达标规划中，明确水环境保护的目标是“所有水体水质达标”。在各流域、各地方的水质达标规划中，要明确实现水质达标的时间，明确对点源和非点源所采取的执行计划。通过在规划中制定明确的执行计划，将“所有水体水质达标”的总任务分解为阶段任务和措施，落实到各级政府的水环境保护工作中。

（二）建立流域水质达标规划制度

建议国家出台《环境规划法》，使流域水质达标规划上升到法律的高度，体现其命令控制型政策的确定性、强制性和权威性。从法律层面统筹水质、水量和水生态等与水环境保护相关的所有要素，统领总量控制、排放标准等相关政策手段，为我国经济社会发展和水环境管理划定红线。同时建议国务院及生态环境部出台《水质达标规划管理条例》《流域水质达标规划上缴与审批要求规范》《流域水质达标规划编制技术导则》等配套性的行政法规和部门规章。在《水质达标规划管理条例》中明确中央政府、省级政府、流域管理机构、市级政府在流域水质达标规划中的权责划分和管理职能，重点明确流域水质达标规划编制和实施过程中的信息管理、资金管理、规划评估、问责与处罚、公众参与等环节的法律义务和责任。在《流域水质达标规划上缴与审批要求规范》中明确规划文本的上缴程序、上缴内容、审批要求、审批规范等。在《流域水质达标规划编制技术导则》中明确流域水质达标规划中数据搜集整理、水质评价、问题识别、污染负荷评估、规划目标确定、管理方案设计与筛选、费用效益分析和社会经济影响分析、实施计划制定、公众参与等方面的基本思路和方法，并明确在规划中应当遵循的反退化、反降级、污染者付费等基本原则，确保我国流域水质达标规划编制、审批、实施和评估形成一套完整的规则或体系，提高规划的科学性、可操作性。

（三）完善我国水环境标准体系

首先，建立适宜于我国国情和水情的水质标准体系。水质基准是水质标准的基石和核心，在制定水质标准以及水质评价、预测和流域水质达标规划等工作中被广泛采用，建议结合我国各流域特点、水体污染特征、水生态系统结构和功能开展我国的水生态毒理学研究和水质基准方面的科研工作，建立适宜于我国国情和水情的水质基准。同时在水质标准体系中增加反退化原则并制定具体的反退化政策的实施细则，为我国水环境保护工作划定红线。

其次，改革我国现行水污染物排放标准体系。借鉴美国经验，出台国家层面的水污染物排放标准制定导则并明确反降级原则，排放标准随着经济的发展和科技的进步不断趋严，体现环保技术进步。同时增加基于水质的排放标准，使点源的排放标准不仅体现一定的技术水平，还要与特定水体的水质目标联系起来，在严格执行排放标准的条件下，点源污染排放不影响所在水体实现水质目标。

（四）继续完善并实施更加规范的排污许可证制度

从美国等发达国家的经验来看，控制点源污染是水环境保护工作最优先进行的工程，而且是通过努力能够得到有效控制的。实施排污许可证是点源污染排放控制的最主要手段。规范的排污许可证不是一个简单的“凭证”，而是一系列配套的管理措施相结合，汇总了法律对于点源排放控制的几乎所有规定和要求，包含了排污申报、具体的排放限值、设计合理且有针对性的监测方案、达标证据、限期治理、监测报告和记录、执法者核查和处罚等一系列措施，并将以上内容明确化、细致化，具体到每个排污者。虽然我国已经明确将排污许可证制度作为点源排放管理的核心制度，但目前来看并没有实现对我国现有点源排放控制政策的良好衔接和协调，政策执行成本仍然较高。建议继续完善并实施更加规范的排污许可证制度，确保点源连续稳定达标排

放。同时整合现有水质、水量分割的监测体系，建立规范的入河排污口监测体系和规范，从通量层面核查点源污染排放状况并判断非点源污染的排放情况。

三、创新点、不足及有待进一步研究的问题

（一）创新点

本书的创新点主要体现在以下两个方面：

第一，研究视角上。目前国内在流域水质达标规划制度方面的研究主要集中在技术方法、规划体系的研究上，对规划这一管理制度自身存在的问题缺少系统的分析、评估与设计，没有体现流域水质达标规划作为一种公共政策的管理和政策属性。因此，本书从政策和管理的角度，并以“保障人体健康和水生态安全”这一目标为导向，将环境科学、环境管理学、环境政策学、环境经济学等相关理论与知识综合应用于我国流域水质达标规划的分析、评估与设计中。

第二，研究方法和研究内容上。通过公共政策分析和评估的方法，对我国流域水质达标规划的编制和实施过程中存在的一系列问题进行了分析，包括流域水质达标规划的政策框架体系、规划现状、规划中的主要政策手段、管理体制、规划的主要内容等方面，贯穿规划编制与实施的全过程，重点分析了与流域水质达标规划密切相关的水质标准、水污染物排放标准、总量控制、资金机制等，具有一定的系统性和综合性。在提出的流域水质达标规划制度设计的理论框架并参考国内外相关规划制度经验的基础上，明确了流域水质达标规划制度的目标与定位，即具体执行水环境质量标准的命令控制型政策手段，设计了我国流域水质达标规划制度框架，填补了中央政府监督、地方政府履行，实现水环境质量达标责任的政策手段。

（二）不足及有待进一步研究的问题

囿于笔者的研究能力和有限的研究时间，本书还存在一些不足，笔者的部分观点可能会缺乏充分的论据支持，因此有待于在将来的工作中进一步深入研究。

对流域水质达标规划实施效果的评估以官方公布数据（二手数据）为主，缺乏问卷调查等第一手数据的评估。虽然对流域内各类监测数据进行分析在

一定程度上能够判断水质的改善程度，但由于监测技术水平、监测能力和监测管理方面的问题并不能全面地反映水环境管理的真实状况，更无法反映出流域内广大公众对流域水质达标规划的评价如何。水环境保护工作的最终目标是保障人体健康和水生态安全，为流域广大公众提供一个清洁而舒适的水环境，以实现流域的可持续发展，因此，公众对流域水质达标规划实施效果的切身感受和评价是反映规划实施情况必不可少的判据。而公众的切身感受无法通过分析监测数据来获得，只能通过问卷调查来真实反映，同时也可以在一定程度上验证官方公布数据的真实性与可靠性。

此外，本书提出的流域水质达标规划制度框架设计，虽然立足于理论基础并参考国内外相关规划制度经验，就管理体制、管理机制等方面内容咨询相关部门意见并获得关于制度设计可行性、改进性的建议，但作为一项政策设计，需要通过一定的试点案例研究才能确定其实际的可行性。对于专门的政策研究人员，这点似乎存在着相当大的障碍。同时，本书提出的流域水质达标规划编制技术导则设计部分内容仍然存在需要完善的地方，包括规划管理方案设计与筛选、规划费用效益分析中成本的核算和环境价值评估方法的选择等。在后续研究中，笔者将选择某一案例流域作为合作对象和试点，进一步完善设计内容，实现流域水质达标规划制度设计的可行性和经济效率属性。

附录　水平衡模型

20 世纪 70 年代初期，克尼斯（Allen V. Knesse）、艾瑞斯（Robert U. Ayres）和德阿芝（Ralph C. d'Arge）提出了著名了物质平衡理论（模型），揭示了残余物的物质流动过程及其与污染的关系，说明了外部性的普遍存在性。该理论说明：在一个足够长的时间内，从环境进入经济系统的物质量必然大致等于从经济系统排入环境的残余物量。也就是说，作为某种服务的载体，经过生产和消费之后商品的物质实体并不会消失，而会被重新利用或者排入环境之中。基于物质平衡模型，构建经济系统的水平衡模型，在现代经济系统和自然环境之间，存在着水的流动关系。自然环境中的水进入经济系统，经过加工、消费，一部分水成为废水直接进入自然环境；另一部分水进入含水产品，经过消费最终排入环境。在足够长的时间内，从自然环境进入经济系统的水量必然大致等于从经济系统排入自然环境的水量。具体而言，在一个生产、消费、循环、储存水平不变的开放经济系统中，经过一段时间之后，取水量与流入产品的含水量之和必然大致等于排水量与流出产品的含水量之和。

$$Q_s+Q_1= Q_o+Q_2= Q_h+Q_l+Q_d+Q_u+Q_2$$

式中，Q_s 为取水量；Q_1 为流入产品的含水量；Q_o 为排水量；Q_2 为流出产品的含水量；Q_h 为耗水量，是在输水、用水过程中，通过蒸腾蒸发、土壤吸收、产品带走、居民和牲畜饮用等多种途径消耗掉的水量；Q_l 为损水量，是在输水、供水、排水环节，由于管网跑水、冒水、漏水、滴水、渗水等造成的水量流失；Q_d 为处理后排水量，指经过废水处理系统处理后排入环境的废水；Q_u 为无处理排放量，指未经处理直接排入环境的废水。

根据经济系统的部门划分，我们可以分别建立工业、居民和废水处理部门的水平衡模型。对工业部门来说，假设生产、循环、储存水平不变，经过足够长的时间，工业部门的用水量必然大致等于排水量。工业部门用水主要来自两方面：天然水体和自来水厂；排入环境的水包括耗水、损水、处理后排水和无处理排水等四种形式（见附图 1）。

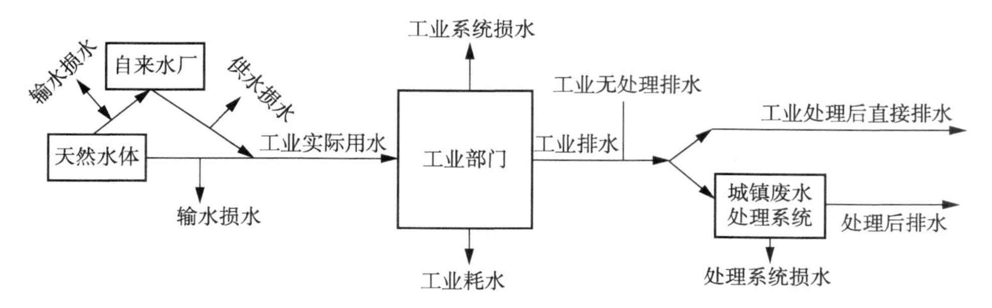

附图1　工业部门水平衡模型

工业水平衡模型的公式如下：

$$Q_{s-i}=Q_{3-i}+Q_{4-i}=Q_{o-i}=Q_{h-i}+Q_{l-i}+Q_{d-i}+Q_{u-i}$$

式中，Q_{s-i}为工业用水量；Q_{3-i}为取自天然水体的工业用水量；Q_{4-i}为自来水厂提供的工业用水量；Q_{o-i}为工业排水量；Q_{h-i}为工业耗水量；Q_{l-i}为工业损水量；Q_{d-i}为工业处理后排水量，包括经过工业处理后直接排水量和城镇废水处理系统处理后排水量；Q_{u-i}为工业无处理排水量，指未经处理直接排入环境的工业废水量。

参考文献

[1] 毕岑岑，王铁宇，吕永龙．环境基准向环境标准转化的机制探讨［J］．环境科学，2012，33（12）：4422-4427.

[2] 蔡英辉．政策清理与政策整合：基于网络治理的研究［J］．北京工业大学学报（社会科学版），2012，12（3）：45-49.

[3] 昌敦虎．环境规划方案筛选费用—效益分析的特点及一般模式［J］．环境规划：回顾与展望，2009.

[4] 陈金毅，李念．水环境容量核算在城市发展模式比选中的应用［J］．环境科学与技术，2011，34（8）：47-149.

[5] 陈庆云．公共政策分析［M］．北京：北京大学出版社，2006.

[6] 陈宜瑜．流域综合管理是我国河流管理改革和发展的必然趋势［J］．科技导报，2008（17）：1.

[7] 陈振明．政策科学——公共政策分析导论（第二版）［M］．北京：中国人民大学出版社，2003.

[8] 楚春礼，王雁南．天津海河中游区域开发环境容量与环境影响分析［J］．南开大学学报，2011，44（1）：71-77.

[9] 常蛟．淮河水环境信息机制分析［D］．中国人民大学硕士学位论文，2012.

[10] 董伟，张勇，张令，等．我国环境保护规划的分析与展望［J］．环境科学研究，2010，23（6）：782-788.

[11] 杜梅，马中．流域水环境保护管理存在的问题及对策［J］．社会科学家，2005（2）：55-57.

[12] 冯彦．跨界流域水资源竞争利用与协调管理对策——以官厅水库为例［J］．云南地理环境研究，2005，11（6）：9-13.

[13] 符云玲，张瑞．中国环境保护规划制度框架研究［J］．环境保护，2008（12）：77-79.

[14] 葛勇．基于污染治理成本开展污水排污费征收标准的研究［D］．南京理工大学，2012.

[15] 郭怀成，李娜，刀谞，等．国家层面的环境保护规划相关问题探讨［C］．中国环境科学学会学术论文集，2009.
[16] 国家环保总局科技标准司标准处．建立适应新世纪初期环境标准体系的初步设想［J］．环境保护，1999（1）：7-8.
[17] 韩冬梅，宋国君．中国工业点源水排污许可证制度框架设计［J］．环境污染与防治，2014，9（9）：85-92.
[18] 韩冬梅．中国水排污许可证制度设计研究［D］．中国人民大学博士学位论文，2012.
[19] 何伟．城市空气质量达标规划制度设计［D］．中国人民大学博士学位论文，2016.
[20] 贾丽虹．环境规划实施机制的理论分析［J］．广东科技，2009（8）：7-9.
[21] 贾丽虹．外部性理论研究——中国环境规制与知识产权保护制度的分析［M］．北京：人民出版社，2007.
[22] 蒋展鹏．环境工程学［M］．北京：高等教育出版社，2005.
[23] 金书秦，宋国君，郭美瑜．重评外部性：基于环境保护的视角［J］．理论学刊，2010（8）37-41.
[24] 金书秦．流域水污染防治政策设计：外部性理论创新和应用［M］．北京：冶金工业出版社，2011.
[25] 晋海，韩雪．美国水环境保护立法及其启示［J］．水利经济，2013，5（3）：44-48.
[26] 开根森．水污染防治战略需要根本改革（非出版物）.2012.
[27] 开根森．完善标准体系，保障人体健康和水生态（非出版物）.2011.
[28]［美］克尼斯．环境保护的费用—效益分析［M］．北京：中国展望出版社，1989.
[29] 兰秉洁，刁田才．政策学［M］．北京：中国统计出版社，1994.
[30] 李胜，陈晓春．跨行政区流域水污染治理的政策博弈及启示［J］．湖南大学学报（社会科学版），2010，24（1）：45-49.
[31] 李涛，石磊，马中．环境税开征背景下我国污水排污费政策分析与评估［J］．中央财经大学学报，2016，32（9）：20-30.
[32] 李涛，石磊，马中．中国点源水污染物排放控制政策初步评估研究［J］．干旱区资源与环境，2020，34（5）：1-8.
[33] 李涛，王洋洋．中国水环境质量达标规划制度评估研究［J］．青海社会科学，2020（5）：64-72.

[34] 李涛，杨喆，马中，等．公共政策视角下官厅水库流域水环境保护规划评估 [J]．干旱区资源与环境，2018，32（1）：62-69.

[35] 李涛，杨喆，周大为，等．我国水污染物排放总量控制政策评估 [J]．干旱区资源与环境，2019，33（8）：94-101.

[36] 李涛，杨喆．美国流域水环境保护规划制度分析与启示 [J]．青海社会科学，2018，10（3）：66-72.

[37] 李涛，翟秋敏，陈志凡，等．中国水环境保护规划实施效果研究 [J]．干旱区资源与环境，2016，30（9）：25-31.

[38] 李涛．中国水环境保护规划评估研究 [D]．中国人民大学博士学位论文，2015.

[39] 李云生，孙娟，吴悦颖，等．美国流域水环境保护规划手册 [M]．北京：中国环境科学出版社，2010.

[40] 李云生，王东，张晶．淮河流域水污染防治“十一五”规划研究报告 [M]．北京：中国环境科学出版社，2007.

[41] 李云生．水环境规划保证江河湖泊休养生息 [J]．环境保护，2007（7B）：41-42.

[42] 梁忠，汪劲．我国排污许可制度的产生、发展与形成——对制定排污许可管理条例的法律思考 [J]．环境影响评价，2018，40（1）：6-9.

[43] 林水波，张世贤．公共政策 [M]．台北：五南图书出版社，1982.

[44] 林振芳．区域规划中海洋水环境容量计算方法——“排污口容量计算法” [J]．化学工程与装备，2011（6）：211-227.

[45] 廪红，克里斯·郎革．美国环境管理的历史与发展 [M]．北京：中国环境科学出版社，2006.

[46] 刘征涛，孟伟．水环境质量基准方法与应用 [M]．北京：科学出版社，2012.

[47] 芦晓燕，罗胜，马民涛．我国环境保护规划实施中的问题分析 [J]．中国环境管理，2011（4）：37-39.

[48] 罗兰．我国地下水污染现状与防治对策研究 [J]．中国地质大学学报（社会科学版），2008，3（2）：72-75.

[49] [美] 冯·贝塔朗菲．一般系统论——基础发展和应用 [M]．北京：清华大学出版社，1987.

[50] [美] 约瑟夫·L. 萨克斯．保卫环境：公民诉讼战略 [M]．王小钢，译．北京：中国政法大学出版社，2011.

[51] 马中，周芳．改革水环境保护政策，告别环境红利时代［J］．环境保护，2014，4（41）：22-25.

[52] 马中，周芳．基于环境质量要求的污水排放标准和水价标准亟待建立［J］．环境保护，2013，6（41）：42-44.

[53] 马中，周芳．水平衡模型及其在水价政策的应用［J］．中国环境科学，2012，32（9）：1722-1728.

[54] 马中，周芳．水污染治理需严控污水排放量［J］．环境保护，2013，16（41）：41-43.

[55] 马中，周芳．我国水价政策现状及完善对策［J］．环境保护，2012（19）：54-57.

[56] 马中，周芳．中国经济增长的环境红利之殇［J］．财经年刊，2014.

[57] 马中．发挥市场配置工业用水资源的决定性作用［J］．中国国情国力，2014，7（1）：42-44.

[58] 马中．环境与自然资源经济学概论（第2版）［M］．北京：高等教育出版社，2006.

[59] 马中．中国流域水污染防治规划执行情况评估：以淮河流域为例［R］．北京：中国人民大学环境学院，2006.

[60] 孟伟，张远．水环境质量基准、标准与流域水污染物总量控制策略［J］．环境科学研究，2006，19（3）：1-6.

[61] 孟伟．流域水污染总量控制技术与示范［M］．北京：中国环境科学出版社，2008.

[62] 秦延文，刘琰，刘录三，等．流域水环境质量评价技术研究［M］．北京：科学出版社，2014.

[63] 邱秋．公共信托原则的发展与绿色财产权理论的建构［J］．法学评论，2009（6）：25-31.

[64] 沈满洪，何灵巧．环境经济手段的比较分析［J］．浙江学刊，2001（6）：162-166.

[65] 宋国君，金书秦，傅毅明．基于外部性理论的中国环境管理体制设计［J］．中国人口·资源与环境，2008，18（2）：154-159.

[66] 宋国君，金书秦．淮河流域水环境保护政策评估［J］．环境污染与防治，2008（4）：78-82.

[67] 宋国君，李雪立．论环境规划的一般模式［J］．环境保护，2004（3）：38-43.

[68] 宋国君，马本，王军霞．城市区域水污染物排放核查办法与案例研究［J］．中国环境监测，2012，28（2）：7-10.

[69] 宋国君，马静，郭培坤．城市水环境保护规划的一般模式［C］．中国环境科学学会学术年会论文集，2009.

[70] 宋国君，宋宇，郑珺，等．国家级流域水环境保护总体规划一般模式研究［J］．环境污染与防治，2009，31（12）：73-79

[71] 宋国君，宋宇．中国流域水环境保护规划体系设计［J］．环境污染与防治，2010，32（12）：81-86.

[72] 宋国君，王军霞，王笑．大点源水污染物减排规划的一般模式［C］．中国环境科学学会学术年会论文集，2009.

[73] 宋国君，王小艳．论中国环境影响评价中公众参与制度的建设［J］．上海环境科学，2003（4）：84-85.

[74] 宋国君，徐莎．论环境规划实施的一般模式［J］．环境污染与防治，2007（5）：382-386.

[75] 宋国君，张震．美国工业点源水污染物排放标准体系及启示［J］．环境污染与防治，2014，1（1）：97-101.

[76] 宋国君，郑珺．小流域水环境保护规划的一般模式［C］．中国环境科学学会学术年会论文集，2009.

[77] 宋国君．环境规划与管理［M］．武汉：华中科技大学出版社，2015.

[78] 宋国君．环境政策分析（第二版）［M］．北京：化学工业出版社，2020.

[79] 宋国君．环境政策分析［M］．北京：化学工业出版社，2008.

[80] 宋国君．论环境规划中公众参与的一般模式［J］．中国地质大学学报（社会科学版），2007，7（2）：45-49.

[81] 宋国君．论中国污染物排放总量控制和浓度控制［J］．环境保护，2000（6）：11-13.

[82] 宋国君．中国“达标排放”政策的实证分析和理论探讨［J］．上海环境科学，2001（12）：574-576.

[83] 宋国君．中国流域综合水管理目标模式研究［J］．上海环境科学，2003，22（12）：1022-1026.

[84] 宋宇．中国流域水环境保护规划制度设计初探［J］．环境经济，2011，3（87）：45-48.

[85] 孙法柏．英国环境法律政策整合的机制与实践［J］．山东科技大学学报（社会科学版），2012，14（1）：52-59.

[86] 孙佑海．实现排污许可全覆盖：《控制污染物排放许可制实施方案》的思考［J］．环境保护，2016，44（23）：9-12.

[87] 汪劲．环境法律的理念与价值追求——环境立法目的论［M］．北京：法律出版社，2000.
[88] 王炳坤，彭荔红．流域综合整治规划述评［J］．海峡科学，2010，42（6）：3-6.
[89] 王东，赵越，王玉秋，等．美国 TMDL 计划与典型实施案例［M］．北京：中国环境科学出版社，2012.
[90] 王东．十年风雨路，治污新起点——淮河流域水污染防治规划解读［J］．环境保护，2009（1）：59-60.
[91] 王金南，刘年磊，蒋洪强．新《环境保护法》下的环境规划制度创新［J］．环境保护，2014，52（4）：10-13.
[92] 王金南，吴悦颖，李云生．中国重点湖泊水污染防治基本思路［J］．环境保护，2009（21）：15-18.
[93] 王经盛，陶涛．水环境容量计算在污水系统规划中的应用［J］．中国给水排水，2012，28（3）：82-85.
[94] 王晓东．官厅水库库区管理问题的探讨［J］．北京水务，2008（2）：12-14.
[95] 文东光，林良俊，孙继朝，等．中国东部主要平原地下水质量与污染评价［J］．地球科学，2012，37（2）：220-228.
[96] 吴健，马中．我国地下排放的监管缺失与政策建议［J］．环境保护，2013，7（41）：41-43.
[97] 席北斗，霍守亮．美国水质标准体系及其对我国水环境保护的启示［J］．环境科学与技术，2011，5（5）：100-103.
[98] 夏光．环境政策创新：环境政策的经济分析［M］．北京：中国环境科学出版社，2011.
[99] 夏华永，李绪录，韩康．大鹏湾环境容量研究：环境容量规划［J］．中国环境科学，2011，31（12）：2039-2045.
[100] 夏青，陈艳卿，刘宪兵，等．水质基准与水质标准［M］．北京：中国标准出版社，2004.
[101] 熊晶．以新的思路编制重点流域水污染防治规划［J］．环境保护，2009（4）：24-26.
[102] 杨喆，石磊，马中．污染者付费原则的再审视及对我国环境税费政策的启示［J］．中央财经大学学报，2015，21（11）：14-20.
[103] 易志斌．地方政府环境规制失灵的原因及解决途径［J］．城市问题，2010（1）：74-77.

[104] 於方，董战峰，过孝民，等．中国环境保护规划评估制度建设的主要问题分析［J］．环境污染与防治，2009，31（10）：91-94.
[105] 袁鹰．论我国政府环境保护目标责任制［D］．湖南师范大学硕士学位论文，2014.
[106] 詹歆晔，郭怀成，周丰，等．中国与美国环境规划差异比较与成因分析［J］．环境保护，2009，42（4）：59-61.
[107] 詹歆晔，郭怀成，周丰，等．中美环境规划比较研究［J］．国际经验，2009：281-287.
[108] 张磊．让政策评估为流域水生态环境保护保驾护航［J］．中国水利，2010（1）：62-64.
[109] 张庆丰．流域水环境管理模式及其支持系统［J］．环境保护，1997（1）：2-6.
[110] 张维斌．如何做好工业企业污染源全面达标验收监测［J］．山西科技，2005（6）：94-95.
[111] 张远．中国流域水污染防治规划问题与对策研究［J］．环境污染与防治，2007（11）：870-875.
[112] 张震．我国工业点源水污染物排放标准管理制度研究［D］．中国人民大学博士学位论文，2015.
[113] 赵绘宇，姜琴琴．美国环境影响评价制度 40 年纵览及评介［J］．当代法学，2010，9（1）：133-143.
[114] 郑丙辉，刘琰．饮用水源地水环境质量标准问题与建议［J］．环境保护，2007（1）：26-29.
[115] 郑洪波，刘素玲．区域规划中纳污海域海洋环境容量计算方法研究［J］．海洋环境科学，2010，29（1）：145 -148.
[116] 周启星，罗义．环境基准值的科学研究与我国环境标准的修订［J］．农业环境科学学报，2007（26）：1-5.
[117] 周颖．环境规划中的费用效益分析［D］．中国环境科学研究院硕士学位论文，2004.
[118] 赵学涛，於方，马国霞．战略环评和费用效益分析方法在环境规划中的应用［M］．北京：中国环境科学出版社，2012.
[119] 朱源．美国环境政策与管理［M］．北京：科学技术文献出版社，2014.
[120] A. C. Pigou. The Economics of Welfare［M］. London：Macmillan Company Inc，1920：111，194.
[121] Andreas A. Papandreou. Externality and Institutions［M］. Oxford：Oxford U-

niversity Press, 1998: 304.

[122] Arthur P. J. Mol. Balancing the Call for Environmental Integration [M]. London: Taylor and Francis Press, 2003: 143-162.

[123] Arthur P. Mol. Joint Environmental Policy making in Europe: Between Deregulation and Policical Modernization [J]. Society and Natural Resources, 2003, 16 (4): 335-348.

[124] Baumol W. J. and W. E. Oates. The Theory of Environmental Policy [M]. New York: Cambridge University Press, 1988.

[125] Ben Surridge, Bod Harris. Science-driven Integrated River Basin Management: A Mirage? [J]. Interdisciplinary Science Reviews, 2007, 32 (3): 298-312.

[126] Daniel P. Loucks and Eelco van Beek. Water Resources Systems Planning and Management [M]. UNESCO Publishing, 2005.

[127] David Easton. The Political System: An Inquiry into the State of Politica Science [M]. New York: Knopf, 1971.

[128] David M. Konisky and Thomos C. Beierle. Innovations in Pubilc Participation and Environmental Decision Making: Examples from the Great Lakes Region [J]. Society and Natural Resources, 2001, 14 (9): 815-826.

[129] David M. Konisky and Thomos C. Beierle. Pubilc Participation in Environmental Planning in the Great Lakes Region [M]. 1999.

[130] Greenstone M. The Impacts of Environmental Regulations on Industrial Activity: Evidence from the 1970 and the 1977 Clean Air Act Ammendments and the Census of Manufactures [J]. Journal of Political Economy, 2002, 110 (6): 175-219.

[131] Guo H. C., Lu L., Huang G. H., et al. A System Dynamics Approach for Regional Environmental Planning and Management a Study for the Lake Erhai Basin [J]. Environ Manage, 2001, 61 (1): 93-111.

[132] Harvey Lieber, Bruce Rosinoff. Evaluating the State's Role in Water Pollution Control [J]. Real Estate Economics, 1973, 1 (2): 73-87.

[133] Henry Sidgwick. The Principles of Political Economy [M]. Cambridge University Press, 1883.

[134] Hurwicz L. The Design of Mechanisms for Resource Allocation [J]. American Economic Review, 1973 (63): 21-30.

[135] Jane Adams and Steven Kraft. Watershed Planning, Pseudo-democacy and its

Alternatives, the Case of the Cache River Watershed [J]. Agriculture and Human Values, 2005 (22): 327-338.

[136] John Lawson. River Basin Management Progress: Towards Implementation of the European Water Framework Directive [M]. London: Taylor and Francis Group, 2005: 17-19.

[137] Kirsty L. Blackstock and Caspian Richards. Evaluating Stakeholder Involvement in River Basin Planning: A Scottish Case Study [J]. Water Policy, 2007 (9): 493-512.

[138] Lisa Jean Henne. Power and Science in Participatory Watershed Planning: A Case Study from Rural Mexio [D]. University of Illinois at Urbana-Champaign, 2002.

[139] Lori S. Bennear, Sheila M. Olmstead. The Impacts of the "Right to Know": Information Disclosure and the Violation of Drinking Water Standards [J]. Journal of Environmental Economics and Management, 2008: 117-130.

[140] Mark T. Imperial. Institutional Analysis and Ecosystem-based Management: The institutional Analysis and Development Framework [J]. Environmental Management, 1999, 24 (4): 449-465.

[141] Marshall A. Principles of Economics [M]. London: Macmillan, 1890: 226.

[142] Nicholas P. Lovrich Jr, John C. Pierce, Taketsugu Tsurutani. Water Pollution Controlin Democratic Societies: A Cross-national Analysis of Sources of Public Beliefs in Japan and the United States [J]. Policy Studies Review, 1985.

[143] North D. C. Institutions, Institutional Change and Ecomomic Performance [M]. New York: Cambridge University Press, 1990.

[144] OECD. The Polluter Pays Principle [M]. Paris: OECD, 1975.

[145] Paula Orr, John Colvin, David king. Involving Stakeholders in Integrated River Basin Planning in Englang and Wales [J]. Water Resources Management, 2007 (21): 331-349.

[146] Rahim M. Quazi. Strategic Water Resources Planning: A Case Study of Bangladesh [J]. Water Resources Management, 2001 (15): 165-186.

[147] US EPA.. Water Quality Criteria and Standards Plan-Priorities for the future [R]. Washington D C: US Environmental Protection Agency, 1998a.

[148] US EPA. A Benefits Assessment of Water Pollution Control Programs Since 1972: Part 1, The Benefits of Point Source Controls for Conventional Pollutants

inRivers and Streams [R]. Washington D C: US Environmental Protection Agency, 2000.

[149] US EPA. A Retrospective Assessment of the Costs of the Clean Water Act: 1972 to 1997 [R]. Washington D C: US Environmental Protection Agency, 2000.

[150] US EPA. A Framework for Reviewing EPA's State Administrative cost Estimates: A Case Study [R]. Washington D C: US Environmental Protection Agency, 2007.

[151] Victoria L. Weeks. Attitudes and Perspectives Toward Water and Water Management in the town of Gibsons, British Columbia [D]. University of Guelph, 2003: Master of Resource Management (Planning).